2022中国肉用及乳肉兼用种公牛遗传评估概要

Sire Summaries on National Beef and Dual-purpose Cattle Genetic Evaluation 2022

农业农村部种业管理司　全国畜牧总站

中国农业出版社
北　京

编 委 会

编 写 人 员

前　言

肉牛业是畜牧业的重要产业，良种是肉牛业发展的物质基础。为贯彻落实《全国肉牛遗传改良计划（2021—2035年）》，宣传和推介优秀种公牛，促进和推动牛群遗传改良，定期公布种公牛遗传评估结果十分必要。

《2022中国肉用及乳肉兼用种公牛遗传评估概要》（以下简称《概要》）公布了34个种公牛站的31个品种，2734头种公牛遗传评估结果。《概要》公布了216头西门塔尔牛和华西牛种公牛后裔测定结果以及903头西门塔尔牛和华西牛种公牛的基因组评估结果。评估工作的数据主要来源于我国肉牛遗传评估数据库中近6万牛只的生长发育记录，包括后裔测定的1081头西门塔尔牛生长记录、与我国肉牛群体有亲缘关系的5880头澳大利亚西门塔尔牛生长记录，提高了肉牛遗传评估准确性。此次评估发布的结果中，保留了日增重性状估计育种值，可作为肉牛或乳肉兼用牛养殖场（户）科学合理开展选种选配的重要选择依据，也可作为相关科研或育种单位选育或评价种公牛的主要技术参考。

使用的西门塔尔牛和华西牛参考群体是由国家肉牛遗传评估中心依托中国农业科学院北京畜牧兽医研究所牛遗传育种创新团队构建，群体规模3920头。根据国内肉牛育种数据的实际情况，选取产犊难易度、断奶重、育肥期日增重、胴体重、屠宰率共5个主要性状进行基因组评估，基因组估计育种值（GEBV）经标准化后，通过适当的加权，得到中国肉牛基因组选择指数（Genomic China Beef Index，GCBI）。

由于个别公牛编号变更等问题，可能会出现公牛遗传性能遗漏或不当之处，敬请同行专家和广大使用人员不吝赐教，及时提出批评和更正意见。

编　者

2022年10月

目 录

1

肉用种公牛
遗传评估说明

根据国内肉用种公牛育种数据的实际情况，选取体型外貌评分、初生重、6月龄体重、18月龄体重 4个性状进行遗传评估，各性状估计育种值经标准化后，按10∶10∶40∶40的比例进行加权，得到中国 肉牛选择指数（China Beef Index，CBI）。

1.1 遗传评估方法

采用单性状动物模型BLUP法进行评估。

1.2 遗传评估模型

育种值预测模型如下：

$$y_{ijkln} = \mu + Station_i + Source_j + Year_k + Breed_l + Sex_n + day + a_{ijklnp} + e_{ijklnp}$$

式中：y_{ijkln}——个体性状的观察值；

μ——总平均数；

$Station_i$——现所属场站固定效应；

$Source_j$——出生地固定效应；

$Year_k$——出生年固定效应；

$Breed_l$——品种固定效应；

Sex_n——性别固定效应；

day——测定日龄（d）；

a_{ijklnp}——个体加性遗传效应，服从（0，$\boldsymbol{A\sigma}_a^2$）分布，$\boldsymbol{A}$指个体间分子血缘系数矩阵，$\boldsymbol{\sigma}_a^2$指加性遗传方差；

e_{ijklnp}——随机剩余效应，服从（0，$\boldsymbol{I\sigma}_e^2$）分布，$\boldsymbol{I}$指单位对角矩阵，$\boldsymbol{\sigma}_e^2$指随机残差方差。

1.3 中国肉牛选择指数

各性状估计育种值经标准化后，按10∶10∶40∶40的比例进行加权，得到中国肉牛选择指数（China Beef Index，CBI）。

$$CBI = 100 + 10 \times \frac{Score}{S_{Score}} + 10 \times \frac{BWT}{S_{BWT}} + 40 \times \frac{WT_6}{S_{WT_6}} + 40 \times \frac{WT_{18}}{S_{WT_{18}}}$$

式中：$Score$——体型外貌评分育种值；

S_{Score}——体型外貌评分遗传标准差；

BWT——初生重的估计育种值；

S_{BWT}——初生重遗传标准差；

WT_6——6月龄体重的估计育种值；

S_{WT_6}——6月龄体重遗传标准差；

WT_{18}——18月龄体重的估计育种值；

$S_{WT_{18}}$——18月龄体重遗传标准差。

1.4 遗传参数

各性状遗传参数见表1-1。

表 1-1　各性状遗传参数

性　　状	遗传方差	环境方差	表型方差	遗传力（h^2）
体型外貌评分	5.83	7.03	12.86	0.45
初生重	14.92	18.9	33.82	0.44
6 月龄体重	594.84	780	1374.84	0.43
18 月龄体重	1398.18	2300	3698.18	0.38
6~12 月龄日增重	0.0384	0.0475	0.0859	0.45
13~18 月龄日增重	0.0334	0.0530	0.0864	0.39
19~24 月龄日增重	0.0434	0.0460	0.0894	0.49

1.5　其他说明

　　本书中，各品种估计育种值排名参考表中的"公牛数量"是指我国肉用及乳肉兼用种公牛数据库中具有该性状估计育种值的公牛数量（头）。*EBV* 为估计育种值（Estimated Breeding Value），r^2 为估计育种值的可靠性（Reliability）。

2

乳肉兼用种公牛
遗传评估说明

根据国内乳肉兼用种公牛育种数据的实际情况，选取体型外貌评分、初生重、6月龄体重、18月龄体重4个肉用性状和4%乳脂率校正奶量（FCM）进行遗传评估，FCM估计育种值经标准化后，CBI和FCM按60∶40的比例加权，得到中国兼用牛总性能指数（Total Performance Index，TPI）。

2.1 遗传评估方法

采用单性状动物模型BLUP法进行评估。

2.2 遗传评估模型

4%乳脂率校正奶量（FCM）育种值预测模型如下：

$$y_{ijkln} = \mu + Station_i + Source_j + Year_k + a_{ijkp} + e_{ijkp}$$

式中：y_{ijkln}——个体性状的观察值；

μ——总平均数；

$Station_i$——现所属场站固定效应；

$Source_j$——出生地固定效应；

$Year_k$——出生年固定效应；

a_{ijkp}——个体的加性遗传效应，服从$a_{ijkp} \sim N(0, A\sigma_a^2)$分布，$A$指个体间分子血缘系数矩阵，$\sigma_a^2$指加性遗传方差；

e_{ijkp}——随机剩余效应，服从$e_{ijkp} \sim N(0, I\sigma_e^2)$分布，$I$指单位对角矩阵，$\sigma_e^2$指随机残差方差。

2.3 4%乳脂率校正奶量计算方法

4%乳脂率校正奶量计算公式：

$$FCM = M \times (0.4 + 15 \times F)$$

式中：FCM——4%乳脂率校正乳量；

M——各胎次公牛母亲真实产奶量（单位：kg）；

F——乳脂率（单位：%）。

将不同胎次产奶量统一校正到4胎。不同胎次产奶量校正系数见表2-1。

表2-1 不同胎次产奶量校正系数

泌乳期	1	2	3	4	5
系　数	1.2419	1.0913	1.0070	1	0.9830

2.4 中国兼用牛总性能指数

$$TPI = 100 + 60 \times (CBI - 100)/100 + 40 \times \frac{FCM}{S_{FCM}}$$

式中：CBI——中国肉牛选择指数；

FCM——4%乳脂率校正奶量的育种值；

S_{FCM}——4%乳脂率校正奶量遗传标准差。

2.5 遗传参数

各性状遗传参数见表2-2。

表2-2 各性状遗传参数

性 状	遗传方差	环境方差	表型方差	遗传力（h^2）
体型外貌评分	5.83	7.03	12.86	0.45
初生重	14.92	18.9	33.82	0.44
6月龄体重	594.84	780	1374.84	0.43
18月龄体重	1398.18	2300	3698.18	0.38
4%乳脂率校正奶量	2077027	2859828	4936855	0.42
6~12月龄日增重	0.0384	0.0475	0.0859	0.45
13~18月龄日增重	0.0334	0.0530	0.0864	0.39
19~24月龄日增重	0.0434	0.0460	0.0894	0.49

3

基因组遗传评估说明

基因组遗传评估使用的西门塔尔牛和华西牛参考群体是由国家肉牛遗传评估中心依托中国农业科学院北京畜牧兽医研究所牛遗传育种创新团队构建，群体规模3920头。根据国内肉牛育种数据的实际情况，选取产犊难易度、断奶重、育肥期日增重、胴体重、屠宰率共5个主要性状进行基因组评估，基因组估计育种值（GEBV）经标准化后，通过适当的加权，得到中国肉牛基因组选择指数（Genomic China Beef Index，GCBI）。

3.1 基因组遗传评估方法

采用由中国农业科学院北京畜牧兽医研究所牛遗传育种创新团队开发的《肉牛数量性状基因组选择BayesB计算软件V1.0》进行评估。

3.2 基因组估计育种值计算程序

由BayesB方法估计出标记效应，模型如下：

$$y = Xb + \sum_{i=1}^{n} Z_i g_i + e$$

式中：y——表型观察值向量；

X——$n \times f$维关联矩阵；

b——f维固定效应向量；

f——固定效应个数；

Z_i——n个个体在第i个SNP的基因型向量；

g_i——第i个标记效应值，方差为$\sigma_{g_i}^2$；

n——总的标记数；

e——随机残差向量，方差为$\sigma_e^2 I$，σ_e^2是残差方差。

将待评估个体的标记基因型向量与位点效应向量相乘，即可得到待评估个体的各性状基因组估计育种值。

3.3 中国肉牛基因组选择指数（GCBI）的计算

基因组估计育种值经标准化后，通过适当的加权，得到中国肉牛基因组选择指数（Genomic China Beef Index，GCBI）。具体计算公式如下：

$$GCBI = 100 + \left(-5 \times \frac{GEBV_{CE}}{1.30} + 35 \times \frac{GEBV_{WWT}}{17.7} + 20 \times \frac{GEBV_{DG\_F}}{0.11} + 25 \times \frac{GEBV_{CW}}{16.4} + 15 \times \frac{GEBV_{DP}}{0.13} \right)$$

式中：$GEBV_{CE}$——产犊难易度基因组估计育种值；

$GEBV_{WWT}$——断奶重基因组估计育种值；

$GEBV_{DG\_F}$——育肥期日增重基因组估计育种值；

$GEBV_{CW}$——胴体重基因组估计育种值；

$GEBV_{DP}$——屠宰率基因组估计育种值。

3.4 遗传参数

各性状遗传参数见表3-1。

表3-1　各性状遗传参数

性　　状	遗传方差	环境方差	表型方差	遗传力（h^2）	基因组育种值估计准确性
产犊难易度	1.69	5.99	7.68	0.22	0.51
断奶重	594.84	780	1374.84	0.43	0.56
育肥期日增重	0.0121	0.0131	0.0252	0.48	0.61
胴体重	268.69	328.4	597.09	0.45	0.64
屠宰率	0.0169	0.0394	0.0563	0.3	0.52

注：基因组育种值估计准确性的评估是通过采用《肉牛数量性状基因组选择 BayesFB 计算软件 V1.0》进行 5 倍交叉验证获得。

3.5　其他说明

本书中，西门塔尔牛与华西牛产犊难易度、断奶重、育肥期日增重、胴体重、屠宰率 5 个性状的基因组估计育种值的排名（Rank）是在 3920 头西门塔尔牛与华西牛群体中的排名。

4

种公牛
遗传评估结果

4.1　西门塔尔牛

表4-1-1　肉用西门塔尔牛 CBI 前100名

序号	牛号	CBI	体型外貌评分		初生重		6 月龄体重		18 月龄体重		6~12 月龄日增重		13~18 月龄日增重		19~24 月龄日增重	
			EBV	r²(%)	EBV	r²(%)	EBV	r²(%)	EBV	r²(%)	EBV	r²(%)	EBV	r²(%)	EBV	r²(%)
1	15412115	263.74	-0.15	53	4.30	59	81.89	59	17.70	52	-0.03	40	-0.28	53	-0.19	59
2	11119908	254.21	2.68	50	8.30	50	34.03	49	61.55	44	0.12	50	0.04	45	-0.17	53
3	15412127	248.53	1.43	52	0.83	58	65.05	57	31.59	53	0.00	38	-0.15	54	-0.15	59
4	15618415	244.94	-0.87	51	0.62	53	49.96	52	60.77	45	0.03	52	0.14	46	0.05	54
5	11120917	244.48	2.20	50	4.16	51	33.83	50	64.61	45	0.29	50	-0.04	45	-0.20	20
6	22216661*	244.09	0.09	52	1.02	53	58.04	52	42.89	48	-0.06	52	0.02	49	0.00	26
7	14116045	236.97	1.22	52	3.50	58	60.57	58	21.98	53	-0.14	58	-0.04	54	0.09	60
8	11120915	236.36	0.98	50	2.52	51	35.62	50	62.99	45	0.13	51	-0.01	45	-0.15	20
9	13220126	234.17	0.00	15	3.53	52	52.42	51	36.52	45	0.06	12	-0.07	46	0.04	54
10	41120270	230.15	0.84	52	-0.16	59	42.76	58	53.25	53	0.18	56	0.02	53	-0.04	57
11	62113083	229.61	-0.24	46	2.61	47	34.80	46	62.42	40	0.03	46	0.10	41	0.21	50
12	15615311	229.40	-0.19	50	1.47	55	35.63	54	63.51	49	0.02	53	0.14	50	0.02	56
13	13220545	228.65	0.26	51	-0.44	57	35.53	56	65.85	51	0.13	53	0.08	51	-0.09	58
14	13220085	227.82	-0.73	48	-1.25	52	47.62	51	52.33	19	0.03	51	0.06	18	-0.01	18
15	11116926	227.23	1.11	52	-1.39	66	32.09	66	68.81	60	0.01	60	0.06	59	0.09	56
16	62113085	221.77	0.25	53	0.80	55	35.02	55	57.23	49	0.00	55	0.16	50	0.10	56
17	22215311	220.92	-0.46	47	0.23	47	54.12	46	31.29	40	0.00	47	-0.03	41	-0.04	50
18	22215301	220.75	-0.51	48	0.50	48	50.23	48	36.65	42	0.05	48	-0.02	43	0.10	52
19	62114093	220.65	-0.36	52	-0.70	54	40.13	53	54.35	48	-0.09	53	0.15	48	0.08	55
20	15619129	218.54	-0.17	53	1.42	56	27.95	55	65.19	50	0.00	27	0.04	51	-0.51	57
21	15412116	217.96	1.17	54	-1.00	62	49.21	61	32.70	57	0.03	46	-0.15	57	-0.19	62
22	15615313	216.57	-0.82	50	1.97	53	26.28	52	67.08	47	0.07	24	0.16	48	0.11	56
23	11120910	216.37	2.09	52	-0.53	55	23.43	53	66.07	44	0.11	52	0.06	44	-0.26	53
24	15617969	216.34	-0.69	52	3.74	56	50.56	55	24.83	50	0.13	54	0.12	50	0.18	58
25	11119903	216.11	1.34	51	5.15	52	41.80	51	26.81	46	0.08	52	-0.16	46	-0.34	54

（续）

序号	牛号	CBI	体型外貌评分		初生重		6月龄体重		18月龄体重		6～12月龄日增重		13～18月龄日增重		19～24月龄日增重	
			EBV	r^2(%)	EBV	r^2(%)	EBV	r^2(%)	EBV	r^2(%)	EBV	r^2(%)	EBV	r^2(%)	EBV	r^2(%)
26	41219999	215.61	0.51	49	-1.11	50	43.00	49	42.85	42	-0.13	47	0.27	42	-0.26	51
27	11118967	215.04	2.52	54	3.93	59	31.87	58	39.41	52	0.44	57	-0.22	53	0.08	58
28	15412175	212.42	-0.08	54	1.45	56	56.60	56	15.13	51	0.01	34	-0.12	52	-0.15	58
29	62113087	210.38	0.96	53	1.31	56	45.82	55	26.05	50	-0.07	54	0.05	50	0.10	56
30	22121015	208.97	0.41	10	4.45	52	33.77	50	37.71	45	-0.08	48	0.01	45	0.04	21
31	11119901	207.82	2.25	50	3.11	50	34.92	49	31.02	44	0.10	50	-0.16	45	-0.35	53
32	11120916	207.64	0.59	51	1.94	52	24.01	51	56.85	46	0.03	51	0.06	47	-0.17	23
33	62113089	207.54	0.34	50	-0.30	53	39.80	52	38.91	47	0.03	52	0.00	47	0.03	54
34	11118973	207.51	2.04	53	2.44	55	18.02	54	59.08	49	0.55	54	-0.14	50	0.15	57
35	22118027	206.46	-0.52	49	4.43	57	33.76	55	39.06	50	-0.05	52	0.08	50	0.04	57
36	22215149*	206.03	-0.24	17	0.58	52	44.13	51	31.00	46	-0.02	51	0.08	47	-0.11	55
37	11119905	205.78	1.88	49	6.14	49	29.31	49	31.82	44	0.12	49	-0.15	44	-0.29	52
38	14116423	205.74	1.23	49	-1.04	52	63.76	51	-1.14	47	-0.02	23	0.03	22	0.13	52
39	13220601	204.76	-0.48	6	2.40	47	53.90	46	11.34	41	0.02	8	-0.08	41	0.04	50
40	15617973	204.51	-1.19	52	-0.42	55	43.28	56	36.97	51	-0.04	31	0.06	51	0.16	56
41	22213117	202.76	0.07	48	-0.15	49	39.65	48	35.36	43	0.03	49	0.06	43	0.16	52
42	21220012	201.34	2.50	50	0.03	51	30.22	50	38.64	46	0.02	22	0.04	46	-0.01	54
43	65120611	200.77	-0.12	27	2.33	58	32.73	57	38.85	53	0.05	57	0.11	54	0.02	59
44	11118975	200.56	1.81	54	2.48	57	17.20	56	54.61	51	0.43	56	-0.07	52	-0.35	59
45	11119909	200.41	1.28	50	1.90	50	29.96	50	38.36	44	0.10	50	-0.03	45	-0.03	53
46	22118087	200.37	0.18	50	1.19	58	30.40	57	43.65	50	-0.04	54	0.17	51	0.09	58
47	53114303	199.17	0.89	52	0.22	86	30.23	84	42.38	66	0.03	74	-0.02	66	0.11	65
48	41418135	199.14	-2.70	53	4.41	59	27.41	58	50.44	53	-0.02	27	0.09	54	0.18	60
	22118023															
49	22217315	199.00	0.68	54	1.87	55	30.38	55	38.81	48	-0.03	55	0.13	48	-0.24	56
50	15216226*	197.16	1.91	50	2.12	52	20.69	51	46.60	46	0.08	50	0.04	47	-0.06	55
51	13220123	196.81	-0.93	47	-1.22	51	39.29	50	36.80	16	-0.01	50	0.04	15	0.03	14
52	11118966	196.74	2.79	54	0.70	54	13.77	53	56.81	48	0.54	54	-0.24	49	-0.14	57

（续）

序号	牛号	CBI	体型外貌评分		初生重		6月龄体重		18月龄体重		6~12月龄日增重		13~18月龄日增重		19~24月龄日增重	
			EBV	r^2 (%)	EBV	r^2 (%)	EBV	r^2 (%)	EBV	r^2 (%)	EBV	r^2 (%)	EBV	r^2 (%)	EBV	r^2 (%)
53	15616921	196.59	1.24	57	1.15	60	32.01	59	33.61	55	0.05	34	-0.05	55	0.03	61
	22116023															
54	14117227	196.11	-2.19	51	2.97	58	36.17	57	35.68	50	0.11	55	-0.11	49	-0.19	57
55	15412151	195.47	0.61	53	-0.47	60	43.38	59	21.51	54	-0.01	41	-0.17	55	-0.18	61
56	65120603	195.12	-0.67	50	1.03	52	13.22	51	68.76	46	0.09	51	0.18	47	-0.44	54
57	11118995	195.07	0.72	50	2.24	52	27.92	51	37.84	46	0.27	52	-0.07	47	-0.18	54
58	41120910	194.58	-0.66	51	2.36	58	30.17	57	38.97	51	0.01	31	0.00	51	0.02	58
59	15216221	194.14	2.13	48	5.99	50	20.11	49	34.41	42	0.06	49	0.01	43	-0.01	51
60	65120612	193.17	-0.12	27	3.47	58	30.62	57	32.24	53	0.02	57	0.11	54	-0.03	59
61	22215147	192.91	0.21	47	0.35	50	35.14	49	31.33	17	0.05	17	0.11	17	-0.07	20
62	65319204	192.53	0.23	51	-3.35	55	26.81	54	52.58	49	0.02	55	0.13	50	-0.10	55
	41119204															
63	11119906	192.19	1.30	50	3.39	50	20.26	49	41.88	44	0.20	50	-0.06	45	-0.36	53
64	11119996	192.08	0.89	50	-0.83	51	26.02	51	44.73	46	0.09	51	0.09	47	-0.18	54
65	15219401	191.77	-0.30	50	1.38	52	37.41	51	26.27	44	0.08	14	0.00	45	0.08	54
66	65321202	190.54	0.29	55	1.31	59	30.89	58	33.00	36	0.15	57	0.03	36	0.06	35
	41121202															
67	15618939	190.13	-1.00	48	5.26	53	32.06	52	26.23	21	0.04	17	-0.01	22	-0.10	22
68	22119127	190.08	0.33	50	-0.89	57	21.36	57	52.33	52	0.03	30	0.06	53	-0.10	59
69	15216114*	190.01	2.26	58	0.44	61	16.53	60	48.96	55	0.10	56	0.13	55	-0.12	61
70	65118536*	189.65	1.60	54	-0.18	56	28.02	55	35.07	51	0.03	55	0.00	51	0.11	57
71	15215212*	189.49	1.44	51	4.95	58	24.79	57	28.11	52	-0.25	52	0.09	52	0.03	59
72	22420345	189.10	-1.01	7	-0.45	26	21.23	26	55.72	22	0.04	24	0.08	22	-0.02	22
73	21220007	187.86	0.15	49	0.20	50	29.94	49	35.18	44	0.10	18	0.00	45	-0.06	52
74	21220015	187.76	1.71	52	-1.35	54	23.03	53	43.39	49	0.07	29	0.11	49	-0.14	55
75	36120723	186.99	-0.32	13	-1.05	49	3.72	48	79.39	43	0.13	17	0.29	43	0.00	18
76	14117325	186.82	-2.27	50	3.01	55	31.68	54	34.09	48	-0.02	52	-0.05	48	-0.12	55
77	13220021	186.81	-0.31	48	3.23	56	19.34	55	44.86	46	0.17	53	-0.03	47	-0.51	50

（续）

序号	牛号	CBI	体型外貌评分		初生重		6月龄体重		18月龄体重		6~12月龄日增重		13~18月龄日增重		19~24月龄日增重	
			EBV	r^2(%)	EBV	r^2(%)	EBV	r^2(%)	EBV	r^2(%)	EBV	r^2(%)	EBV	r^2(%)	EBV	r^2(%)
78	41118268	186.39	-0.98	50	-0.97	58	27.28	57	45.08	52	-0.03	57	0.11	52	-0.03	59
79	37114627	186.35	0.72	55	1.56	58	14.40	58	52.06	51	0.14	56	0.13	51	-0.08	58
80	22121031	186.11	-0.55	18	2.22	58	37.41	57	19.91	34	-0.06	54	-0.01	34	-0.01	34
81	22217313	185.99	0.25	53	3.73	53	33.28	53	19.36	47	-0.03	53	-0.05	48	-0.03	55
82	15516X50	185.93	0.54	49	-0.50	56	12.22	55	60.69	50	0.11	55	0.13	51	0.38	57
83	65118541*	185.75	0.77	54	2.52	55	23.47	54	35.10	49	0.08	53	-0.06	50	0.20	57
84	21219011	185.49	1.02	52	1.00	54	28.06	54	30.52	49	0.08	27	-0.06	49	0.03	56
85	14118313	185.31	-0.57	54	3.65	39	34.33	39	20.49	54	-0.02	39	-0.05	36	-0.20	60
86	41110292*	185.21	1.36	47	6.49	48	25.96	48	18.90	42	0.06	47	-0.03	43	0.00	52
87	15216112*	184.70	2.57	57	-4.01	59	15.15	59	55.73	52	0.08	55	0.11	53	-0.13	59
88	22215317	184.30	-0.40	49	0.49	49	32.30	48	29.64	43	0.04	49	-0.03	43	0.12	52
89	41418131	183.72	-1.56	53	0.91	39	38.16	57	23.60	32	0.11	29	0.00	32	0.15	35
90	22114023*	183.13	1.02	47	5.37	54	20.25	52	29.72	45	-0.01	19	0.09	46	-0.04	54
91	41120240	182.97	1.34	54	-3.61	59	24.92	58	42.92	54	0.21	58	-0.03	54	0.12	38
92	15217229	182.95	1.80	50	1.40	51	19.73	51	36.96	46	0.10	51	0.04	47	-0.05	54
93	21220023	182.41	-1.20	52	-0.62	55	24.73	54	45.26	49	-0.06	29	0.13	50	0.01	28
94	15615355	182.37	-0.72	50	1.55	54	15.34	53	52.51	48	0.01	53	0.12	49	-0.18	56
95	36120711	182.09	0.14	19	0.12	52	1.17	51	74.12	45	0.10	22	0.24	46	0.01	22
96	13220465	182.06	-0.61	50	-1.19	51	17.55	50	55.02	45	0.31	50	-0.08	46	-0.01	54
97	14116513	182.00	-1.01	47	1.53	47	33.57	46	25.38	41	-0.01	46	0.00	42	-0.05	50
98	22119033	181.51	-2.35	52	3.72	59	25.02	57	37.91	53	-0.02	27	0.11	53	0.02	60
99	15208131*	181.08	-0.93	30	0.39	76	30.00	74	32.46	68	0.09	57	0.00	68	-0.22	72
100	11111909*	181.04	1.19	59	0.10	66	31.35	65	22.83	59	-0.18	66	0.01	60	-0.34	65

注：肉用型西门塔尔牛、兼用型西门塔尔牛和华西牛体重及日增重性状同组评估。

* 表示该牛已经不在群，但是有库存冻精。

表 4-1-2 乳肉兼用西门塔尔牛 *TPI* 前 100 名

序号	牛号	CBI	TPI	体型外貌评分		初生重		6月龄体重		18月龄体重		6~12月龄日增重		13~18月龄日增重		19~24月龄日增重		4%乳脂率校正奶量	
				EBV	r^2(%)	EBV	r^2(%)	EBV	r^2(%)	EBV	r^2(%)	EBV	r^2(%)	EBV	r^2(%)	EBV	r^2(%)	EBV	r^2(%)
1	65118596	243.33	190.17	0.83	50	3.26	50	41.64	49	59.03	44	0.01	47	0.04	44	0.03	53	150.49	5
2	65118599	233.77	188.45	1.14	49	-1.49	49	41.76	48	60.21	43	0.05	46	0.06	43	0.02	52	295.40	5
3	65120602	241.00	184.86	0.23	49	2.92	50	41.80	49	59.78	43	0.01	46	0.02	44	0.11	52	9.27	2
4	22315041	232.87	179.48	-0.18	52	5.98	57	45.35	55	40.89	51	0.04	28	-0.08	51	-0.07	57	-8.36	1
5	21115735	222.06	172.96	1.74	52	0.21	30	47.86	53	33.46	46	0.00	26	-0.02	49	0.14	56	-9.45	1
6	65118598	189.01	171.83	1.79	51	-2.08	51	24.66	50	43.53	45	0.05	48	0.06	46	-0.07	54	663.28	14
7	65118597	210.11	171.39	1.98	50	1.35	51	34.09	50	39.73	44	-0.01	47	0.05	44	0.00	53	191.70	8
8	65117535	203.83	168.60	-0.66	48	3.57	49	40.39	48	29.08	43	0.06	46	-0.06	44	0.07	52	226.45	6
9	65120608	214.50	166.37	1.03	48	2.12	48	41.69	48	34.02	42	-0.05	47	-0.01	43	0.05	14	-83.93	1
10	65121606	208.91	164.38	0.55	45	2.96	51	51.93	49	12.88	1	0.03	45	0.02	1	0.00	1	-34.87	1
11	65118574	171.57	160.34	0.90	52	-0.91	52	18.77	51	36.85	46	-0.05	48	0.09	47	-0.01	55	626.79	16
12	65117530	182.23	159.53	-0.16	51	6.34	54	18.92	53	33.14	47	0.04	45	-0.04	47	0.15	55	367.05	6
13	65116523	154.78	158.29	0.75	50	-0.27	51	3.93	50	42.93	45	-0.01	12	0.11	46	0.10	54	916.08	45
14	65118575	164.27	157.39	1.43	51	-1.63	51	12.52	51	39.28	45	-0.04	48	0.13	46	0.01	54	678.73	15
15	41120902	101.98	157.17	-2.58	50	2.49	57	-12.25	56	24.58	50	0.03	56	0.07	51	0.07	57	2017.62	11
16	22316033	195.54	157.09	0.05	51	3.56	56	27.02	56	39.08	50	0.01	27	0.03	51	-0.02	57	-8.36	1
17	15516X06	205.52	156.85	1.85	53	-1.84	55	19.18	54	66.52	50	0.00	51	0.27	51	-0.17	57	-232.54	17
18	15213128*	192.94	156.08	-1.60	50	-2.59	53	30.45	52	52.66	46	0.16	51	0.02	46	-0.04	54	11.26	9
19	65121607	195.09	155.66	1.24	45	6.00	45	36.90	44	12.98	4	0.06	44	-0.02	4	0.04	5	-50.14	1
20	22316001	190.72	154.37	0.16	51	2.97	58	23.91	57	40.34	52	0.05	29	0.05	53	0.26	59	-2.18	1
21	65117552	180.02	154.36	-0.01	51	2.57	51	22.23	50	34.53	45	0.06	48	-0.03	46	0.10	54	228.95	9
22	37115676	220.66	152.27	1.10	51	7.61	54	23.20	53	54.53	47	0.13	52	0.15	48	-0.11	56	-724.75	47
23	41420106	187.85	151.99	-0.52	10	2.59	52	21.44	50	45.01	42	-0.03	47	0.10	42	0.00	51	-26.26	1
24	15214127*	186.04	151.90	0.09	51	-2.26	58	22.61	57	50.87	48	0.17	54	0.01	48	-0.04	54	10.33	9
25	65116518*	157.29	151.30	1.54	51	7.20	51	7.12	51	19.27	46	-0.03	14	0.09	46	0.07	54	609.33	45
26	65117532	190.18	151.21	-1.28	48	5.31	50	41.24	49	13.19	46	0.04	46	-0.12	44	0.09	52	-104.78	5
27	21116720	184.73	150.83	-0.68	51	3.95	53	48.67	52	-2.32	48	-0.09	25	-0.12	49	-0.09	55	-0.69	1
28	41420107	180.43	150.49	-0.22	6	-0.11	51	23.74	50	39.90	40	0.13	46	-0.04	41	-0.03	50	80.51	2

（续）

序号	牛号	CBI	TPI	体型外貌评分		初生重		6月龄体重		18月龄体重		6~12月龄日增重		13~18月龄日增重		19~24月龄日增重		4%乳脂率校正奶量	
				EBV	r²(%)	EBV	r²(%)	EBV	r²(%)	EBV	r²(%)	EBV	r²(%)	EBV	r²(%)	EBV	r²(%)	EBV	r²(%)
29	36116302	185.28	150.25	-0.68	49	2.04	51	7.72	50	65.57	44	0.09	49	0.25	45	-0.02	53	-32.88	5
30	41113254*	159.39	149.91	0.94	55	1.08	58	12.21	58	30.55	53	0.01	58	0.06	54	0.03	60	514.43	44
31	65117551*	160.12	148.27	-1.54	50	0.40	51	25.10	50	22.70	45	0.03	48	-0.04	45	0.10	54	439.77	7
32	65117546*	174.56	148.10	0.88	49	2.59	50	12.97	49	40.15	43	-0.05	10	-0.03	44	0.12	52	121.04	6
33	36118511	183.27	147.97	0.31	18	-0.16	51	11.93	50	58.74	45	0.15	49	0.19	45	-0.01	53	-71.89	4
34	53115338	163.86	147.35	-0.92	54	-1.34	60	31.00	59	18.98	52	0.00	58	0.02	52	0.06	57	325.20	21
35	65119601	188.40	146.86	0.91	19	0.05	57	30.13	56	33.13	50	0.01	55	-0.03	51	0.08	58	-222.60	12
36	15216631	159.42	146.18	1.05	53	1.19	57	11.86	57	30.41	49	0.05	53	0.04	49	0.01	56	379.66	14
37	15619126	157.05	145.33	2.23	50	1.90	57	18.97	56	11.03	47	0.05	53	-0.17	48	-0.02	55	399.56	19
38	15217669	153.69	145.21	-0.90	59	-0.30	59	17.70	58	27.27	49	0.02	55	0.01	50	-0.07	56	467.86	12
39	65118581	157.25	145.01	1.22	53	-3.39	53	18.00	53	29.41	48	-0.09	49	0.07	49	-0.01	56	383.75	18
40	65117544*	166.03	144.97	0.22	17	3.20	49	13.21	49	32.90	43	-0.06	9	-0.05	44	0.09	52	192.32	5
41	37114663	171.16	144.14	1.79	44	2.01	76	9.33	75	40.41	51	0.07	44	0.13	52	0.06	48	52.17	41
42	65119600	157.89	143.60	-0.08	46	0.74	47	33.36	47	1.49	7	-0.07	46	0.02	7	-0.01	7	319.28	5
43	65121604	157.89	143.60	-0.08	46	0.74	47	33.36	47	1.49	7	-0.07	46	0.02	7	-0.01	7	319.28	5
44	65116524	145.21	143.40	0.68	51	-0.74	52	1.76	51	38.74	46	0.01	14	0.12	47	0.11	55	585.95	45
45	15516X04	184.29	142.92	1.88	46	-1.80	48	14.95	47	52.96	42	0.01	47	0.20	43	-0.22	51	-276.10	7
46	51119039	176.87	142.82	0.45	37	1.17	43	26.68	42	26.38	37	-0.01	40	0.05	38	0.03	47	-118.91	2
47	37117677	177.24	142.67	0.44	51	-0.42	77	2.16	75	68.18	63	0.21	67	0.19	63	0.02	60	-131.72	5
48	65117543	160.56	142.27	-0.71	50	3.57	50	15.78	50	26.54	45	-0.03	8	-0.11	45	0.07	53	213.46	9
49	65117548*	163.06	141.89	0.03	50	2.37	50	11.37	49	35.67	44	-0.04	11	-0.07	45	0.13	53	145.73	5
50	22316059	169.87	141.68	-0.11	52	5.10	57	13.82	55	32.19	51	0.04	28	0.03	51	0.12	57	-8.36	1
51	65112593*	116.14	140.95	-0.29	51	3.88	52	4.31	51	0.22	46	0.02	16	0.11	46	-0.23	55	1126.20	46
52	13219221	158.01	140.54	-2.10	51	2.41	55	14.88	53	33.73	48	0.36	52	-0.17	48	0.01	55	206.63	7
53	51120051	158.01	140.54	-2.10	51	2.41	55	14.88	53	33.73	48	0.36	52	-0.17	48	0.01	55	206.63	7
54	36118505	169.86	140.22	-1.45	16	-0.31	50	12.04	49	53.21	45	0.19	49	0.11	45	-0.05	53	-61.15	4
55	65116519	133.06	140.21	0.89	50	3.57	50	1.38	50	16.69	45	-0.03	10	0.04	45	0.13	53	734.25	45
56	15516X08	177.33	139.95	1.39	53	-1.84	55	10.35	54	55.50	50	0.16	54	0.15	51	-0.16	57	-232.54	17

（续）

序号	牛号	CBI	TPI	体型外貌评分		初生重		6月龄体重		18月龄体重		6~12月龄日增重		13~18月龄日增重		19~24月龄日增重		4%乳脂率校正奶量	
				EBV	r²(%)	EBV	r²(%)	EBV	r²(%)	EBV	r²(%)	EBV	r²(%)	EBV	r²(%)	EBV	r²(%)	EBV	r²(%)
57	37114662	160.00	139.94	0.87	44	0.83	62	5.76	62	41.87	37	0.09	44	0.12	38	0.05	48	142.24	41
58	15220666	141.96	139.69	-0.57	17	-4.18	56	17.66	55	24.50	50	-0.14	55	0.06	51	-0.02	54	523.07	6
59	65117534	170.64	139.50	-0.38	51	3.62	53	18.94	52	29.72	46	0.07	45	-0.07	47	0.13	55	-104.11	5
60	15215309	143.62	139.16	-0.40	52	-0.12	57	12.64	57	23.24	47	0.08	52	-0.03	47	-0.06	54	467.86	12
61	15615327	149.86	139.06	-1.18	52	-2.66	54	12.88	53	37.86	49	0.09	50	0.00	49	0.23	57	329.54	34
62	65112592*	112.46	138.74	0.33	51	2.46	52	5.97	51	-4.73	46	0.02	16	0.01	46	0.02	55	1126.20	46
63	15516X05	175.30	138.73	0.82	52	-3.24	53	17.93	52	47.57	48	-0.05	52	0.19	49	-0.10	56	-232.54	17
64	36116303	162.95	138.08	-0.03	50	0.09	53	13.38	53	38.23	47	0.19	52	0.00	48	-0.04	55	11.26	9
65	36115211	164.07	137.40	1.16	49	-0.34	51	5.02	50	48.52	45	0.19	50	0.10	49	0.08	53	-37.38	3
66	36116301	163.63	137.15	0.42	48	0.08	51	7.48	50	46.20	45	0.10	50	0.13	49	0.06	53	-37.38	3
67	15610331	162.26	137.09	-0.46	56	-1.19	65	17.97	63	35.32	57	0.06	62	-0.02	57	0.00	61	-9.73	1
68	13219261	154.37	136.68	-2.56	48	1.37	55	8.89	51	43.77	45	0.29	49	-0.10	44	0.10	54	146.32	14
69	51119041	154.37	136.68	-2.56	48	1.37	55	8.89	51	43.77	45	0.29	49	-0.10	44	0.10	54	146.32	14
70	37115675	170.33	136.54	1.89	48	-1.61	50	8.43	49	49.39	42	0.28	49	0.07	43	-0.05	51	-203.75	43
71	15220530	163.44	135.77	-0.77	39	1.65	44	30.77	43	11.11	37	-0.02	38	0.07	38	0.11	47	-82.69	5
72	15619341	160.06	135.50	0.27	5	-1.79	46	41.56	45	-4.30	40	0.13	46	0.04	40	-0.04	49	-19.00	1
73	15517F03	159.17	134.68	-1.72	47	-1.11	50	11.76	49	46.62	45	0.12	49	0.07	45	-0.11	53	-29.30	3
74	15208603*	153.33	134.66	-1.32	51	-2.06	79	20.33	78	28.79	70	-0.04	59	0.10	71	0.01	72	95.78	1
75	15620116	157.33	134.14	-0.02	50	-0.62	50	25.84	48	15.54	46	-0.13	49	0.15	46	-0.37	55	-8.78	1
76	42119034	156.08	133.64	-3.07	54	2.30	58	15.90	57	34.35	51	0.20	56	0.21	51	-0.37	57	0.00	1
77	53115334	153.40	133.58	-0.23	53	0.51	59	8.88	58	35.95	51	-0.01	57	0.16	50	0.09	57	55.81	17
78	13218225	146.77	133.57	0.98	49	-0.99	50	21.84	49	8.85	44	-0.13	49	0.05	45	0.40	53	198.32	8
79	36116305	157.30	133.46	-1.56	49	1.16	52	6.44	51	46.91	46	0.12	50	0.14	46	0.06	54	-32.88	5
80	13219128	152.98	133.15	1.71	53	3.38	57	-9.72	56	49.63	48	0.10	55	0.12	49	0.17	55	49.25	10
81	15618309	155.22	133.14	0.51	40	-3.37	48	9.04	47	43.96	17	0.07	13	0.15	15	-0.02	18	0.00	1
82	65118580	137.40	132.98	0.97	52	-2.04	53	9.79	52	21.12	48	-0.09	51	0.10	49	-0.01	56	379.81	17
83	65112591*	118.65	132.84	-0.27	51	5.87	51	2.55	50	0.37	45	-0.01	18	0.03	46	-0.10	54	779.99	45
84	15214328	137.30	132.76	0.71	54	0.88	59	5.18	58	22.05	50	0.11	56	0.02	50	0.01	57	374.03	17

（续）

序号	牛号	CBI	TPI	体型外貌评分		初生重		6月龄体重		18月龄体重		6~12月龄日增重		13~18月龄日增重		19~24月龄日增重		4%乳脂率校正奶量	
				EBV	r²(%)	EBV	r²(%)	EBV	r²(%)	EBV	r²(%)	EBV	r²(%)	EBV	r²(%)	EBV	r²(%)	EBV	r²(%)
85	15217001	154.14	132.47	1.41	52	-2.31	58	12.47	57	31.60	52	0.20	54	-0.02	52	0.05	57	0.00	1
86	15517F01	155.29	132.36	-1.65	47	-1.11	50	7.90	49	48.65	45	0.07	49	0.16	45	-0.12	53	-29.30	3
87	36118503	153.08	132.17	0.00	20	-0.38	52	9.37	51	36.18	46	0.17	51	0.04	47	-0.05	54	11.26	9
88	15217663	152.59	131.87	0.63	52	0.07	57	10.17	56	30.96	51	0.11	56	0.03	51	-0.11	58	11.26	9
89	65116514*	125.68	131.85	0.42	50	-0.18	49	2.17	49	19.50	44	0.00	10	0.09	45	0.14	53	592.29	45
90	15415311	182.37	131.61	-0.27	53	0.74	58	22.43	57	41.88	51	0.16	56	0.00	51	-0.12	57	-641.81	17
91	36115201	158.15	131.59	-0.21	50	-0.18	53	14.62	52	33.19	47	0.20	51	-0.03	47	0.04	54	-118.90	10
92	15415308	166.24	131.50	-1.34	51	2.23	57	24.24	56	24.53	48	0.03	55	0.03	47	-0.13	55	-296.56	25
93	51120050	157.39	131.50	-0.34	14	-0.43	55	24.41	54	18.59	45	-0.07	22	0.04	45	0.00	13	-105.76	2
94	15416313	133.97	131.46	-0.21	51	2.33	57	21.60	56	-6.17	49	0.01	53	-0.12	49	0.08	57	398.63	10
95	65118576	137.20	131.31	0.41	53	-2.29	53	8.03	53	26.42	48	-0.08	49	0.10	49	-0.01	56	323.78	19
96	37115670	191.57	131.28	0.66	56	0.37	60	19.46	59	52.31	54	0.12	57	0.08	54	0.06	60	-852.68	50
97	13213119	135.56	131.26	-1.61	49	-2.24	49	5.87	48	35.87	43	-0.05	48	0.16	44	-0.04	52	358.31	42
98	15619513	148.76	130.67	0.81	21	0.52	52	12.91	51	21.41	21	-0.04	52	-0.09	21	-0.16	22	50.49	3
99	41120218	150.93	130.67	-2.17	47	0.90	53	2.91	52	49.38	45	0.17	52	0.09	45	-0.05	21	3.78	3
100	15213918*	145.23	130.36	-0.14	23	0.64	52	4.71	51	34.05	47	0.04	51	0.09	47	-0.02	55	116.06	14

注：肉用型西门塔尔牛、兼用型西门塔尔牛和华西牛体重及日增重性状同组评估。

＊ 表示该牛已经不在群，但有库存冻精。

表4-1-3 肉用西门塔尔牛估计育种值

序号	牛号	CBI	体型外貌评分		初生重		6月龄体重		18月龄体重		6~12月龄日增重		13~18月龄日增重		19~24月龄日增重	
			EBV	r²(%)	EBV	r²(%)	EBV	r²(%)	EBV	r²(%)	EBV	r²(%)	EBV	r²(%)	EBV	r²(%)
1	15412115	263.74	-0.15	53	4.30	59	81.89	59	17.70	52	-0.03	40	-0.28	53	-0.19	59
2	11119908	254.21	2.68	50	8.30	50	34.03	49	61.55	44	0.12	50	0.04	45	-0.17	53
3	15412127	248.53	1.43	52	0.83	58	65.05	57	31.59	53	0.00	38	-0.15	54	-0.15	59
4	15618415	244.94	-0.87	51	0.62	53	49.96	52	60.77	45	0.03	52	0.14	46	0.05	54
5	11120917	244.48	2.20	50	4.16	51	33.83	50	64.61	45	0.29	50	-0.04	45	-0.20	20
6	22216661*	244.09	0.09	52	1.02	53	58.04	52	42.89	48	-0.06	52	0.02	49	0.00	26
7	14116045	236.97	1.22	52	3.50	58	60.57	58	21.98	53	-0.14	58	-0.04	54	0.09	60
8	11120915	236.36	0.98	50	2.52	51	35.62	50	62.99	45	0.13	51	-0.01	45	-0.15	20
9	13220126	234.17	0.00	15	3.53	52	52.42	51	36.52	45	0.06	12	-0.07	46	0.04	54
10	41120270	230.15	0.84	52	-0.16	59	42.76	58	53.25	53	0.18	56	0.02	53	-0.04	57
11	62113083	229.61	-0.24	46	2.61	47	34.80	46	62.42	40	0.03	46	0.10	41	0.21	50
12	15615311	229.40	-0.19	50	1.47	55	35.63	54	63.51	49	0.02	53	0.14	50	0.02	56
13	13220545	228.65	0.26	51	-0.44	57	35.53	56	65.85	51	0.13	53	0.08	51	-0.09	58
14	13220085	227.82	-0.73	48	-1.25	52	47.62	51	52.33	19	0.03	51	0.06	18	-0.01	18
15	11116926	227.23	1.11	52	-1.39	66	32.09	66	68.81	60	0.01	60	0.09	59	0.09	56
16	62113085	221.77	0.25	53	0.80	55	35.02	54	57.23	49	0.00	55	0.16	50	0.10	56
17	22215311	220.92	-0.46	47	0.23	47	54.12	46	31.29	40	0.00	47	-0.03	41	-0.04	50
18	22215301	220.75	-0.51	48	0.50	48	50.23	48	36.65	42	0.05	48	-0.02	43	0.10	52
19	62114093	220.65	-0.36	52	-0.70	54	40.13	53	54.35	48	-0.09	53	0.15	48	0.08	55
20	15619129	218.54	-0.17	53	1.42	56	27.95	55	65.19	50	0.00	27	0.04	51	-0.51	57
21	15412116	217.96	1.17	54	-1.00	62	49.21	61	32.70	57	0.03	46	-0.15	57	-0.19	62
22	15615313	216.57	-0.82	50	1.97	53	26.28	52	67.08	47	0.07	24	0.16	48	0.11	56
23	11120910	216.37	2.09	52	-0.53	55	23.43	53	66.07	44	0.11	52	0.06	44	-0.26	53
24	15617969	216.34	-0.69	52	3.74	56	50.56	55	24.83	50	0.13	54	0.12	50	0.18	58
25	11119903	216.11	1.34	51	5.15	52	41.80	51	26.81	46	0.08	52	-0.16	46	-0.34	54
26	41219999	215.61	0.51	49	-1.11	50	43.00	49	42.85	42	-0.13	47	0.27	42	-0.26	51
27	11118967	215.04	2.52	54	3.93	59	31.87	58	39.41	52	0.44	57	-0.22	48	0.08	58
28	15412175	212.42	-0.08	54	1.45	56	56.60	56	15.13	51	0.01	34	-0.12	52	-0.15	58

（续）

序号	牛号	CBI	体型外貌评分		初生重		6月龄体重		18月龄体重		6~12月龄日增重		13~18月龄日增重		19~24月龄日增重	
			EBV	r²(%)	EBV	r²(%)	EBV	r²(%)	EBV	r²(%)	EBV	r²(%)	EBV	r²(%)	EBV	r²(%)
29	62113087	210.38	0.96	53	1.31	56	45.82	55	26.05	50	-0.07	54	0.05	50	0.10	56
30	22121015	208.97	0.41	10	4.45	52	33.77	50	37.71	45	-0.08	48	0.01	45	0.04	21
31	11119901	207.82	2.25	50	3.11	50	34.92	49	31.02	44	0.10	50	-0.16	45	-0.35	53
32	11120916	207.64	0.59	51	1.94	52	24.01	51	56.85	46	0.03	51	0.06	47	-0.17	23
33	62113089	207.54	0.34	50	-0.30	53	39.80	52	38.91	47	0.03	52	0.00	47	0.03	54
34	11118973	207.51	2.04	53	2.44	55	18.02	54	59.08	49	0.55	54	-0.14	50	0.15	57
35	22118027	206.46	-0.52	49	4.43	57	33.76	55	39.06	50	-0.05	52	0.08	50	0.04	57
36	22215149*	206.03	-0.24	17	0.58	52	44.13	51	31.00	46	-0.02	51	0.08	47	-0.11	55
37	11119905	205.78	1.88	49	6.14	49	29.31	49	31.82	44	0.12	49	-0.15	44	-0.29	52
38	14116423	205.74	1.23	49	-1.04	52	63.76	51	-1.14	47	-0.02	23	0.03	22	0.13	52
39	13220001	204.76	-0.48	6	2.40	47	53.90	46	11.34	41	0.02	8	-0.08	41	0.04	50
40	15617973	204.51	-1.19	52	-0.42	55	43.28	56	36.97	51	-0.04	31	0.06	51	0.16	56
41	22213117	202.76	0.07	48	-0.15	49	39.65	48	35.36	43	0.03	49	0.06	43	0.16	52
42	21220012	201.34	2.50	50	0.03	51	30.22	50	38.64	46	0.02	22	0.04	46	-0.01	54
43	65120611	200.77	-0.12	27	2.33	58	32.73	57	38.85	53	0.05	57	0.11	54	0.02	59
44	11118975	200.56	1.81	54	2.48	57	17.20	56	54.61	51	0.43	56	-0.07	52	-0.35	59
45	11119909	200.41	1.28	50	1.90	50	29.96	50	38.36	44	0.10	50	-0.03	45	-0.03	53
46	22118087	200.37	0.18	50	1.19	58	30.40	57	43.65	50	-0.04	54	0.17	51	0.09	58
47	53114303	199.17	0.89	52	0.22	86	30.23	84	42.38	66	0.03	74	-0.02	66	0.11	65
48	41418135	199.14	-2.70	53	4.41	59	27.41	58	50.44	53	-0.02	27	0.09	54	0.18	60
	22118023															
49	22217315	199.00	0.68	54	1.87	55	30.38	55	38.81	48	-0.03	55	0.13	48	-0.24	56
50	15216226*	197.16	1.91	50	2.12	52	20.69	51	46.60	46	0.08	50	0.04	47	-0.06	55
51	13220123	196.81	-0.93	47	-1.22	51	39.29	50	36.80	16	-0.01	50	0.04	15	0.03	14
52	11118966	196.74	2.79	54	0.70	54	13.77	53	56.81	48	0.54	54	-0.24	49	-0.14	57
53	15616921	196.59	1.24	57	1.15	60	32.01	59	33.61	55	0.05	34	-0.05	55	0.03	61
	22116023															
54	14117227	196.11	-2.19	51	2.97	58	36.17	57	35.68	50	0.11	55	-0.11	49	-0.19	57

（续）

序号	牛号	CBI	体型外貌评分		初生重		6月龄体重		18月龄体重		6~12月龄日增重		13~18月龄日增重		19~24月龄日增重	
			EBV	r²(%)	EBV	r²(%)	EBV	r²(%)	EBV	r²(%)	EBV	r²(%)	EBV	r²(%)	EBV	r²(%)
55	15412151	195.47	0.61	53	-0.47	60	43.38	59	21.51	54	-0.01	41	-0.17	55	-0.18	61
56	65120603	195.12	-0.67	50	1.03	52	13.22	51	68.76	46	0.09	51	0.18	47	-0.44	54
57	11118995	195.07	0.72	50	2.24	52	27.92	51	37.84	46	0.27	52	-0.07	47	-0.18	54
58	41120910	194.58	-0.66	51	2.36	58	30.17	57	38.97	51	0.01	31	0.00	51	0.02	58
59	15216221	194.14	2.13	48	5.99	50	20.11	49	34.41	42	0.06	49	0.01	43	-0.01	51
60	65120612	193.17	-0.12	27	3.47	58	30.62	57	32.24	53	0.02	57	0.11	54	-0.03	59
61	22215147	192.91	0.21	47	0.35	50	35.14	49	31.33	17	0.05	17	0.11	17	-0.07	20
62	65319204 41119204	192.53	0.23	51	-3.35	55	26.81	54	52.58	49	0.02	55	0.13	50	-0.10	55
63	11119906	192.19	1.30	50	3.39	50	20.26	49	41.88	44	0.20	50	-0.06	45	-0.36	53
64	11119996	192.08	0.89	50	-0.83	51	26.02	51	44.73	46	0.09	51	0.09	47	-0.18	54
65	15219401	191.77	-0.30	50	1.38	52	37.41	51	26.27	44	0.08	14	0.00	45	0.08	54
66	65321202 41121202	190.54	0.29	55	1.31	59	30.89	58	33.00	36	0.15	57	0.03	36	0.06	35
67	15618939	190.13	-1.00	48	5.26	53	32.06	52	26.23	21	0.04	17	-0.01	22	-0.10	22
68	22119127	190.08	0.33	50	-0.89	57	21.36	57	52.33	52	0.03	30	0.06	53	-0.10	59
69	15216114*	190.01	2.26	58	0.44	61	16.53	60	48.96	55	0.10	56	0.13	55	-0.12	61
70	65118536*	189.65	1.60	54	-0.18	56	28.02	55	35.07	51	0.03	55	0.00	51	0.11	57
71	15215212*	189.49	1.44	51	4.95	58	24.79	57	28.11	52	-0.25	52	0.09	52	0.03	59
72	22420345	189.10	-1.01	7	-0.45	26	21.23	26	55.72	22	0.04	24	0.08	22	-0.02	22
73	21220007	187.86	0.15	49	0.20	50	29.94	49	35.18	44	0.10	18	0.00	45	-0.06	52
74	21220015	187.76	1.71	52	-1.35	54	23.03	53	43.39	49	0.07	29	0.11	49	-0.14	55
75	36120723	186.99	-0.32	13	-1.05	49	3.72	48	79.39	43	0.13	17	0.29	43	0.00	18
76	14117325	186.82	-2.27	50	3.01	55	31.68	54	34.09	48	-0.02	52	-0.05	48	-0.12	55
77	13220021	186.81	-0.31	48	3.23	56	19.34	55	44.86	46	0.17	53	-0.03	47	-0.51	50
78	41118268	186.39	-0.98	50	-0.97	58	27.28	57	45.08	52	-0.03	57	0.11	52	-0.03	59
79	37114627	186.35	0.72	55	1.56	58	14.40	58	52.06	51	0.14	56	0.13	51	-0.08	58
80	22121031	186.11	-0.55	18	2.22	58	37.41	57	19.91	34	-0.06	54	-0.01	34	-0.01	34

（续）

序号	牛号	CBI	体型外貌评分		初生重		6月龄体重		18月龄体重		6~12月龄日增重		13~18月龄日增重		19~24月龄日增重	
			EBV	r^2 (%)	EBV	r^2 (%)	EBV	r^2 (%)	EBV	r^2 (%)	EBV	r^2 (%)	EBV	r^2 (%)	EBV	r^2 (%)
81	22217313	185.99	0.25	53	3.73	53	33.28	53	19.36	47	-0.03	53	-0.05	48	-0.03	55
82	15516X50	185.93	0.54	49	-0.50	56	12.22	55	60.69	50	0.11	55	0.13	51	0.38	57
83	65118541*	185.75	0.77	54	2.52	55	23.47	54	35.10	49	0.08	53	-0.06	50	0.20	57
84	21219011	185.49	1.02	52	1.00	54	28.06	54	30.52	49	0.08	27	-0.06	49	0.03	56
85	14118313	185.31	-0.57	54	3.65	39	34.33	39	20.49	54	-0.02	39	-0.05	36	-0.20	60
86	41110292*	185.21	1.36	47	6.49	48	25.96	48	18.90	42	0.06	47	-0.03	43	0.00	52
87	15216112*	184.70	2.57	57	-4.01	59	15.15	59	55.73	52	0.08	55	0.11	53	-0.13	59
88	22215317	184.30	-0.40	49	0.49	49	32.30	48	29.64	43	0.04	49	-0.03	43	0.12	52
89	41418131	183.72	-1.56	53	0.91	39	38.16	57	23.60	32	0.11	29	0.00	32	0.15	35
90	22114023*	183.13	1.02	47	5.37	54	20.25	52	29.72	45	-0.01	19	0.09	46	-0.04	54
91	41120240	182.97	1.34	54	-3.61	59	24.92	58	42.92	54	0.21	58	-0.03	54	0.12	38
92	15217229	182.95	1.80	50	1.40	51	19.73	51	36.96	46	0.10	51	0.04	47	-0.05	54
93	21220023	182.41	-1.20	52	-0.62	55	24.73	54	45.26	49	-0.06	29	0.13	50	0.01	28
94	15615355	182.37	-0.72	50	1.55	54	15.34	53	52.51	48	0.01	53	0.12	49	-0.18	56
95	36120711	182.09	0.14	19	0.12	52	1.17	51	74.12	45	0.10	22	0.24	46	0.01	22
96	13220465	182.06	-0.61	50	-1.19	51	17.55	50	55.02	45	0.31	50	-0.08	46	-0.01	54
97	14116513	182.00	-1.01	47	1.53	47	33.57	46	25.38	41	-0.01	46	0.00	42	-0.05	50
98	22119033	181.51	-2.35	52	3.72	59	25.02	57	37.91	53	-0.02	27	0.11	53	0.02	60
99	15208131*	181.08	-0.93	30	0.39	76	30.00	74	32.46	68	0.09	57	0.00	68	-0.22	72
100	11111909*	181.04	1.19	59	0.10	66	31.35	65	22.83	59	-0.18	66	0.01	60	-0.34	65
101	11120913	180.82	1.32	51	-2.09	54	4.83	53	68.11	44	0.14	51	0.06	45	-0.29	53
102	15617934	180.70	-1.19	51	2.62	51	17.31	51	47.15	46	0.01	51	0.12	46	0.09	54
103	15217732*	180.29	1.03	53	2.79	66	19.81	67	33.94	54	0.04	67	-0.03	55	-0.15	61
104	65116512	179.8	1.45	51	-1.11	55	24.73	53	33.76	21	0.05	52	0.02	21	-0.20	23
105	22121001	179.44	0.35	21	0.18	57	26.04	56	32.57	49	-0.12	51	0.07	49	-0.06	30
106	15216748	179.34	1.28	53	2.25	69	11.20	68	46.58	61	0.10	60	0.07	60	-0.20	59
107	22120061	179.33	0.72	24	2.88	58	16.95	57	38.40	52	0.11	53	0.02	53	0.02	59
108	41116242*	179.25	-0.24	45	1.41	67	21.08	43	39.27	38	0.03	44	0.11	38	-0.06	48

（续）

序号	牛号	CBI	体型外貌评分 EBV	体型外貌评分 r²(%)	初生重 EBV	初生重 r²(%)	6月龄体重 EBV	6月龄体重 r²(%)	18月龄体重 EBV	18月龄体重 r²(%)	6~12月龄日增重 EBV	6~12月龄日增重 r²(%)	13~18月龄日增重 EBV	13~18月龄日增重 r²(%)	19~24月龄日增重 EBV	19~24月龄日增重 r²(%)
109	15618613	179.05	0.76	53	0.39	53	14.84	53	47.26	48	0.05	26	0.13	48	0.01	56
110	22115009	178.89	2.16	48	0.22	54	18.97	53	35.78	48	0.06	11	0.06	49	-0.10	56
111	65118540	177.33	0.11	54	-0.59	55	22.27	54	39.13	49	0.11	53	-0.06	50	0.21	57
112	21219023	177.27	0.32	53	2.27	57	31.48	56	17.26	51	0.08	35	-0.03	52	0.13	56
113	41419112	176.81	0.12	2	1.70	47	19.51	46	37.32	41	0.10	46	0.01	41	0.00	50
114	41121204	176.61	-0.13	52	-2.42	59	17.13	58	51.70	52	0.14	57	0.05	52	0.06	35
115	15612317	176.51	-0.18	51	3.09	53	11.48	52	47.17	48	-0.08	22	0.08	48	0.17	55
116	37114617	176.14	1.15	44	2.44	78	0.86	78	59.49	49	0.12	44	0.12	50	-0.06	48
117	65118538	176.13	0.98	54	1.06	54	18.64	53	36.23	49	0.13	53	-0.03	49	0.30	57
118	14121281	176.09	1.46	47	0.35	56	45.29	54	-4.82	22	-0.17	55	0.06	22	0.04	15
119	36120703	176.08	-0.66	10	-1.03	48	9.29	47	61.94	42	0.10	14	0.31	42	-0.02	14
120	65118542 *	175.95	2.02	57	0.72	59	19.04	58	32.24	54	0.01	57	0.07	54	0.26	60
121	15414007	175.83	-1.03	52	-0.80	59	28.63	58	32.90	54	-0.01	39	0.05	54	-0.12	60
122	11120926	175.75	-0.88	48	-2.22	52	26.95	51	38.28	19	-0.02	22	0.05	18	0.04	18
123	15611517	175.66	-0.22	52	1.26	57	19.73	54	38.28	50	-0.03	23	0.03	51	0.05	58
124	22419011	175.62	0.09	15	3.62	50	13.27	49	41.26	42	0.00	48	0.18	43	0.00	15
125	15616667 *	175.58	0.14	50	1.89	52	11.41	51	48.07	46	0.13	50	-0.01	47	-0.11	55
126	15619147 22119147	175.41	-0.02	54	1.51	59	27.29	39	25.05	36	0.00	32	-0.03	36	0.08	38
127	15220520	175.34	-1.12	10	1.62	58	20.72	57	39.11	49	-0.01	29	0.03	49	-0.04	24
128	65319272 41119272	175.00	1.22	56	0.39	59	20.93	59	32.38	54	0.23	58	-0.09	54	0.22	60
129	15618704 *	174.76	0.29	54	0.86	57	11.55	56	49.00	51	0.05	22	0.07	52	0.08	58
130	15616688	174.71	-1.00	51	3.79	53	13.08	52	44.48	48	0.09	52	0.03	48	-0.01	56
131	22216677 *	174.67	1.02	51	-1.17	53	22.78	53	33.74	48	0.06	52	0.04	49	0.28	56
132	41419170	174.22	-0.08	20	2.53	52	11.53	52	45.90	47	-0.03	52	0.15	47	0.00	55
133	15217111	174.16	2.28	57	-2.07	59	8.34	59	52.72	52	0.15	55	0.12	53	-0.18	59
134	11117957	174.15	1.59	12	1.89	53	18.70	53	29.93	45	-0.05	25	0.06	46	-0.08	51

（续）

序号	牛号	CBI	体型外貌评分		初生重		6月龄体重		18月龄体重		6~12月龄日增重		13~18月龄日增重		19~24月龄日增重	
			EBV	r^2 (%)	EBV	r^2 (%)	EBV	r^2 (%)	EBV	r^2 (%)	EBV	r^2 (%)	EBV	r^2 (%)	EBV	r^2 (%)
135	22114009	173.97	0.81	56	-1.71	72	24.77	64	32.16	54	0.05	34	0.03	55	0.01	60
136	15219415	173.85	-0.35	49	3.00	52	32.73	51	12.95	44	-0.07	16	-0.02	45	0.09	53
137	53114302	173.47	0.41	47	-1.51	49	32.59	48	20.78	43	0.00	46	0.02	44	0.01	52
138	15618215*	173.43	0.87	51	1.15	52	4.02	52	56.33	47	0.05	19	0.07	48	0.28	55
139	15218712	172.40	-1.24	55	3.89	60	23.25	59	27.44	53	0.02	59	-0.03	53	0.02	59
140	22119053	172.20	-0.36	51	0.72	59	18.10	58	39.42	53	0.06	54	0.04	54	-0.10	60
141	22215139	171.91	-0.72	50	3.22	53	11.42	53	44.72	48	0.01	53	0.10	49	-0.15	56
142	22118077	171.49	-0.01	51	-0.20	58	21.00	57	35.15	52	-0.09	53	0.16	52	0.09	59
143	15217735	171.46	0.77	53	4.68	58	10.28	58	36.74	51	0.19	58	0.03	51	-0.20	57
144	15212418	171.00	1.49	48	3.04	73	13.91	70	31.93	56	0.06	56	0.00	57	0.11	58
145	15613301	170.61	0.15	54	-0.59	55	26.13	55	26.81	50	0.01	55	0.04	51	0.18	57
146	22213002	170.54	-0.67	53	0.78	54	17.71	53	39.48	49	0.04	53	0.05	49	0.11	56
147	11121327	170.52	-0.45	22	0.63	53	24.09	52	29.20	47	0.16	23	-0.01	48	0.08	25
148	15615321	170.43	-0.58	50	1.74	54	-2.50	54	67.70	49	0.18	54	0.17	49	-0.17	56
149	15220414	170.08	0.09	23	5.30	57	20.67	56	20.62	52	0.03	56	0.08	52	-0.10	58
150	21220016	169.52	2.21	52	-1.35	54	20.87	53	27.70	49	0.07	29	0.01	49	-0.05	55
151	36120717	169.46	-0.57	5	-1.59	51	-3.26	49	76.00	41	0.09	19	0.23	42	-0.03	7
152	15518X10	169.00	-1.53	44	3.32	49	22.06	48	28.56	42	0.09	47	-0.05	42	-0.04	48
153	22115071*	168.80	0.70	49	-2.83	56	25.11	55	29.95	49	0.01	21	0.01	50	-0.13	57
154	41219560	168.76	0.17	53	2.06	51	9.80	50	43.61	45	0.11	20	-0.02	19	-0.01	54
155	13319108	168.69	0.07	50	-0.17	54	20.73	53	32.59	17	0.06	51	-0.09	17	-0.18	19
156	21219012	168.69	1.38	51	0.17	54	21.61	53	25.32	48	0.17	26	-0.11	49	0.01	55
157	11121314	168.64	0.88	47	-6.49	56	32.59	55	26.49	46	-0.26	55	0.32	47	0.01	15
158	11116928	168.42	0.76	52	0.04	71	20.26	68	29.88	59	-0.02	64	-0.06	59	0.27	56
159	11120920	168.35	-1.18	23	0.65	57	24.11	56	29.92	50	0.10	31	0.01	50	0.10	56
160	21220011	167.77	-0.41	50	1.53	51	22.05	51	27.45	46	0.08	23	-0.02	46	-0.08	54
161	22421031	167.77	-1.07	7	-0.41	25	11.02	25	51.58	22	0.08	23	0.08	22	-0.05	23
162	22120079	167.70	-0.27	30	0.03	59	22.50	58	29.77	53	-0.01	53	0.07	54	0.07	60

（续）

序号	牛号	CBI	体型外貌评分		初生重		6 月龄体重		18 月龄体重		6~12 月龄日增重		13~18 月龄日增重		19~24 月龄日增重	
			EBV	r²(%)	EBV	r²(%)	EBV	r²(%)	EBV	r²(%)	EBV	r²(%)	EBV	r²(%)	EBV	r²(%)
163	15618322	167.53	-1.11	55	2.63	59	29.52	57	15.81	33	0.09	57	0.07	33	-0.07	37
164	15613309*	167.51	-0.53	54	0.32	55	22.94	54	29.22	50	0.03	54	0.01	50	0.21	57
165	22118035	167.43	0.68	53	0.30	71	24.10	65	22.72	52	-0.04	55	0.02	53	0.10	59
166	22217101	167.40	-0.56	50	2.34	57	34.88	58	6.02	50	0.09	53	0.08	51	-0.20	58
167	22212901*	167.37	1.11	52	0.54	64	-7.57	64	68.98	48	0.10	62	0.12	49	-0.07	56
168	14116320	167.34	0.95	55	-1.61	60	41.47	59	-0.41	54	-0.15	59	-0.11	54	0.12	60
169	15412022	166.67	0.43	54	1.29	61	41.67	61	-6.33	56	-0.08	44	-0.07	56	-0.14	57
170	22218627	165.99	0.52	48	3.88	51	29.97	50	4.35	45	-0.01	50	-0.03	46	0.03	54
171	41419139	165.84	0.35	17	1.47	55	24.88	54	18.49	48	-0.06	54	-0.11	49	0.04	54
172	15613300*	165.76	-0.80	52	1.08	53	6.01	52	52.74	47	0.05	51	0.14	48	0.13	55
173	15612333*	165.64	-0.36	48	-0.12	51	4.88	49	55.57	43	0.05	9	0.08	44	0.10	53
174	15615319	165.64	-0.65	50	0.37	53	26.69	54	22.05	49	-0.07	54	-0.04	50	0.26	57
175	15518X23	165.56	2.86	32	-1.39	58	19.72	57	23.34	52	0.16	57	-0.08	53	0.04	57
176	13319107	165.51	-0.07	50	0.71	53	8.34	52	47.02	47	0.32	52	-0.06	48	0.18	55
177	22218803	165.29	0.61	50	0.43	53	29.27	53	12.74	46	-0.09	52	0.00	47	-0.29	55
178	15619323*	165.05	-0.24	53	0.15	56	27.76	55	18.82	28	0.10	28	-0.02	28	0.14	29
179	15619339	164.92	-0.58	50	-2.57	51	22.77	50	34.23	45	-0.04	51	0.03	46	-0.04	54
180	41119274*	164.87	-0.11	51	1.75	55	21.57	53	23.77	48	0.08	53	-0.05	49	0.21	56
181	11120918	164.8	-0.83	11	0.04	55	3.79	53	57.89	47	0.01	48	0.14	48	-0.01	54
182	11118972	164.53	3.00	53	1.31	55	12.41	54	26.51	49	0.50	54	-0.14	50	0.11	57
183	22114027*	164.37	0.34	53	0.19	56	20.07	55	27.61	51	0.03	28	0.00	52	0.01	58
184	41121206	164.19	-0.13	52	-1.28	59	13.54	58	42.85	52	0.12	57	0.04	52	0.06	35
185	11121306	164.09	-0.49	52	-1.11	58	27.91	56	21.73	51	0.22	55	-0.14	52	-0.04	19
186	11119979*	164.09	0.86	57	2.31	60	6.04	60	41.74	55	0.14	57	0.14	56	-0.31	60
187	15618615*	164.00	0.87	52	-0.78	55	22.29	55	24.17	51	0.11	26	0.08	52	0.19	58
188	11120911	163.91	0.46	50	-1.28	53	13.71	51	40.05	43	0.14	49	0.06	43	-0.16	52
189	41413143	163.56	1.64	44	0.16	78	6.01	78	43.46	41	0.00	1	0.03	42	-0.05	48
190	15618101*	163.04	0.03	52	1.98	52	12.62	51	34.66	46	0.01	17	0.00	47	-0.12	21

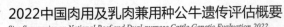
（续）

序号	牛号	CBI	体型外貌评分		初生重		6月龄体重		18月龄体重		6~12月龄日增重		13~18月龄日增重		19~24月龄日增重	
			EBV	r²(%)	EBV	r²(%)	EBV	r²(%)	EBV	r²(%)	EBV	r²(%)	EBV	r²(%)	EBV	r²(%)
191	15619343	163.00	-0.20	17	-1.31	51	30.59	50	15.93	45	-0.08	50	-0.05	45	-0.07	53
192	22121033	162.50	0.24	18	-0.21	57	20.50	56	26.57	28	-0.07	49	0.07	28	-0.10	29
193	22213217*	162.43	-0.46	17	-0.06	52	-3.70	51	65.96	46	0.23	51	0.20	47	-0.01	54
194	11121950	162.37	-0.38	26	1.79	59	16.00	58	30.92	50	0.00	29	0.06	51	0.06	26
195	41418167	161.66	-0.18	19	-2.69	54	9.30	52	50.58	47	0.14	52	0.08	47	0.02	54
196	15618219*	161.65	-0.18	52	2.35	57	5.73	55	43.85	49	-0.02	26	0.09	50	0.13	57
197	22119039	161.60	-1.06	52	4.35	58	8.29	57	38.43	51	-0.09	26	0.01	51	-0.06	58
198	22217308	161.58	-0.38	53	3.37	53	24.07	53	13.98	48	-0.07	53	-0.04	49	0.02	56
199	15216111	161.54	2.59	57	-1.63	73	1.22	70	49.56	53	0.01	57	0.20	54	-0.05	60
200	21220006	161.09	2.12	51	-0.37	53	19.10	53	20.51	48	0.07	28	-0.01	49	-0.08	55
201	22112009	161.09	0.53	46	2.22	54	10.90	51	32.99	44	-0.05	21	0.12	45	-0.14	53
202	15611625	161.00	0.75	55	1.20	58	26.09	57	11.21	52	0.00	30	-0.12	53	0.00	60
203	22217115	160.78	0.20	50	-0.98	50	19.98	50	27.80	45	0.01	51	0.12	45	-0.02	53
204	15611235	160.66	0.15	49	6.33	52	16.13	51	16.06	46	0.07	18	0.05	46	0.04	54
	22111015															
205	22119161	160.14	-0.89	51	1.23	58	25.19	55	18.04	52	-0.12	54	0.07	53	-0.06	59
206	15615599	159.95	0.04	53	-0.49	55	11.84	55	38.91	50	0.00	54	0.05	50	0.12	57
207	15618929	159.89	-0.97	52	1.71	57	19.89	57	25.11	32	-0.02	26	0.09	32	0.12	35
208	11118961	159.86	1.62	55	1.55	57	-5.03	57	53.64	51	0.32	55	0.04	52	0.16	58
209	14120630	159.86	1.17	48	1.10	47	0.69	46	47.69	41	0.17	47	0.04	42	-0.30	51
210	22214331	159.68	-0.25	53	-1.09	54	9.21	53	45.28	47	0.07	53	0.10	48	0.05	56
211	11118970	159.60	2.13	52	1.93	56	9.60	54	28.09	48	0.37	53	-0.17	48	-0.09	55
212	22215511	159.46	-0.15	49	1.33	53	23.10	53	17.54	45	0.00	47	0.00	46	-0.01	54
213	53119375	159.36	-1.40	48	0.89	58	18.07	57	31.05	51	-0.07	55	0.10	51	-0.12	55
214	41121250	159.35	-0.77	52	0.01	57	12.78	55	38.84	50	0.02	55	0.04	50	0.13	31
215	22118099	159.02	-0.30	52	1.63	59	14.84	58	29.67	53	-0.07	54	0.12	53	0.00	59
216	22120137	158.95	-0.30	24	7.84	57	10.55	56	21.10	51	-0.14	51	0.15	51	-0.06	34
217	15216220*	158.88	1.48	50	2.83	53	8.17	52	29.94	47	0.03	51	0.07	47	-0.01	55

(续)

序号	牛号	CBI	体型外貌评分		初生重		6月龄体重		18月龄体重		6~12月龄日增重		13~18月龄日增重		19~24月龄日增重	
			EBV	r² (%)	EBV	r² (%)	EBV	r² (%)	EBV	r² (%)	EBV	r² (%)	EBV	r² (%)	EBV	r² (%)
218	11121361	158.75	-0.40	21	1.50	21	8.02	21	40.55	18	0.00	1	0.09	19	0.15	23
219	15615363	158.73	-1.04	50	-0.77	53	15.73	52	36.68	45	0.13	51	-0.02	45	0.03	54
220	15619712	158.68	0.26	55	3.19	59	19.33	40	16.50	36	-0.02	33	0.02	36	0.16	38
	22119153															
221	22220123	158.68	-0.44	51	0.32	57	44.49	56	-12.42	29	-0.23	55	-0.03	30	0.03	30
222	15614031	158.66	0.37	54	3.93	59	19.01	57	14.76	53	0.00	32	0.02	54	0.03	60
	22114013															
223	62115103	158.51	-0.01	44	2.68	44	-1.59	43	50.69	38	0.08	44	0.20	38	-0.07	48
224	15611345	158.44	0.76	51	-2.50	52	-6.55	51	67.79	45	0.26	50	0.16	45	0.12	53
225	15610377	158.41	1.34	47	0.24	9	-5.90	9	57.87	41	0.04	8	0.01	8	0.05	51
	22110077															
226	22111023*	158.07	-0.59	45	-0.58	46	15.99	45	33.45	40	0.01	4	0.07	40	0.00	50
227	15216241*	158.02	2.16	59	-0.61	63	27.02	62	5.93	58	-0.29	58	0.11	59	0.10	64
228	11118968	157.76	2.50	54	-2.13	54	4.93	53	41.89	48	0.53	54	-0.22	49	-0.25	57
229	22119077	157.73	0.63	53	4.34	59	9.15	58	26.99	53	0.05	27	-0.07	54	0.14	60
230	15220810	157.71	-0.93	50	1.93	51	20.54	48	21.38	43	-0.01	45	-0.04	44	0.08	18
231	41316238	157.51	0.75	15	-0.82	53	26.12	52	12.82	25	-0.09	25	0.07	25	-0.01	25
232	15220421	157.43	0.61	48	1.48	52	19.41	52	17.97	46	-0.02	50	0.03	47	0.10	54
233	15617935*	157.13	-0.46	53	0.11	53	11.07	53	37.96	48	0.03	52	0.08	48	0.04	56
234	41118210	157.06	-0.77	51	-0.36	55	13.41	55	36.63	49	0.10	55	0.02	50	-0.02	57
235	41219556	156.97	0.21	50	3.16	48	6.07	47	35.49	42	-0.03	12	0.00	10	-0.08	51
236	15220428	156.83	0.60	45	0.67	44	9.34	43	34.88	38	0.33	45	-0.15	39	0.16	48
237	37114629	156.74	0.75	52	3.53	55	-2.78	54	45.87	48	0.07	54	0.15	48	-0.12	56
238	15217139	156.58	1.75	60	-0.12	64	6.70	63	36.11	58	0.19	59	0.02	59	-0.12	63
239	41110296*	156.54	0.81	46	8.13	47	14.25	46	8.21	41	0.10	45	-0.05	42	-0.02	51
240	11119902	156.46	0.61	50	7.01	50	13.87	49	12.18	44	0.16	50	-0.21	45	-0.29	53
241	15615555	156.27	-0.23	53	2.09	54	5.54	53	39.92	49	0.14	53	0.02	49	-0.05	56
242	15217232	156.17	1.58	50	-3.27	65	19.28	68	24.75	47	0.03	53	0.03	47	-0.01	55

（续）

序号	牛号	CBI	体型外貌评分		初生重		6月龄体重		18月龄体重		6~12月龄日增重		13~18月龄日增重		19~24月龄日增重	
			EBV	r²(%)	EBV	r²(%)	EBV	r²(%)	EBV	r²(%)	EBV	r²(%)	EBV	r²(%)	EBV	r²(%)
243	41112232*	156.15	1.55	46	2.21	48	13.74	48	20.09	42	-0.06	49	0.05	43	0.09	52
244	65111562	156.08	-0.18	49	-1.25	50	9.02	50	42.30	45	0.05	18	0.12	46	0.03	52
245	22119013	156.02	-0.36	53	0.15	60	6.95	59	42.74	55	0.20	55	0.05	55	-0.10	61
246	22213218*	155.72	-0.85	17	0.37	51	4.48	50	47.64	45	0.24	50	0.08	46	-0.10	54
247	22121019	155.66	0.15	19	0.19	58	18.57	57	22.52	51	-0.15	54	0.08	52	-0.02	33
248	13319111	155.48	0.07	51	-0.22	51	20.12	51	21.29	46	0.06	50	-0.09	46	0.19	54
249	22217233	155.48	-0.14	45	-1.83	75	12.75	43	37.29	38	-0.13	44	0.17	38	-0.06	48
250	11121308	155.39	-0.35	21	4.06	57	10.34	56	27.44	51	0.05	53	0.02	51	0.07	33
251	13209X75*	155.39	0.27	46	1.16	46	33.06	45	-2.77	40	-0.09	46	-0.12	41	-0.36	50
252	22111029*	155.37	0.47	49	-2.88	55	22.38	54	22.57	49	0.05	18	-0.01	50	0.11	57
253	22216117	155.28	-0.55	49	4.03	51	12.20	50	25.36	43	0.11	49	-0.05	44	-0.19	52
254	15217112	155.12	1.73	57	-1.78	68	7.55	68	37.56	55	0.20	56	0.10	56	-0.17	60
255	15414005	154.97	0.83	53	0.32	59	20.77	58	15.55	54	0.01	39	-0.03	54	-0.17	60
256	41315292	154.55	-0.04	51	-1.37	58	23.14	57	19.00	53	-0.07	57	0.02	53	0.04	37
257	22119157	154.38	-0.81	51	0.17	58	0.52	55	52.78	50	0.03	53	0.25	50	-0.09	57
258	61220011	154.37	-0.20	23	0.65	54	-13.51	53	70.75	48	0.41	53	-0.07	48	0.12	52
259	41112238*	154.28	2.00	48	0.11	62	0.89	59	41.36	43	0.10	49	0.11	44	-0.03	52
260	22115061	154.27	0.37	51	1.92	75	9.95	73	29.41	57	0.09	39	0.03	58	0.06	62
261	41219688	154.27	0.37	51	1.70	51	9.44	50	30.71	45	0.00	19	0.01	17	0.01	17
262	41418169	154.26	-0.84	20	-1.87	54	10.62	52	42.21	47	0.14	52	0.03	48	0.06	55
263	22119143	154.15	-0.62	52	-3.19	58	9.60	57	46.02	52	-0.03	53	0.19	53	-0.12	59
264	11118990	154.14	1.98	49	2.77	51	-8.70	50	49.57	44	0.12	50	0.19	45	-0.06	53
265	22218003	154.11	0.57	48	4.63	54	10.01	54	21.81	46	-0.05	50	0.04	46	0.11	55
266	22420003	154.01	0.09	17	-0.10	50	19.27	49	20.85	19	-0.04	49	-0.01	19	-0.06	19
267	15212310*	153.39	1.03	66	3.76	71	18.43	70	8.56	67	0.10	51	-0.01	67	0.05	72
268	11118991*	153.38	1.88	49	4.02	50	-11.76	49	50.93	44	0.07	16	0.12	16	0.04	17
269	15620017	153.28	0.92	49	-1.15	48	2.07	47	45.86	46	-0.07	45	0.32	46	0.06	25
270	22120013	153.24	0.51	52	5.59	58	3.92	57	28.23	52	0.12	54	0.04	52	-0.05	59

（续）

序号	牛号	CBI	体型外貌评分		初生重		6月龄体重		18月龄体重		6~12月龄日增重		13~18月龄日增重		19~24月龄日增重	
			EBV	r^2(%)	EBV	r^2(%)	EBV	r^2(%)	EBV	r^2(%)	EBV	r^2(%)	EBV	r^2(%)	EBV	r^2(%)
271	15216116	153.09	2.81	57	-5.09	59	2.72	59	46.91	52	0.10	55	0.12	53	-0.08	59
272	15518X11	153.05	-1.59	44	1.91	49	23.62	48	14.90	42	0.05	47	-0.10	42	0.03	48
273	14120316	152.71	0.02	47	-0.81	46	18.42	45	22.92	40	0.08	46	-0.08	41	-0.17	50
274	15220818	152.67	0.13	13	-1.04	26	3.73	27	45.54	45	0.20	22	0.06	45	-0.01	51
275	22419075	152.65	0.91	20	0.50	49	10.36	48	28.62	43	0.02	48	0.10	43	0.18	49
276	15414009	152.62	0.35	56	0.51	61	23.93	61	9.88	56	0.04	43	-0.09	57	-0.17	62
277	22216615*	152.52	-0.43	49	2.03	51	19.00	50	16.72	45	0.12	49	-0.11	46	-0.13	54
278	15617933	152.09	-0.66	54	1.74	59	26.46	58	6.49	54	0.03	29	-0.12	55	-0.07	61
	22117051															
279	11119907	151.94	0.87	50	6.28	51	13.07	50	9.95	45	0.12	50	0.03	45	-0.43	53
280	22120025	151.92	-0.71	55	-0.46	60	13.28	59	32.02	55	-0.03	55	0.10	55	-0.05	61
281	37114416	151.92	0.64	53	0.48	55	5.99	55	35.70	49	0.09	54	0.07	50	0.00	56
282	41115298	151.72	0.04	55	0.16	70	11.86	67	29.60	61	0.02	67	0.04	62	0.13	63
283	15212251	151.69	0.53	48	4.64	56	10.61	55	18.76	42	0.03	51	-0.02	43	0.13	52
284	15618933*	151.63	-0.72	56	4.47	59	14.19	59	18.49	38	-0.02	31	-0.03	38	-0.08	40
285	15217244	151.57	1.93	54	0.69	65	5.72	65	30.31	50	0.02	61	0.06	51	-0.02	57
286	11116923*	151.32	1.72	49	-1.91	72	9.23	70	31.79	60	0.19	65	-0.16	60	0.07	58
287	13319122	151.29	0.10	17	2.95	58	27.40	56	-1.61	49	0.12	18	-0.06	49	0.02	24
288	41420189	151.21	-0.92	12	0.46	53	13.64	52	29.41	47	0.12	52	-0.05	47	0.01	54
289	22417133	151.14	-0.18	49	0.50	19	12.98	18	27.40	15	-0.03	11	0.01	15	0.02	16
290	36120707	151.03	-0.83	8	-1.82	47	7.33	46	44.07	41	-0.02	6	0.26	41	0.10	11
291	15618079*	150.96	-3.08	55	-1.34	56	19.78	54	32.48	52	0.04	29	0.13	53	0.03	35
292	22121007	150.90	-0.98	18	2.74	58	16.65	57	19.24	51	-0.15	54	0.06	52	-0.01	33
293	41413192*	150.87	0.43	49	-1.23	48	8.76	46	35.43	42	-0.01	7	-0.04	43	-0.10	52
294	41218483	150.80	1.55	53	1.55	54	17.38	53	11.09	48	-0.02	52	0.02	48	0.03	55
295	11119976	150.77	1.56	51	4.38	56	12.85	55	11.12	50	0.18	54	0.03	50	-0.24	56
296	41218488	150.64	0.90	50	0.85	51	9.36	50	27.45	43	-0.03	46	0.09	43	0.05	52
297	65115505*	150.57	1.10	45	2.73	44	6.90	43	25.83	37	0.00	1	-0.02	38	-0.12	48

（续）

序号	牛号	CBI	体型外貌评分		初生重		6月龄体重		18月龄体重		6~12月龄日增重		13~18月龄日增重		19~24月龄日增重	
			EBV	r²(%)	EBV	r²(%)	EBV	r²(%)	EBV	r²(%)	EBV	r²(%)	EBV	r²(%)	EBV	r²(%)
298	15611233*	150.46	-0.12	49	2.30	52	6.58	51	31.99	45	-0.04	18	0.11	46	0.03	53
	22111013															
299	22221425	150.27	-0.15	51	-1.05	56	27.98	55	7.22	25	0.17	54	-0.01	25	-0.03	28
300	52219219	150.22	-1.08	52	-2.69	50	14.72	49	35.07	46	0.12	22	-0.04	21	-0.04	54
	41219219															
301	15220819	150.05	-1.34	50	1.20	51	20.14	49	18.22	44	0.02	48	-0.07	45	0.28	20
302	41119254	149.99	-0.42	50	2.24	58	11.16	58	25.82	52	-0.04	57	0.10	53	-0.13	59
303	15619120*	149.85	-0.12	52	0.05	53	20.43	53	15.61	48	-0.02	24	0.08	48	0.08	25
304	36120709	149.85	-0.05	10	-1.38	48	0.92	47	48.72	42	0.12	10	0.09	42	0.04	12
305	43110059	149.78	0.21	44	-1.68	47	17.50	46	22.95	41	0.02	45	0.02	42	0.06	50
306	14117309	149.54	-1.85	52	2.16	56	28.78	55	4.10	48	0.00	54	-0.14	48	-0.13	55
307	41115274	148.96	0.24	20	0.68	57	7.28	55	32.03	49	0.05	52	0.11	49	0.09	53
308	53114308	148.96	-1.39	50	1.74	76	19.99	75	16.30	63	-0.06	71	0.04	64	0.09	65
309	41112234*	148.60	0.97	48	1.37	52	5.53	51	29.89	46	-0.03	51	0.10	47	0.03	55
310	15220233	148.59	0.08	27	0.78	58	12.83	58	23.56	53	0.02	54	0.02	54	-0.01	37
311	15220429	148.44	-0.85	16	-0.25	57	13.12	35	29.06	49	0.07	32	-0.07	50	-0.05	56
312	37114616	148.39	1.05	53	2.13	54	3.10	53	31.26	49	0.12	54	0.10	50	-0.01	57
313	65317266	148.35	0.72	56	-0.42	59	25.33	58	4.62	53	0.16	30	-0.08	53	-0.07	60
	41117266															
314	53115344	148.07	0.79	49	-0.30	53	-8.87	52	56.19	47	0.17	51	0.14	48	0.16	55
315	15619085*	147.95	-2.58	56	0.73	56	21.98	55	19.37	50	-0.09	31	0.20	50	0.11	31
316	15518X06	147.92	-1.98	41	2.63	45	28.56	44	2.31	38	0.04	44	-0.21	39	0.03	45
317	22218717	147.85	0.54	48	-0.66	48	27.78	48	1.65	44	-0.28	48	0.18	45	-0.06	53
318	15217113*	147.60	1.97	63	-0.54	70	8.80	67	24.67	60	0.09	63	0.06	61	-0.17	66
319	15618205	147.53	1.56	51	-0.98	53	14.34	51	18.76	45	-0.04	15	0.13	46	0.14	51
320	41108253*	147.52	1.19	51	0.65	52	18.98	51	9.17	47	0.04	21	0.01	48	0.06	55
321	15414019	147.50	-0.01	52	-1.88	56	14.84	57	26.22	52	0.00	37	0.04	52	-0.21	59
322	15617115	147.35	0.10	53	-0.06	58	35.19	57	-9.91	53	0.03	27	-0.16	53	0.17	60

（续）

序号	牛号	CBI	体型外貌评分		初生重		6月龄体重		18月龄体重		6~12月龄日增重		13~18月龄日增重		19~24月龄日增重	
			EBV	r^2（%）	EBV	r^2（%）	EBV	r^2（%）	EBV	r^2（%）	EBV	r^2（%）	EBV	r^2（%）	EBV	r^2（%）
323	15617937	147.16	-0.50	50	1.10	54	-15.85	52	67.66	44	-0.07	15	0.20	45	0.24	54
324	15217922*	147.11	1.33	52	1.36	53	2.53	52	31.73	48	0.08	52	0.13	47	-0.11	55
325	15618315*	147.03	0.64	50	0.60	54	-7.14	52	50.99	44	-0.07	15	0.15	45	0.24	54
326	14116418	147.00	1.15	48	-0.71	51	48.92	51	-33.78	45	-0.35	51	-0.03	45	0.17	51
327	41108215*	146.93	1.69	47	0.30	47	5.36	46	28.38	40	-0.01	6	-0.06	41	0.11	50
328	14119011	146.40	0.62	52	3.96	59	11.06	58	14.43	55	0.07	59	-0.03	55	0.09	61
329	11120912	146.23	1.47	50	-3.57	54	9.36	53	31.81	44	0.09	50	-0.07	44	-0.25	52
330	15617930	146.20	-0.98	52	-0.41	52	12.41	51	28.94	46	-0.02	52	0.05	47	0.07	54
331	15618069*	146.19	0.07	57	-0.16	60	5.61	59	34.68	55	0.05	56	0.16	55	0.04	40
332	15216224	145.84	2.11	49	1.24	51	4.32	50	25.06	44	0.05	49	0.06	45	0.03	53
333	15215308*	145.79	-0.11	52	3.18	55	9.77	54	20.52	50	0.05	52	-0.04	50	-0.03	57
334	41115290	145.79	-0.81	52	-0.34	57	19.03	52	17.59	51	-0.09	53	0.03	52	-0.03	59
335	22120087	145.72	-0.49	20	3.93	57	3.52	56	29.72	51	0.08	53	0.09	51	0.04	58
336	11118963	145.64	1.80	54	3.04	57	-5.06	56	36.11	51	0.39	56	-0.17	52	-0.25	59
337	21216062	145.62	1.77	51	-1.84	52	0.47	51	39.51	46	0.15	49	0.08	46	0.00	54
338	15216733	145.43	1.18	52	3.20	59	1.20	58	28.30	54	0.30	59	-0.12	54	-0.10	60
339	15518X22	145.38	-1.70	29	1.01	53	23.39	53	10.71	48	-0.01	52	-0.06	49	0.08	54
340	41113250*	145.37	-0.78	52	-1.23	66	12.30	65	29.53	58	-0.01	65	0.10	59	-0.06	59
341	15616633*	145.23	-1.29	52	4.06	54	5.62	53	28.83	49	0.06	53	0.04	49	0.09	27
342	15619039*	145.14	-0.46	51	-1.03	53	20.50	51	15.04	45	-0.04	15	0.10	46	0.08	19
343	22210037	145.10	-0.10	50	0.86	54	-1.13	53	42.20	45	0.34	50	0.04	46	-0.04	54
344	41120904	145.06	-0.14	50	1.33	54	6.56	53	29.37	48	0.05	52	0.09	48	-0.05	55
345	15414012	145.03	0.68	56	-1.74	62	10.96	62	26.87	58	0.08	44	0.04	58	-0.16	64
346	22215131	144.95	0.11	49	-0.79	52	19.35	51	13.85	22	-0.01	52	0.07	22	0.08	23
347	15618317	144.88	-1.45	52	4.69	58	18.67	57	7.58	52	-0.01	26	0.03	53	0.12	59
	22118017															
348	22417999	144.76	0.13	18	0.31	23	12.21	22	21.87	20	0.07	20	-0.01	20	-0.07	19
349	15414008	144.74	0.88	53	-1.89	58	16.80	59	17.24	54	0.00	40	0.06	55	-0.20	61

（续）

序号	牛号	CBI	体型外貌评分		初生重		6月龄体重		18月龄体重		6~12月龄日增重		13~18月龄日增重		19~24月龄日增重	
			EBV	r^2 (%)	EBV	r^2 (%)	EBV	r^2 (%)	EBV	r^2 (%)	EBV	r^2 (%)	EBV	r^2 (%)	EBV	r^2 (%)
350	15219146	144.49	0.50	57	0.99	60	5.95	60	28.13	55	0.10	35	0.14	56	-0.16	61
351	15216113	144.30	1.73	45	-2.08	48	7.37	43	28.46	38	0.04	44	0.08	38	-0.02	48
352	15217141*	144.25	1.87	65	-1.20	68	7.58	68	25.41	64	0.08	64	0.10	64	-0.12	69
353	22420007	144.25	-0.34	14	1.63	48	20.57	47	7.20	14	0.04	45	0.02	14	0.03	16
354	13320125	144.16	-0.09	13	-0.28	23	6.60	23	32.20	45	0.07	21	0.01	19	0.01	52
355	15619041	144.12	-1.82	49	0.86	49	21.54	48	13.21	43	0.00	6	0.20	44	-0.07	52
356	15220255	143.96	-0.03	50	-2.15	54	21.35	52	13.70	18	0.06	50	-0.08	18	-0.08	19
357	15218710	143.57	-0.74	54	3.24	57	8.99	58	21.95	54	0.02	59	0.02	55	-0.18	60
358	15414010	143.45	1.10	55	0.89	60	19.73	60	3.96	55	0.05	42	-0.08	56	-0.15	61
359	41114264	143.39	0.79	50	1.64	58	15.38	57	9.95	52	0.02	57	-0.06	53	0.01	60
360	65111561	143.31	1.07	48	1.55	49	2.90	40	52.02	43	0.02	11	0.20	44	0.06	51
361	13320115	143.08	0.66	52	2.59	53	-2.70	52	35.59	47	0.02	52	0.24	48	0.12	55
362	11121313	142.81	-0.07	22	-0.43	58	7.99	58	29.08	52	-0.01	26	0.09	53	0.00	59
363	41420149	142.67	-0.41	15	1.47	56	23.82	55	1.42	49	-0.06	52	-0.15	50	0.20	54
364	15617925	142.36	-1.34	50	8.59	53	11.08	52	7.02	47	-0.02	52	-0.01	48	0.12	54
365	65319208 41119208	142.14	1.41	49	0.88	53	10.48	52	15.75	47	0.14	52	-0.07	48	0.09	54
366	11117986	142.01	0.05	47	3.35	52	27.15	51	-10.63	16	0.10	50	-0.06	16	-0.09	11
367	21214018*	141.88	-0.73	48	1.36	58	7.29	57	27.49	53	0.07	57	0.08	54	0.11	59
368	15617415*	141.80	-0.33	52	-1.20	55	11.14	54	26.16	50	-0.09	25	0.09	50	0.11	57
369	53114305	141.79	1.14	44	1.80	57	26.09	57	-9.70	37	-0.12	44	-0.07	38	0.03	47
370	15616031	141.49	-0.78	50	5.70	52	23.00	51	-7.26	21	0.04	50	-0.09	21	0.08	21
371	15414006	141.47	0.72	53	-1.01	59	10.84	59	21.80	54	0.16	39	0.05	55	-0.12	60
372	22218903	141.26	0.18	50	-2.04	53	34.27	52	-9.73	51	0.02	53	-0.16	52	-0.12	59
373	51114008	141.16	0.04	53	-1.37	54	12.60	54	22.34	49	0.01	30	0.07	50	-0.19	56
374	41120244	141.10	-0.26	44	-2.80	48	13.35	47	25.73	40	0.15	46	-0.01	41	0.01	1
375	53218208	141.07	-0.13	20	0.99	56	9.68	55	21.65	31	0.00	55	0.03	31	0.09	32
376	22120091	141.05	0.12	24	0.59	59	2.61	58	32.48	53	-0.01	54	0.13	53	0.18	59

（续）

序号	牛号	CBI	体型外貌评分		初生重		6月龄体重		18月龄体重		6~12月龄日增重		13~18月龄日增重		19~24月龄日增重	
			EBV	r²(%)	EBV	r²(%)	EBV	r²(%)	EBV	r²(%)	EBV	r²(%)	EBV	r²(%)	EBV	r²(%)
377	15220817	141.01	-0.32	15	-0.49	38	2.47	38	36.99	32	0.05	36	0.02	31	-0.05	35
378	21218029	140.88	2.30	52	0.22	58	6.53	58	18.76	52	0.19	56	-0.04	53	0.06	57
379	11121319	140.84	-0.90	16	-0.19	57	13.35	35	21.65	49	0.04	32	-0.11	49	-0.07	56
380	14116321	140.81	0.61	50	-2.05	50	30.72	49	-6.35	44	0.01	48	-0.18	45	0.19	53
381	62114097	140.78	0.31	54	1.74	56	3.87	55	26.77	50	0.08	55	0.05	50	0.01	55
382	41112236*	140.76	0.70	48	0.87	63	-4.27	62	39.84	48	0.11	60	0.14	49	-0.01	57
383	15611237* 22112043	140.66	1.20	52	2.29	56	26.11	55	-12.23	51	0.00	28	0.03	52	-0.03	58
384	22119151	140.43	-0.47	51	3.03	58	-9.32	57	46.57	52	0.08	54	0.21	52	-0.08	59
385	13320116	140.34	-0.16	12	-0.89	23	5.35	24	32.28	21	0.12	22	-0.13	20	-0.12	22
386	14120353	140.34	-0.12	48	1.74	54	19.15	53	4.59	49	-0.04	53	-0.09	49	0.14	54
387	22215117	140.23	-0.08	51	1.83	55	-5.86	55	42.48	49	0.04	54	0.13	50	-0.12	57
388	15219459	140.20	-0.60	52	1.26	56	11.82	55	18.73	50	0.08	16	0.09	51	0.03	58
389	22217027	140.11	0.54	65	-2.85	86	-8.31	78	55.01	72	0.06	71	0.28	72	-0.30	76
390	41319256	140.06	-0.10	18	1.09	54	3.51	53	29.80	47	-0.01	28	0.01	48	-0.13	56
391	41118242	139.95	-0.75	48	0.28	51	9.17	50	25.51	45	0.05	51	0.03	46	-0.19	52
392	41112240*	139.69	2.37	49	3.32	51	-5.87	50	28.89	45	0.13	50	0.13	45	-0.03	54
393	22218005	139.62	-0.30	53	0.39	54	19.77	54	6.94	49	-0.01	54	0.02	50	0.27	56
394	22115079*	139.57	0.71	51	1.48	56	10.31	55	14.87	51	-0.07	25	-0.02	51	-0.13	58
395	15217582	139.52	1.23	53	-1.22	56	5.55	55	26.63	50	0.16	54	0.01	51	0.06	58
396	15619035*	139.50	-0.34	52	-0.18	57	26.91	55	-2.55	28	0.05	32	0.01	28	-0.04	31
397	15618703*	139.48	-0.43	52	1.27	55	22.73	56	0.68	51	-0.04	31	0.09	51	0.13	56
398	22217103	139.45	-0.20	56	2.18	61	25.12	61	-6.14	56	-0.02	56	-0.03	56	-0.18	62
399	43110058	139.38	-1.04	46	-0.62	49	18.27	48	14.35	43	0.04	48	0.00	43	0.03	51
400	41117268*	139.30	-0.70	54	3.22	57	21.98	56	-2.05	51	0.05	22	-0.06	52	0.07	58
401	22215141*	138.96	0.37	50	0.01	54	-6.89	53	45.53	48	0.03	53	0.17	49	0.02	56
402	51113197	138.86	0.54	53	4.87	55	12.10	54	3.89	50	0.06	29	0.11	51	-0.13	57
403	15220413	138.80	-0.90	8	0.78	52	34.11	51	-14.44	44	0.00	18	-0.16	45	0.17	52

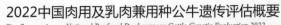

（续）

序号	牛号	CBI	体型外貌评分		初生重		6月龄体重		18月龄体重		6~12月龄日增重		13~18月龄日增重		19~24月龄日增重	
			EBV	r²(%)	EBV	r²(%)	EBV	r²(%)	EBV	r²(%)	EBV	r²(%)	EBV	r²(%)	EBV	r²(%)
404	21216020*	138.66	0.57	50	-1.59	52	11.56	51	20.08	46	0.30	48	-0.20	47	0.06	54
405	41118244	138.22	-1.71	48	-0.85	51	9.44	50	29.94	45	0.08	51	0.03	46	-0.12	52
406	11121322	138.19	-0.16	50	-1.87	54	17.10	53	14.61	19	0.02	51	-0.09	19	-0.11	20
407	41419177	138.07	-0.42	15	-0.70	56	4.56	55	31.93	50	0.16	54	-0.03	50	-0.02	29
408	15618521	138.00	1.41	51	2.74	53	10.17	53	7.84	50	0.04	23	0.08	50	0.03	58
409	15220277	137.87	0.01	13	0.44	35	8.15	35	21.81	49	0.11	32	-0.03	29	0.13	56
410	21219027	137.49	0.76	46	0.26	47	16.63	46	5.99	41	0.13	12	-0.05	42	0.08	50
411	15220427	137.36	0.30	20	4.99	57	2.07	56	18.54	50	-0.01	52	0.05	51	0.00	31
412	65111563*	137.21	-0.79	57	-0.41	65	3.39	64	33.61	58	-0.05	40	0.10	59	0.07	64
413	13319121	136.97	-0.23	11	0.24	57	15.92	54	10.44	47	0.04	23	0.02	48	0.30	21
414	36118125	136.66	1.80	18	1.12	53	12.33	52	5.68	47	0.09	25	0.03	23	-0.02	53
415	15217259	136.55	2.19	50	3.01	52	-2.36	51	22.01	46	0.08	51	0.06	46	0.01	54
416	52219218	136.27	-1.08	52	-3.74	50	7.50	49	35.66	46	0.12	22	-0.04	21	-0.11	54
	41219218															
417	41117234*	136.21	-1.29	53	-1.35	59	-1.59	58	44.53	54	-0.04	38	0.08	54	-0.03	60
418	51115019	136.05	0.00	56	0.72	60	16.21	59	7.09	54	0.10	38	-0.06	54	-0.05	60
419	41118296	135.95	-1.13	52	2.56	51	4.64	50	24.66	43	0.04	50	0.06	44	-0.06	52
420	41419148	135.84	-1.44	19	-0.73	56	27.87	55	-1.90	50	-0.14	55	-0.12	51	0.18	57
421	15217561*	135.74	-0.31	48	-0.06	51	13.21	49	14.50	45	0.07	48	0.04	46	-0.02	54
422	41418132	135.72	-2.14	51	2.89	58	19.91	56	4.14	29	0.01	23	0.06	30	-0.09	32
423	15217932*	135.65	2.38	53	1.92	54	1.30	53	17.46	48	0.12	53	-0.01	48	0.01	55
424	11117937	135.62	-1.83	54	1.18	56	17.28	55	11.03	50	-0.07	55	-0.01	51	0.25	58
425	14116504	135.54	-1.86	46	-0.96	45	16.61	44	17.29	39	0.06	45	-0.03	39	-0.13	49
426	15220816	135.54	0.61	14	-1.13	56	-8.01	36	45.86	48	0.17	34	-0.05	29	-0.14	55
427	15618311	135.38	1.48	65	-0.54	68	-2.90	68	33.08	64	0.06	47	0.15	65	0.03	69
428	22114045*	135.38	0.25	50	-2.33	54	4.10	53	31.43	48	0.03	22	0.11	48	0.02	56
429	13319123	135.34	0.30	18	-0.27	54	6.96	53	21.88	24	-0.10	52	0.01	24	0.07	24
430	11118965	135.23	1.63	54	-2.43	54	12.16	53	13.85	48	0.30	53	-0.20	49	0.26	57

（续）

序号	牛号	CBI	体型外貌评分		初生重		6月龄体重		18月龄体重		6~12月龄日增重		13~18月龄日增重		19~24月龄日增重	
			EBV	r²(%)	EBV	r²(%)	EBV	r²(%)	EBV	r²(%)	EBV	r²(%)	EBV	r²(%)	EBV	r²(%)
431	15617957	135.23	-0.94	52	-4.42	55	7.75	54	35.38	51	0.20	52	0.09	51	0.18	58
432	41120222	135.05	0.21	46	1.54	50	4.19	49	21.78	45	0.26	50	-0.09	46	0.21	52
433	11121346	134.97	-0.68	25	0.01	56	11.46	55	17.73	50	-0.01	24	0.03	51	0.07	58
434	22217326	134.90	-0.80	52	0.48	54	10.31	53	18.74	48	0.00	54	-0.04	48	-0.08	56
435	15619133 22119133	134.89	1.14	53	-2.39	58	19.28	57	4.45	34	-0.11	27	0.05	34	-0.04	36
436	11121311	134.74	0.88	18	-0.98	55	-3.87	54	37.38	50	0.05	54	0.06	50	0.14	56
437	52219279 41219279	134.67	-2.41	48	-1.99	47	8.23	46	33.94	43	-0.09	15	0.00	14	-0.08	52
438	15616555	134.48	-0.87	49	1.07	50	9.40	49	18.58	15	-0.03	49	0.00	16	0.01	15
439	65116520*	134.07	-0.83	52	0.35	68	2.57	51	30.28	46	-0.02	19	0.01	47	0.15	52
440	51115016	134.03	1.15	48	-0.57	50	-1.64	50	31.26	43	-0.05	17	-0.05	43	-0.08	52
441	15617939*	133.91	-1.14	56	-3.84	58	7.97	57	33.19	53	0.02	34	0.00	53	0.15	59
442	15220288	133.89	0.03	49	-2.09	54	15.62	52	12.68	17	0.03	21	-0.08	17	-0.08	19
443	15217171	133.83	-1.57	52	0.20	65	11.93	67	18.92	55	-0.08	37	0.12	55	0.03	60
444	22121013	133.78	-0.46	25	-1.62	58	8.32	57	24.52	52	-0.03	53	0.05	52	0.02	37
445	15619149 22119149	133.50	1.12	51	1.88	58	-4.05	38	28.66	33	0.01	28	0.12	34	-0.08	35
446	15619139 22119139	133.49	-0.21	55	1.99	61	12.37	38	8.36	35	0.05	31	-0.05	36	0.15	37
447	41318278 41118278	133.38	-0.89	51	-2.93	56	12.79	55	22.11	48	-0.08	55	0.14	49	-0.16	55
448	15612321	133.22	-1.52	48	1.85	50	11.53	49	14.80	44	-0.02	8	0.13	44	-0.12	53
449	41120254	132.91	-0.93	44	-3.08	48	10.68	47	25.44	40	0.18	46	-0.01	41	0.01	1
450	22119081	132.86	0.04	53	1.61	59	-1.96	58	29.65	53	0.03	29	0.01	54	0.08	60
451	41419188	132.86	0.94	12	-0.97	49	3.74	47	23.70	42	0.10	11	-0.06	43	0.14	51
452	15218717	132.82	0.26	58	-0.40	64	6.91	64	20.07	59	0.07	64	-0.02	60	-0.21	65
453	15218718	132.74	-0.76	54	-0.23	60	7.20	60	23.07	54	0.04	60	0.02	55	-0.26	61

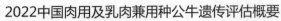

（续）

序号	牛号	CBI	体型外貌评分		初生重		6月龄体重		18月龄体重		6~12月龄日增重		13~18月龄日增重		19~24月龄日增重	
			EBV	r²(%)	EBV	r²(%)	EBV	r²(%)	EBV	r²(%)	EBV	r²(%)	EBV	r²(%)	EBV	r²(%)
454	13219066	132.62	1.60	45	-0.93	45	-2.48	44	30.36	39	0.06	45	0.12	40	0.13	49
455	41116212	132.61	0.80	48	2.82	55	10.89	54	3.86	48	-0.06	54	-0.03	49	0.09	57
456	15220815	132.49	-0.33	49	-3.14	54	17.34	52	12.68	17	0.00	50	-0.08	17	-0.08	19
457	14116036	132.36	0.87	52	-0.39	56	23.57	55	-8.32	49	-0.14	55	-0.08	50	0.22	55
458	15217921*	132.30	2.62	51	-2.61	52	2.61	51	22.35	47	0.12	52	-0.02	47	0.01	54
459	13320118	132.30	-0.82	15	2.68	58	17.80	55	-0.41	49	-0.12	54	0.05	49	0.02	28
460	22121039	132.20	0.19	30	3.29	59	7.02	58	10.63	38	-0.04	54	-0.02	38	-0.08	40
461	15216223*	131.96	2.07	55	2.45	57	17.56	57	-10.99	52	-0.15	54	-0.07	53	0.27	60
462	51114001	131.78	-1.52	49	0.81	53	3.41	52	28.43	45	0.02	25	0.05	46	-0.27	53
463	15618518*	131.58	-0.03	50	0.71	51	4.93	50	20.35	46	0.03	18	0.10	45	0.11	53
464	36117998	131.58	-0.37	24	2.24	54	12.32	53	6.64	49	0.21	53	0.34	49	-0.10	56
465	13320124	131.47	0.03	11	-0.95	23	2.07	23	28.44	21	0.11	21	-0.12	20	-0.09	22
466	15215510	131.39	1.83	51	-5.22	52	7.31	51	23.69	46	0.08	52	0.01	46	0.01	54
467	11109005*	131.37	-1.11	51	0.99	56	4.51	55	24.32	51	-0.16	56	0.08	51	-0.05	57
468	15414015	131.37	-0.72	54	-2.23	60	12.47	59	18.39	54	0.01	41	0.06	54	-0.06	60
469	41407129*	131.37	-0.14	45	2.44	48	7.11	47	13.04	41	0.04	12	0.01	10	-0.09	49
470	22211136*	131.36	0.45	45	-1.20	44	-6.68	43	40.70	38	0.21	44	0.11	39	0.20	48
471	15218714	131.33	0.88	48	3.65	55	-0.66	54	18.08	50	0.05	55	0.07	50	0.03	55
472	62115105	131.28	0.05	52	1.77	55	-2.63	54	28.80	48	0.04	54	0.11	48	-0.08	55
473	11118969	131.00	2.50	54	-2.41	54	-1.97	53	28.14	48	0.54	54	-0.28	49	-0.08	57
474	15617057	130.94	-0.27	52	-0.27	58	19.67	57	0.44	47	0.13	26	0.03	48	0.04	55
475	65318936 41118936	130.71	-0.12	51	2.93	58	0.32	50	21.60	46	0.08	50	0.18	46	-0.09	54
476	15414016	130.66	0.45	50	0.32	58	11.03	57	9.23	52	0.02	37	0.00	53	-0.19	57
477	22419095	130.26	0.07	13	1.97	44	11.48	43	5.63	36	0.02	43	-0.01	36	-0.01	4
478	22210076*	130.22	1.85	48	-1.75	48	-8.21	47	37.90	42	0.28	48	-0.03	42	0.01	52
479	53219213	130.16	0.40	15	1.49	58	2.18	57	19.71	52	0.02	55	-0.01	53	0.09	58
480	65111557*	129.86	-0.48	48	-1.63	48	-3.98	47	39.81	41	-0.03	8	0.20	42	-0.02	51

（续）

序号	牛号	CBI	体型外貌评分		初生重		6月龄体重		18月龄体重		6~12月龄日增重		13~18月龄日增重		19~24月龄日增重	
			EBV	r²(%)	EBV	r²(%)	EBV	r²(%)	EBV	r²(%)	EBV	r²(%)	EBV	r²(%)	EBV	r²(%)
481	15218716	129.82	-0.42	55	-0.35	60	11.48	59	12.77	55	0.02	59	-0.06	56	-0.27	62
482	15217512	129.74	1.40	52	-2.08	54	6.28	54	17.77	49	0.00	27	0.00	49	0.07	56
483	36117359	129.68	-0.61	22	-0.04	54	17.65	53	3.13	48	-0.17	53	0.19	49	0.03	56
484	15617955	129.61	-1.16	50	-0.10	51	12.13	50	13.84	46	0.02	48	0.03	45	0.18	53
485	11118959	129.54	-0.77	4	-0.25	54	7.66	30	19.46	46	0.13	28	-0.19	23	-0.08	55
486	11116925	129.52	0.29	50	-0.92	62	27.08	58	-12.80	51	0.03	55	-0.32	52	0.21	54
487	41419125	129.52	-0.79	12	0.53	54	12.31	54	10.51	48	-0.06	53	-0.04	49	-0.10	55
488	15615157	129.43	0.32	51	-3.77	58	17.65	55	8.33	50	-0.12	23	-0.04	50	0.06	58
	22115057															
489	22221507	129.33	0.16	51	-0.67	53	25.26	52	-10.29	29	0.14	52	-0.06	29	0.11	31
490	41419127	129.08	-0.25	20	-0.03	56	4.65	54	21.09	50	0.06	54	-0.02	50	-0.03	56
491	22120007	128.93	-0.80	53	0.75	59	1.06	57	26.69	52	0.07	54	0.13	53	0.08	59
492	41115266	128.91	0.66	49	-0.51	54	4.32	53	19.09	48	0.00	54	0.05	49	0.02	56
493	11121320	128.89	-0.31	3	0.18	50	4.24	31	21.28	46	0.07	22	0.14	46	0.09	53
494	22216401	128.86	-0.10	53	-1.09	54	21.32	54	-2.69	49	-0.10	54	-0.09	50	0.51	56
495	11118988	128.76	0.04	12	-0.93	23	1.08	24	27.32	45	0.10	22	-0.12	20	-0.03	53
496	15213119*	128.75	-0.08	72	0.69	75	7.69	75	13.70	70	0.11	50	-0.01	70	0.20	75
497	41416121	128.71	1.39	46	3.27	71	-4.38	69	20.26	54	-0.04	12	0.06	54	0.04	62
498	22217769	128.42	-0.75	51	5.46	54	13.08	53	-3.78	48	-0.07	53	0.08	49	0.05	55
499	13218339	128.38	0.11	51	0.76	52	4.74	51	17.00	46	-0.07	51	0.11	47	0.19	54
500	22117015	128.33	-0.08	55	0.45	59	16.11	58	0.99	54	0.00	53	-0.12	54	-0.32	60
501	11120925	128.3	0.06	1	0.12	14	-0.56	17	26.78	41	0.05	9	0.22	42	0.11	49
502	13320117	127.97	-0.51	53	-0.69	54	0.88	53	28.46	48	0.32	49	-0.06	49	0.13	57
503	14117421	127.50	-1.79	45	4.03	44	6.73	43	12.57	38	0.01	44	0.03	38	-0.08	48
504	41115278	127.38	0.34	4	0.03	19	-0.35	22	24.74	43	0.10	14	0.13	43	0.17	50
505	65117502*	127.36	1.40	45	-1.04	47	-2.85	43	27.06	37	0.00	1	-0.01	38	0.04	48
506	36117102	127.30	-0.51	23	-0.75	54	21.98	53	-4.39	49	-0.19	53	0.16	49	-0.04	56
507	14118327	127.29	-0.78	50	3.23	54	4.82	52	13.31	47	0.00	52	0.06	47	0.03	54

（续）

序号	牛号	CBI	体型外貌评分		初生重		6月龄体重		18月龄体重		6~12月龄日增重		13~18月龄日增重		19~24月龄日增重	
			EBV	r²(%)	EBV	r²(%)	EBV	r²(%)	EBV	r²(%)	EBV	r²(%)	EBV	r²(%)	EBV	r²(%)
508	53118378	127.23	0.10	50	-2.89	55	8.27	54	19.36	47	-0.01	54	0.01	48	-0.26	55
509	11121358	127.18	-0.68	25	-0.55	56	13.08	55	9.30	50	-0.01	24	-0.02	51	0.17	58
510	11118971	127.11	2.13	52	1.39	56	-0.05	54	13.82	48	0.38	53	-0.20	48	0.05	55
511	22215031	127.08	0.90	19	4.06	80	3.75	77	6.24	61	0.10	44	0.10	62	0.07	57
512	41319212	127.08	0.68	21	0.32	54	8.62	54	8.70	27	-0.01	28	0.00	27	-0.01	30
513	13319110	127.06	-0.96	7	-3.46	56	8.62	35	24.18	48	-0.02	31	-0.09	48	-0.05	55
514	41119262	127.03	0.26	47	-0.32	57	13.15	56	4.89	49	-0.12	54	0.08	50	-0.02	56
515	41115268	126.94	0.65	48	1.67	52	2.91	51	14.17	46	0.06	51	0.02	46	0.06	54
516	15619051	126.90	-0.37	51	2.50	58	12.63	56	1.18	30	0.16	54	-0.05	30	0.11	32
517	15516X20	126.86	1.61	51	-1.54	57	-17.04	57	48.74	52	0.26	57	0.10	53	0.03	58
518	14120913	126.73	0.08	46	1.47	49	17.25	48	-5.34	43	0.05	49	-0.11	44	0.04	2
519	43117105	126.64	-0.34	25	3.18	55	11.20	54	1.33	48	-0.03	17	-0.08	49	-0.05	56
520	11119980	126.57	0.17	62	-1.72	64	0.11	63	28.16	59	0.14	62	0.08	59	-0.43	65
521	22116067	126.52	-0.04	45	-0.86	83	-11.46	78	44.61	47	0.01	24	0.15	47	-0.17	56
522	22420001	126.36	0.62	18	1.72	50	16.06	49	-6.55	19	0.02	49	-0.01	19	-0.02	20
523	41418133	126.28	-0.14	8	-1.82	50	3.08	49	24.79	44	0.10	7	0.01	44	0.25	53
524	13320113	126.17	0.07	14	-0.54	24	7.40	26	14.16	45	0.18	22	-0.12	21	0.10	53
525	22217321	126.11	0.75	21	-4.55	55	7.92	54	20.38	49	0.07	54	0.03	50	-0.08	56
526	22215151	125.90	-0.37	50	-2.60	52	13.88	51	10.67	22	0.08	22	0.03	22	-0.01	24
527	13217919	125.87	-1.30	49	1.05	50	-0.58	49	27.57	44	0.04	49	0.12	45	0.12	52
528	13320126	125.83	0.58	13	-0.15	23	-0.65	23	23.26	21	0.13	22	-0.04	21	-0.02	21
529	41319214 41119214	125.69	-0.13	23	3.97	55	-2.74	54	19.11	29	0.02	25	0.10	29	0.02	32
530	15614999	125.65	0.54	50	-1.54	50	16.51	49	0.33	44	-0.03	50	-0.04	45	0.12	54
531	15418512 41118214	125.43	-0.86	53	4.50	57	-4.70	56	23.39	51	-0.02	33	0.07	51	0.13	58
532	15615328	125.39	-2.03	51	2.86	53	-1.81	53	27.46	48	0.15	53	-0.05	49	0.13	56
533	22215529	125.38	-0.01	56	-0.08	56	-19.24	55	53.44	50	0.11	55	0.09	51	-0.12	58

（续）

序号	牛号	CBI	体型外貌评分		初生重		6月龄体重		18月龄体重		6~12月龄日增重		13~18月龄日增重		19~24月龄日增重	
			EBV	r^2 (%)	EBV	r^2 (%)	EBV	r^2 (%)	EBV	r^2 (%)	EBV	r^2 (%)	EBV	r^2 (%)	EBV	r^2 (%)
534	41119914	125.37	0.22	50	1.90	58	20.44	57	-13.07	50	0.00	55	-0.16	51	0.06	54
535	22420017	125.32	0.11	11	0.28	46	2.42	45	18.88	10	-0.12	45	0.05	10	0.00	11
536	22221103	125.31	-0.82	50	-1.70	57	21.32	55	-1.75	29	-0.09	55	0.02	29	0.06	31
537	11118958	125.18	0.55	13	-0.17	23	-0.82	23	23.08	22	0.13	22	-0.03	21	-0.03	22
538	15218551	125.14	-1.28	50	-1.17	53	1.59	52	28.85	46	0.08	51	0.09	47	0.02	54
539	22118055 *	125.09	0.89	53	5.20	58	9.40	57	-6.99	52	0.00	28	-0.13	53	0.18	59
540	65111556	125.03	-1.31	52	-1.94	70	-14.69	67	55.68	46	-0.12	32	0.26	47	0.05	55
541	15216542	124.93	0.15	50	-3.51	58	26.72	55	-9.75	44	-0.15	50	-0.13	45	-0.09	54
542	15617021	124.93	0.65	57	-5.08	59	-4.65	59	40.20	52	-0.01	56	0.10	53	-0.22	60
543	41318260 41118260	124.89	-0.85	50	-0.75	55	6.04	54	19.10	49	0.02	29	-0.06	50	-0.15	57
544	11116932	124.86	0.60	48	-0.44	52	8.25	51	9.33	47	0.11	51	-0.01	47	0.16	52
545	15618203 *	124.86	-1.97	49	3.25	49	23.91	48	-13.64	43	0.00	6	0.18	44	0.12	52
546	13319120	124.76	-0.57	3	0.23	34	7.12	34	13.87	26	0.13	31	-0.15	25	-0.13	30
547	15619011 22119011	124.75	-1.00	55	0.52	60	11.35	41	8.34	39	0.00	33	-0.04	39	0.02	41
548	41118924	124.72	-1.32	52	3.29	53	14.88	52	-2.53	47	-0.07	52	-0.01	48	0.00	55
549	15220266	124.69	0.59	13	-0.11	23	-0.57	23	21.91	22	0.12	22	-0.03	21	-0.02	22
550	15220402	124.51	0.17	8	2.95	52	4.79	50	7.76	41	0.07	49	0.02	42	0.03	49
551	22220125	124.47	-1.33	48	1.24	52	10.20	52	9.38	18	-0.23	53	0.01	19	0.01	16
552	41213428 *	124.47	1.87	45	-1.13	47	4.44	46	11.56	41	0.00	1	0.11	42	0.00	48
553	15418515 41118232	124.36	-1.12	49	0.28	55	-7.62	54	38.09	50	0.10	31	0.07	50	-0.05	58
554	41118932	124.20	-1.34	52	5.17	53	2.85	52	10.94	47	0.09	52	0.14	47	-0.08	55
555	22212931 *	124.13	2.72	55	3.86	89	-20.04	85	33.42	67	-0.59	78	0.14	68	0.05	61
556	41219559	124.10	-0.22	50	-3.45	50	-6.08	49	41.04	41	0.05	47	0.21	42	-0.10	11
557	41113270	124.08	1.54	48	1.62	74	5.28	74	4.55	59	-0.07	64	0.10	59	-0.16	64
558	15220133	124.02	0.81	56	-1.48	56	15.95	54	-1.55	49	-0.23	53	0.12	49	0.35	55

（续）

序号	牛号	CBI	体型外貌评分		初生重		6月龄体重		18月龄体重		6~12月龄日增重		13~18月龄日增重		19~24月龄日增重	
			EBV	r²(%)	EBV	r²(%)	EBV	r²(%)	EBV	r²(%)	EBV	r²(%)	EBV	r²(%)	EBV	r²(%)
559	15611344*	123.98	0.84	49	-1.83	49	-19.78	48	53.92	43	0.29	48	0.11	43	0.12	52
560	15617923	123.64	-0.88	50	-0.66	54	13.32	53	6.68	48	0.01	52	-0.12	49	0.19	55
561	15216117	123.63	1.97	54	-3.25	59	-1.63	58	24.82	52	0.10	54	0.05	53	-0.06	59
562	51112164	123.60	-0.06	43	-1.55	43	16.07	42	1.42	37	0.00	1	0.11	38	0.02	47
563	13216629	123.56	0.83	49	1.02	49	0.19	48	16.06	43	0.05	48	0.05	44	0.18	52
564	65111559*	123.50	-0.19	49	-1.55	48	-6.10	47	35.83	42	-0.03	5	0.23	43	0.05	51
565	41115284	123.47	-1.19	60	0.19	71	-2.29	70	29.63	65	0.10	67	-0.01	66	-0.09	68
566	41117252*	123.32	0.56	52	1.84	51	11.13	51	-1.87	47	-0.18	51	0.12	46	-0.12	55
567	41417124	123.04	0.90	52	-2.93	77	-17.07	65	51.30	60	0.08	49	0.18	60	-0.21	66
568	11110004*	123.00	-0.40	47	-0.66	47	4.33	46	17.99	41	-0.29	46	0.08	41	-0.15	51
569	22218325	122.70	0.69	45	-2.15	44	9.25	43	9.57	38	-0.03	45	0.07	39	0.01	1
570	15217715	122.53	-0.07	45	1.21	44	3.91	43	12.40	38	0.04	44	-0.03	39	-0.07	48
571	22217304	122.51	-0.59	46	2.25	45	14.83	44	-4.83	39	-0.09	45	0.01	39	-0.19	49
572	22215133*	122.43	-0.91	19	0.15	53	24.66	52	-13.69	21	-0.04	51	-0.10	21	0.00	23
573	22114001*	122.41	0.79	55	-6.04	61	13.68	60	11.56	55	-0.01	29	-0.02	56	0.05	62
574	22118085	122.41	-0.51	54	-1.42	59	10.87	56	9.69	52	-0.04	53	0.06	53	0.10	59
575	41110276	122.38	1.58	53	1.06	62	7.87	62	0.16	51	-0.10	52	0.01	52	0.00	59
576	13320112	122.27	0.62	13	-0.87	35	3.57	36	15.05	33	0.12	34	-0.09	33	0.09	35
577	11117983	122.25	-0.71	53	1.70	54	0.70	53	18.36	49	0.03	53	0.00	49	0.08	56
578	22120005	122.24	-0.79	52	-3.53	58	3.92	57	26.37	52	0.07	53	0.04	52	-0.05	59
579	51115020	122.09	0.13	49	1.38	52	3.76	51	11.03	46	0.02	22	-0.14	46	-0.13	54
580	41413140	122.04	0.15	59	-1.47	88	1.45	84	21.35	70	-0.05	61	0.13	70	0.07	75
581	11117950	121.94	0.71	51	1.32	52	4.43	51	7.77	46	-0.02	52	0.04	47	0.42	54
582	41113266*	121.80	1.00	51	0.98	52	-2.81	51	18.43	46	0.07	51	0.02	47	0.06	55
583	11117987	121.77	0.11	51	-1.46	54	-7.59	53	35.10	19	-0.06	51	0.02	19	-0.17	21
584	53218207	121.71	0.29	20	-1.95	54	6.39	53	14.11	48	-0.21	53	0.09	48	0.02	55
585	13317106	121.63	1.08	48	-2.65	68	6.54	67	12.44	53	0.06	47	0.10	53	-0.12	53
586	13219061	121.51	-2.53	51	1.99	59	0.55	56	24.22	48	0.19	54	-0.01	48	-0.11	56

（续）

序号	牛号	CBI	体型外貌评分		初生重		6月龄体重		18月龄体重		6~12月龄日增重		13~18月龄日增重		19~24月龄日增重	
			EBV	r^2(%)	EBV	r^2(%)	EBV	r^2(%)	EBV	r^2(%)	EBV	r^2(%)	EBV	r^2(%)	EBV	r^2(%)
587	41413186	121.49	0.59	51	1.32	54	7.74	53	2.72	46	0.07	18	0.00	46	0.14	55
588	53114306	121.47	0.20	50	1.08	53	21.37	52	-16.09	47	-0.09	51	-0.06	47	0.06	54
589	41109238*	121.39	0.11	53	0.31	56	7.22	55	7.74	51	-0.03	55	0.05	52	0.17	58
590	13219088	121.30	-0.70	46	-0.53	46	-4.81	45	31.28	39	0.09	46	0.10	40	0.15	50
591	15618073*	121.25	-0.63	52	1.24	58	2.48	58	15.52	52	0.13	55	-0.07	53	0.08	35
592	62116115	121.21	-0.12	50	1.96	54	1.70	53	12.96	47	0.11	52	-0.01	47	0.10	22
593	53118377	121.20	-0.56	50	-0.55	55	1.60	53	20.87	48	-0.02	53	0.01	48	0.08	55
594	21216066*	121.17	1.63	46	-0.58	46	-6.97	45	25.58	40	0.16	45	0.03	41	0.06	50
595	11118989	121.14	0.18	47	-1.49	47	-6.66	46	32.87	41	0.16	47	0.05	42	0.01	51
596	15414003	121.07	-1.03	53	0.12	54	10.78	53	6.85	49	0.00	27	0.03	50	-0.17	56
597	14118005	121.03	-1.74	47	2.90	46	7.56	45	7.77	40	-0.05	46	0.06	41	0.09	50
598	22120081	120.93	-0.38	18	-0.01	56	4.99	56	13.39	50	-0.03	51	0.07	51	0.14	58
599	65320246	120.86	-0.14	53	-3.10	55	-5.29	54	35.66	48	0.06	54	0.12	49	-0.01	17
	41120246															
600	41118912	120.84	-1.12	49	-1.17	52	9.53	51	12.05	46	0.19	50	-0.12	47	-0.19	55
601	51114002	120.63	-1.22	53	-1.50	55	2.43	54	23.90	49	0.02	30	-0.12	50	-0.11	57
602	15414014	120.58	-0.87	51	1.24	60	6.10	59	10.24	53	0.02	40	0.10	54	-0.18	59
603	15219125	120.23	0.27	55	1.91	60	9.29	59	-0.98	53	0.08	31	-0.01	54	0.02	59
604	37110031*	120.10	-0.04	1	0.33	44	14.75	43	-4.48	38	-0.04	45	-0.05	39	0.03	48
605	22120039	120.01	-1.72	46	3.23	49	5.60	48	8.97	43	-0.05	47	0.02	44	0.05	52
606	36118460	120.00	0.99	24	0.99	55	8.24	30	-0.15	49	-0.05	27	0.06	27	0.00	56
607	15214812*	119.97	1.52	49	-0.54	54	-0.60	53	15.00	48	-0.02	52	-0.04	48	-0.02	55
608	22118103	119.97	-0.95	50	0.75	58	9.83	56	5.47	51	0.01	53	-0.03	52	-0.09	59
609	65320256	119.94	0.34	48	-0.02	53	-1.29	52	19.36	25	0.07	53	0.05	25	-0.08	21
	41120256															
610	14120539	119.76	1.89	47	0.74	46	-4.69	45	16.55	40	0.05	46	0.03	41	-0.12	50
611	41215412	119.75	0.32	46	3.05	47	-2.30	46	13.38	39	0.00	2	0.00	40	0.06	50
612	51112158	119.74	-0.23	45	1.37	45	9.60	44	1.31	39	-0.02	4	0.20	40	-0.02	49

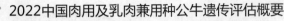

（续）

序号	牛号	CBI	体型外貌评分		初生重		6月龄体重		18月龄体重		6~12月龄日增重		13~18月龄日增重		19~24月龄日增重	
			EBV	r²(%)	EBV	r²(%)	EBV	r²(%)	EBV	r²(%)	EBV	r²(%)	EBV	r²(%)	EBV	r²(%)
613	41117910	119.73	0.67	52	-1.05	52	-9.78	51	33.39	46	-0.05	20	0.06	47	0.02	55
614	41115288	119.66	1.51	52	-2.90	78	-2.54	74	23.44	59	-0.09	58	0.05	60	0.04	66
615	15216118*	119.64	2.49	52	-4.47	54	-3.56	53	24.98	47	0.05	51	0.18	47	-0.03	55
616	22418125	119.60	-0.30	10	-0.95	12	1.31	12	19.77	10	0.05	11	0.04	10	0.00	10
617	41120906	119.44	-0.79	50	4.51	56	-1.72	56	12.96	47	0.04	55	0.13	48	-0.14	54
618	41121294	119.40	-1.02	50	2.40	58	8.37	58	3.44	35	0.12	58	-0.03	35	-0.07	36
619	65320272	119.32	-0.97	57	-1.93	59	2.00	58	23.44	54	-0.01	58	0.16	54	0.12	60
	41120272															
620	15611709*	119.30	0.10	51	2.71	58	12.30	56	-7.76	51	-0.08	26	0.02	52	-0.13	58
621	15412064	119.17	1.77	54	-1.24	62	21.68	62	-19.18	57	-0.15	45	-0.04	58	-0.11	58
622	11119978	119.00	0.16	62	-5.77	64	2.84	63	26.74	59	0.09	62	0.10	59	-0.33	65
623	22218013	118.96	1.43	52	0.42	53	14.25	52	-10.68	49	0.06	52	-0.14	48	0.00	56
624	22419693	118.96	0.66	17	-1.25	48	4.26	47	11.68	41	0.00	48	0.10	42	0.06	49
625	15619095	118.81	1.73	54	-1.67	59	13.52	58	-5.82	54	-0.01	32	-0.13	55	0.03	61
	22119095															
626	15216721*	118.41	2.00	53	1.20	65	-12.45	62	25.65	60	0.07	61	0.12	60	-0.08	60
627	41419161	118.41	0.28	15	1.17	54	0.93	53	11.85	47	0.07	52	-0.11	48	0.05	55
628	22218125	118.13	-0.38	4	0.22	54	3.11	32	13.10	46	0.11	30	-0.18	23	0.00	55
629	36117111	118.06	-0.37	24	-0.22	54	13.34	53	-1.64	49	-0.25	53	0.20	49	-0.03	56
630	15218469	118.04	0.47	50	0.36	51	4.03	50	8.01	44	-0.05	50	0.08	45	0.06	53
631	41213429*	118.03	1.42	45	-1.08	64	0.32	63	13.46	37	0.00	1	0.04	38	-0.08	48
632	11117985	117.94	-0.21	50	0.72	54	-3.24	53	20.79	48	0.05	53	0.11	49	-0.16	56
633	14118001	117.93	-1.19	45	1.80	45	-3.89	44	22.98	39	0.06	45	0.07	39	0.08	49
634	22120129	117.89	0.04	20	-1.52	57	-2.44	56	23.99	50	0.00	52	0.12	51	-0.01	33
635	13319109	117.89	0.02	53	0.59	54	-6.50	53	25.17	49	0.10	54	0.10	49	-0.03	56
636	15617211	117.76	-0.85	51	-1.47	52	-3.51	51	28.83	47	0.05	19	0.03	48	0.24	55
637	15617765	117.76	-0.85	54	0.94	57	1.35	56	15.54	51	0.05	22	0.03	52	-0.04	58
638	37110653*	117.71	-0.73	53	4.39	56	22.63	56	-25.93	51	-0.04	56	-0.18	52	0.06	58

（续）

序号	牛号	CBI	体型外貌评分		初生重		6月龄体重		18月龄体重		6~12月龄日增重		13~18月龄日增重		19~24月龄日增重	
			EBV	r^2 (%)	EBV	r^2 (%)	EBV	r^2 (%)	EBV	r^2 (%)	EBV	r^2 (%)	EBV	r^2 (%)	EBV	r^2 (%)
639	22420211	117.69	1.46	20	-1.61	27	5.39	26	6.51	24	-0.02	24	-0.04	24	0.03	25
640	15618921	117.67	-1.34	49	-0.58	53	1.92	52	20.17	47	0.08	20	0.02	48	-0.38	56
641	15217172	117.60	0.87	56	2.44	61	-2.51	60	11.05	55	0.03	32	0.22	56	-0.03	61
642	41420137	117.54	0.10	3	-0.95	47	-7.20	46	29.33	39	0.06	46	0.09	40	-0.09	49
643	15618943	117.49	0.39	53	-1.06	58	4.31	57	10.78	52	-0.11	27	0.11	52	-0.05	59
644	22421021	117.49	-0.64	21	0.67	27	6.92	26	6.62	25	-0.03	22	0.05	25	0.06	25
645	62114091	117.47	-0.26	53	-1.75	56	0.94	55	20.13	50	0.09	54	0.02	50	0.08	56
646	22117019 *	117.37	0.18	54	3.19	57	10.59	57	-8.41	52	0.00	53	-0.12	53	-0.30	59
647	22119159	117.31	-1.49	51	-2.13	58	12.53	58	7.87	52	-0.03	53	-0.01	53	-0.15	60
648	21217017	117.29	0.23	51	-0.92	54	3.23	53	12.53	48	0.15	52	-0.14	48	0.18	54
649	15220211 22120049	117.22	0.28	47	-0.28	53	-0.47	52	16.41	48	0.05	53	0.04	49	0.10	5
650	53112279	116.93	0.71	48	-2.24	52	5.22	51	10.47	46	-0.08	51	-0.02	46	0.01	53
651	15217893 * 41117250	116.74	-1.91	21	0.24	53	17.66	52	-4.62	24	-0.10	52	0.03	22	-0.09	24
652	22417203	116.74	-0.40	24	2.39	26	9.16	26	-2.60	25	0.03	24	-0.01	25	0.10	26
653	53114309	116.74	-0.96	52	0.67	80	3.33	76	12.63	62	0.14	48	-0.12	62	-0.03	55
654	15619029 22119029	116.69	1.92	52	-2.98	58	-2.78	57	19.66	34	0.00	29	-0.02	34	-0.06	36
655	22211106	116.50	0.42	44	-1.64	58	-6.01	57	26.99	44	0.24	44	0.06	45	0.08	48
656	22120067	116.46	-0.11	21	0.11	58	-5.48	57	23.96	53	0.06	54	0.07	53	0.01	60
657	41220001	116.43	0.37	56	-3.06	54	6.64	53	11.15	48	-0.20	53	0.26	48	-0.18	55
658	41117210	116.02	0.22	45	-0.57	44	4.94	43	7.93	38	0.09	44	-0.04	38	0.15	48
659	41110294	115.91	0.76	45	1.70	46	2.03	45	4.71	39	0.17	46	-0.09	39	-0.03	49
660	22418147 *	115.79	-0.47	20	0.67	26	2.33	26	11.38	21	0.00	23	0.04	21	0.05	21
661	14119608	115.78	1.26	51	1.64	50	-5.27	49	13.98	45	-0.02	50	0.09	45	-0.16	54
662	52219555 41219555	115.77	-1.71	48	1.18	47	11.90	46	0.27	43	-0.09	15	0.00	14	0.02	52

（续）

序号	牛号	CBI	体型外貌评分		初生重		6月龄体重		18月龄体重		6~12月龄日增重		13~18月龄日增重		19~24月龄日增重	
			EBV	r²(%)	EBV	r²(%)	EBV	r²(%)	EBV	r²(%)	EBV	r²(%)	EBV	r²(%)	EBV	r²(%)
663	41419111	115.64	-0.40	6	-1.28	47	5.48	47	10.85	41	0.03	45	-0.01	42	0.13	13
664	21216040*	115.56	0.25	48	1.30	58	3.33	57	5.31	53	0.11	57	-0.05	54	0.11	59
665	41215403	115.52	0.13	53	1.32	54	-1.52	54	13.15	49	-0.05	26	0.06	50	0.07	56
666	22120125	115.24	-0.55	14	4.01	58	12.53	55	-12.55	49	-0.16	54	0.03	50	0.02	29
667	41415168	115.17	1.79	51	1.44	53	-8.90	51	17.41	46	0.09	9	0.07	47	-0.13	55
668	22216609*	115.08	-1.60	53	-0.33	55	1.97	54	18.07	50	0.09	54	0.00	51	0.06	30
669	41220555	115.08	0.52	52	-3.40	53	-7.13	25	31.25	47	0.00	23	-0.06	47	-0.06	22
670	41220030	114.88	-0.53	49	1.42	49	-4.54	48	19.48	43	0.02	46	0.11	44	-0.33	52
671	41215406	114.86	-0.33	53	-1.27	54	-2.74	54	22.45	49	0.02	26	0.04	50	0.10	56
672	22217825	114.79	-0.19	50	-0.92	51	5.94	50	7.71	45	0.08	51	-0.05	46	0.01	54
673	22218615	114.78	0.26	45	-1.33	45	14.31	44	-5.88	39	-0.09	45	-0.03	40	0.13	50
674	22120093	114.66	0.41	25	-5.72	58	6.08	57	16.64	51	0.12	53	-0.06	52	0.00	35
675	15619335	114.52	0.13	51	-4.54	55	15.87	53	-0.29	49	0.34	51	-0.10	49	-0.01	57
676	65111553*	114.49	-0.13	47	-3.29	47	-9.27	46	36.20	41	-0.02	4	0.22	42	0.02	51
677	65111558	114.26	0.97	56	0.27	90	-7.24	87	20.00	61	0.05	77	-0.01	61	0.02	67
678	41118940	114.22	-0.61	51	5.08	51	-4.02	51	9.54	45	0.00	51	0.08	46	-0.13	54
679	53115352	114.08	-0.71	49	-1.88	51	-15.75	50	44.60	45	0.14	50	0.13	46	0.15	53
680	21217016*	113.98	0.53	51	-0.64	54	1.85	53	9.73	48	0.14	52	-0.14	48	0.16	54
681	22217423	113.88	-0.44	58	-2.85	90	13.75	88	0.46	57	0.13	72	-0.14	57	-0.15	64
682	41109246*	113.42	-0.45	52	1.84	56	-1.51	55	12.13	51	-0.03	28	0.05	51	0.08	58
683	14120357	113.37	1.78	47	2.15	47	4.97	46	-7.20	41	-0.03	47	-0.04	42	0.06	51
684	22420101	112.98	-0.33	15	1.53	44	0.90	43	8.34	5	0.00	43	0.04	5	-0.04	5
685	11111906*	112.89	0.27	53	-0.80	59	15.80	59	-11.27	53	-0.19	59	-0.07	54	-0.05	60
686	11119977*	112.88	-0.31	62	-6.31	64	-2.17	63	31.84	59	0.10	62	0.14	59	-0.41	65
687	22217029	112.87	0.82	65	-1.85	81	5.31	75	5.19	70	-0.01	72	0.03	70	-0.09	69
688	15217737	112.80	1.11	48	1.88	56	-10.42	55	19.10	48	0.16	55	0.06	48	-0.04	55
689	65111551*	112.78	0.10	48	-1.69	49	-5.07	49	23.41	43	0.07	13	0.12	44	0.07	52
690	41120242	112.71	-0.47	52	-4.00	55	-5.06	54	31.13	47	0.00	53	0.15	48	-0.01	17

（续）

序号	牛号	CBI	体型外貌评分		初生重		6月龄体重		18月龄体重		6~12月龄日增重		13~18月龄日增重		19~24月龄日增重	
			EBV	r^2(%)	EBV	r^2(%)	EBV	r^2(%)	EBV	r^2(%)	EBV	r^2(%)	EBV	r^2(%)	EBV	r^2(%)
691	36118387	112.69	0.86	23	1.76	54	1.51	53	1.97	48	-0.05	26	-0.02	26	-0.03	56
692	37110053*	112.28	0.69	53	1.16	58	13.42	57	-14.55	51	0.00	56	-0.18	51	0.01	58
693	22218929	112.18	1.73	49	1.16	52	-0.62	52	2.84	46	-0.08	52	0.06	47	-0.14	53
694	22117059	112.15	0.03	54	4.23	64	10.68	57	-15.35	53	0.00	32	-0.23	53	0.29	59
695	22120121	112.02	-0.84	13	6.25	58	4.01	57	-6.79	50	-0.14	53	0.07	51	-0.19	32
696	41419159	111.77	0.80	17	-1.12	53	-7.05	53	21.41	48	0.00	52	0.08	48	-0.03	55
697	11118962	111.70	2.50	54	-2.69	54	-21.48	53	40.72	48	0.44	54	-0.09	49	0.03	57
698	14119366	111.59	0.77	52	-0.65	54	-7.03	53	20.19	48	0.05	54	0.03	49	0.05	56
699	61219009	111.48	0.28	17	-2.96	54	-0.97	53	18.28	47	-0.07	53	-0.06	48	0.10	52
700	15619194	111.47	-0.70	29	-0.42	57	8.88	55	0.83	52	-0.02	55	0.04	50	0.04	35
701	22218371	111.36	-0.29	50	-2.20	55	22.97	54	-18.15	46	-0.06	53	-0.08	47	0.13	56
702	15216581	111.28	1.06	52	-1.14	32	8.18	55	-3.35	50	0.05	55	-0.04	51	0.00	58
703	41114252	111.28	-0.42	54	1.51	55	-1.58	55	10.96	50	0.17	54	-0.07	50	0.09	57
704	41115282	111.20	0.75	45	-1.25	44	3.08	47	5.86	38	-0.01	44	-0.02	38	-0.07	48
705	53115350	111.17	-0.35	50	-0.05	53	-21.81	53	45.35	47	0.15	51	0.11	47	0.16	54
706	15618429	111.13	-0.54	50	1.16	49	-16.68	48	35.24	43	-0.03	15	0.22	44	0.12	50
707	11116931	111.12	1.72	52	-2.31	70	1.77	68	6.61	60	0.28	59	-0.09	59	0.09	58
708	15410916	111.06	0.55	51	0.50	54	-5.87	53	16.01	48	0.00	23	0.05	49	-0.04	55
709	62115101	111.05	0.13	47	0.99	48	-13.76	47	28.55	41	0.10	46	0.12	42	0.20	51
710	15617033	110.91	-0.74	51	1.24	51	17.41	51	-16.62	46	0.03	48	-0.27	46	-0.14	19
711	65111555*	110.77	0.07	45	-2.77	44	-9.59	43	31.19	38	-0.01	1	0.23	39	0.05	48
712	22217417	110.56	-0.32	3	-1.00	47	3.06	46	8.83	41	0.09	47	0.00	41	0.00	51
713	11111903	110.27	0.74	49	-3.62	58	17.41	57	-11.19	52	-0.35	58	0.15	53	-0.27	53
714	15217892 41117230	110.19	0.48	18	0.73	56	-7.77	55	17.82	28	-0.03	30	0.13	28	-0.07	31
715	41118928	110.19	-1.25	50	4.01	50	5.81	50	-4.24	44	-0.10	50	0.16	45	-0.12	53
716	22419159	110.15	0.09	12	0.54	43	3.46	43	2.54	36	0.03	43	0.01	36	-0.01	3
717	52215401 41215401	110.15	-0.08	52	-0.58	51	-5.88	51	20.22	47	0.08	24	0.00	46	-0.09	55

（续）

序号	牛号	CBI	体型外貌评分		初生重		6月龄体重		18月龄体重		6~12月龄日增重		13~18月龄日增重		19~24月龄日增重	
			EBV	r²(%)	EBV	r²(%)	EBV	r²(%)	EBV	r²(%)	EBV	r²(%)	EBV	r²(%)	EBV	r²(%)
718	43117102	110.12	-0.45	25	-0.61	56	3.94	55	6.65	49	-0.04	20	-0.01	50	-0.03	56
719	41219561	110.07	-0.65	52	-0.13	51	2.03	50	9.14	45	-0.05	16	0.03	15	0.08	54
720	22216421	109.88	0.76	50	-1.21	51	8.03	50	-3.10	45	0.05	50	-0.15	46	0.43	54
721	21212102	109.87	-1.93	52	1.31	52	10.80	52	-3.04	48	0.00	50	-0.07	48	-0.04	55
722	15410886	109.83	0.39	48	0.71	57	2.01	57	2.91	52	-0.07	36	0.08	53	-0.10	51
723	53115353	109.61	-0.10	51	0.50	56	-14.54	55	30.46	49	0.00	55	0.09	50	0.12	56
724	15218707	109.50	0.01	50	1.70	56	1.13	55	2.99	51	0.01	56	0.00	51	-0.10	55
725	22117075	109.50	-0.35	52	-0.41	58	25.06	57	-27.19	53	0.08	31	-0.23	53	0.12	59
726	13218047	109.45	-0.51	49	1.31	50	-5.78	49	16.48	44	-0.02	50	0.13	45	0.11	52
727	22419173	109.32	-0.66	19	-2.57	51	1.39	50	15.34	44	0.07	50	0.01	45	-0.04	50
728	41215415	109.31	0.42	46	1.20	45	-6.16	44	13.62	39	-0.01	4	0.08	40	-0.02	49
729	22118089	109.22	0.40	51	-1.22	57	2.19	56	6.68	51	0.03	53	0.05	51	0.03	58
730	15218842	109.12	-1.67	52	3.42	56	-5.52	56	15.19	29	0.08	56	-0.02	29	0.11	31
	41118216															
731	52217463	108.95	0.41	50	1.85	53	-7.11	52	13.17	48	0.05	11	-0.12	46	0.09	56
	41217463															
732	53118374	108.87	0.10	49	-1.78	57	-23.13	57	47.67	49	0.14	57	0.25	49	-0.42	55
733	41116220	108.71	0.63	45	-2.79	81	12.26	75	-6.34	48	-0.05	48	-0.10	49	0.20	58
734	22419015	108.68	-0.34	9	0.12	3	4.00	3	3.01	2	0.00	1	-0.03	2	-0.02	3
735	22213001*	108.66	2.42	57	3.07	91	-5.70	90	0.06	77	0.04	83	-0.16	76	-0.13	67
736	53117372	108.65	0.41	12	1.39	56	-4.04	55	9.36	25	-0.09	52	0.07	26	0.04	19
737	14120317	108.34	1.05	46	-1.66	46	-10.80	45	24.31	40	0.24	46	-0.05	40	-0.16	50
738	41416120	108.33	0.80	46	1.70	50	-11.26	49	17.84	43	-0.01	13	0.15	43	-0.15	51
739	41113272	108.14	0.92	50	-0.51	58	-0.89	57	6.61	53	0.00	58	0.02	53	0.03	53
740	22419001	108.05	0.27	17	1.41	50	12.13	49	-15.52	43	-0.01	49	-0.07	44	0.03	49
741	15216234*	107.87	1.55	54	2.52	87	5.83	83	-13.66	65	-0.33	55	0.01	65	0.02	72
742	65320248	107.86	-0.05	53	-3.10	55	-12.84	54	34.74	28	0.03	54	0.12	28	-0.01	17
	41120248															

（续）

序号	牛号	CBI	体型外貌评分		初生重		6 月龄体重		18 月龄体重		6~12 月龄日增重		13~18 月龄日增重		19~24 月龄日增重	
			EBV	r² (%)	EBV	r² (%)	EBV	r² (%)	EBV	r² (%)	EBV	r² (%)	EBV	r² (%)	EBV	r² (%)
743	61219010	107.72	0.05	21	0.23	56	-10.62	56	22.76	50	-0.21	53	0.39	50	0.12	54
744	14118601	107.68	-1.47	47	1.48	46	-0.66	45	10.28	40	-0.01	46	0.06	40	0.04	50
745	14119604	107.52	1.51	51	-1.88	49	-1.17	48	7.50	44	0.01	49	-0.03	44	0.05	53
746	15214123	107.50	1.26	54	-0.85	58	3.45	55	-1.09	50	0.07	54	-0.08	51	0.06	58
747	43117106	107.45	0.06	24	-0.75	54	-6.07	54	17.83	48	-0.03	15	0.17	48	-0.08	56
748	65111565*	107.39	0.21	54	-2.23	80	0.66	75	10.49	65	-0.07	47	0.08	65	0.02	71
749	41316906	107.37	-0.25	50	2.70	51	-11.15	50	18.44	45	-0.04	19	0.11	45	-0.02	20
750	43117107	107.33	0.29	6	3.79	50	-5.76	49	5.40	42	0.17	43	-0.10	42	-0.05	51
751	14120828	106.80	1.42	47	-1.38	48	8.56	46	-8.95	40	-0.04	46	-0.06	40	0.05	5
752	22218525	106.70	0.28	21	0.57	53	23.78	52	-32.67	52	0.10	53	-0.09	48	-0.03	59
753	41219518	106.67	-0.10	49	-2.89	51	-8.89	50	27.26	42	0.01	47	0.17	43	-0.33	51
754	41212441*	106.60	-0.63	54	0.86	55	-9.88	54	21.66	49	0.04	28	0.01	50	0.02	57
755	14120351	106.53	0.91	49	0.89	53	-11.50	52	18.07	48	0.13	52	-0.01	48	-0.02	54
756	41421178	106.46	0.18	22	0.07	59	14.75	58	-17.46	30	-0.11	55	-0.03	30	0.08	33
757	41413193	106.41	0.37	53	-3.88	61	12.03	61	-4.50	56	-0.07	42	-0.05	57	0.06	56
758	22120055	106.37	-0.99	26	0.31	58	7.68	57	-2.74	52	-0.10	53	-0.01	53	0.03	59
759	41316224	106.34	-0.09	51	0.45	57	-3.44	56	10.46	52	0.06	57	-0.03	52	0.00	59
760	37110041	106.19	0.13	54	3.68	57	25.10	56	-42.11	52	-0.20	56	-0.17	52	-0.05	59
761	11117982	105.84	1.29	52	2.01	53	5.37	53	-12.63	47	0.04	53	-0.19	48	0.16	55
762	62116109	105.75	-0.90	50	0.86	52	-2.64	51	10.83	46	0.00	51	0.06	46	0.07	22
763	13317105	105.71	1.15	16	-1.37	50	-10.56	48	20.40	15	0.05	15	0.00	16	-0.09	16
764	15618077	105.62	1.09	53	6.11	54	16.12	53	-38.48	44	-0.03	19	-0.01	45	0.54	53
765	41212439*	105.39	0.45	53	0.96	54	-19.38	53	30.69	49	0.08	25	0.02	49	0.09	56
766	41212447*	105.36	0.74	50	-1.40	50	-8.83	50	19.08	45	0.02	14	0.07	46	-0.08	54
767	11117953	105.27	-1.17	57	0.51	59	0.96	58	6.74	54	-0.01	58	0.03	54	0.43	60
768	14119213	105.12	0.36	48	1.37	47	-12.84	46	19.77	41	0.07	47	0.09	42	-0.12	51
769	15618225	105.11	-0.18	53	1.86	61	23.54	58	-35.08	36	-0.10	54	-0.23	36	0.03	33
770	22119155	105.00	-0.38	52	-2.20	57	-2.64	55	15.54	50	0.17	53	-0.04	51	-0.04	57

（续）

序号	牛号	CBI	体型外貌评分		初生重		6月龄体重		18月龄体重		6~12月龄日增重		13~18月龄日增重		19~24月龄日增重	
			EBV	r²(%)	EBV	r²(%)	EBV	r²(%)	EBV	r²(%)	EBV	r²(%)	EBV	r²(%)	EBV	r²(%)
771	15616665*	104.98	-1.58	52	-2.54	53	21.91	53	-16.64	48	-0.11	25	0.09	49	0.02	56
772	41118926	104.95	-0.93	49	1.31	49	1.81	48	2.27	43	-0.08	48	0.08	43	-0.23	52
773	36117000	104.93	0.52	23	1.68	54	-2.69	53	2.64	48	0.00	27	0.08	25	0.05	55
774	15616035	104.92	-0.71	51	-0.76	54	0.72	53	8.08	48	0.05	21	-0.01	49	0.13	56
	22116005															
775	14120118	104.81	1.37	47	-2.06	48	-1.23	47	6.07	40	-0.08	46	0.09	41	-0.01	2
776	22118091	104.77	-0.08	51	3.42	58	-22.67	57	31.24	52	-0.06	54	0.27	53	0.04	59
777	15219471	104.71	-0.82	50	2.49	50	-4.94	49	9.12	44	0.00	16	0.00	45	0.01	53
778	15619131	104.61	0.34	54	-2.40	59	-3.76	58	14.56	36	0.02	30	0.03	37	-0.07	38
	22119131															
779	15414004	104.57	-2.46	51	-2.17	51	8.42	49	6.14	45	0.04	7	-0.01	46	-0.26	54
780	15215421*	104.48	-0.45	54	-1.46	56	1.52	56	7.14	51	0.08	56	-0.10	52	0.10	58
781	41212437*	104.45	-0.05	53	-1.20	54	-8.74	54	20.67	49	-0.05	26	0.09	50	0.11	56
782	41319232	104.40	-0.11	19	-0.92	54	-5.75	53	15.55	26	0.06	28	0.06	27	0.02	30
783	22116011	104.31	0.65	53	3.74	59	9.68	58	-22.36	53	0.01	31	-0.23	54	0.37	60
784	41213427*	104.27	-0.33	50	1.86	50	-1.49	50	3.06	44	0.01	15	0.02	45	-0.04	53
785	41319667	104.25	-0.07	7	-5.53	56	3.75	54	11.86	47	-0.01	53	-0.05	47	-0.12	53
786	22419981	104.09	-0.61	19	1.12	26	-1.27	26	5.45	21	0.00	23	-0.04	21	0.05	19
787	65111564*	103.52	-0.39	47	-3.49	46	-14.56	46	35.58	41	-0.02	3	0.27	41	0.04	50
788	22218605	103.45	1.41	48	4.03	55	19.93	53	-42.56	48	-0.39	52	-0.01	49	0.19	55
789	14116439	103.43	-0.55	50	-2.00	49	-5.49	49	18.60	44	0.12	49	0.05	44	-0.03	53
790	41114250	103.23	1.14	52	-3.05	59	-6.86	58	16.51	51	-0.15	56	0.09	52	-0.07	59
791	41109234*	103.16	-0.08	51	0.12	53	-1.05	52	4.60	48	0.04	52	0.02	49	0.19	55
792	41215410*	103.03	-0.63	52	-0.46	53	-6.82	53	16.83	48	0.02	23	0.05	48	0.04	55
793	14118017	103.01	-1.16	51	1.14	53	-6.65	52	14.74	48	0.00	53	0.08	49	0.10	55
794	22418011	102.95	-0.04	46	0.11	2	0.88	2	1.29	2	0.00	2	0.00	2	-0.01	1
795	51114005	102.95	-0.22	48	-1.25	51	-10.86	50	23.28	43	-0.05	17	0.03	44	-0.05	52
796	41118922	102.87	-0.99	48	1.84	47	-1.59	46	4.51	41	0.01	47	0.03	42	-0.18	51

（续）

序号	牛号	CBI	体型外貌评分		初生重		6月龄体重		18月龄体重		6~12月龄日增重		13~18月龄日增重		19~24月龄日增重	
			EBV	r^2 (%)	EBV	r^2 (%)	EBV	r^2 (%)	EBV	r^2 (%)	EBV	r^2 (%)	EBV	r^2 (%)	EBV	r^2 (%)
797	15219472	102.86	-1.73	45	1.06	46	-5.46	45	15.19	38	-0.02	5	-0.03	39	-0.01	49
798	22418119	102.72	-1.05	11	-1.03	5	2.58	4	5.16	3	0.01	1	-0.05	3	-0.03	4
799	53117371	102.65	0.16	15	-2.73	57	-6.45	57	18.35	31	0.09	56	0.01	31	-0.05	29
800	14120924	102.56	0.86	47	0.25	48	-5.29	47	6.56	40	-0.14	46	0.15	41	-0.02	2
801	51115018	102.48	-0.51	54	0.11	56	7.05	55	-6.79	51	-0.04	32	-0.12	51	-0.15	58
802	22117087	102.32	-0.76	54	7.53	58	8.64	56	-26.38	51	0.04	28	-0.26	52	0.36	58
803	41413102	102.27	-0.77	47	-1.41	49	1.85	48	5.71	43	0.09	11	0.02	44	0.19	52
804	14119612	102.12	1.26	51	1.36	50	-5.08	49	1.60	45	-0.03	50	0.01	45	0.03	54
805	15519809 *	102.07	-0.16	32	0.48	57	-2.26	57	4.85	35	0.03	34	0.01	35	0.20	36
806	15618945 22118079	102.05	0.06	51	-2.41	57	-17.24	56	33.94	52	0.03	24	0.14	52	-0.38	59
807	51112167	102.03	0.14	45	0.40	46	3.38	45	-4.79	40	-0.04	4	0.20	40	0.03	49
808	22418107	101.97	-0.45	14	0.50	1	3.03	1	-2.26	1	-0.01	1	-0.01	1	0.03	1
809	22218819	101.85	0.83	51	1.69	55	2.98	53	-10.14	46	0.05	52	-0.11	46	-0.06	55
810	36118260	101.80	-0.30	20	-1.32	54	-2.46	52	9.83	47	-0.08	21	0.05	23	0.08	55
811	15410900	101.67	0.51	51	-0.91	51	-19.87	50	32.24	45	-0.03	9	0.19	46	-0.05	54
812	15218719	101.66	-0.18	53	-0.80	59	1.25	58	2.29	52	0.01	59	0.00	52	-0.01	56
813	41117940 *	101.64	-1.38	49	4.57	52	3.79	50	-10.01	45	0.26	50	-0.27	45	-0.08	53
814	41113274 *	101.50	0.73	53	-0.95	85	3.70	84	-4.81	66	-0.11	66	0.08	66	0.08	67
815	65111549 *	101.30	-0.64	50	-2.40	52	-7.51	51	21.01	46	0.08	15	0.17	46	0.06	54
816	65320202 41120202	101.01	-0.03	51	2.83	57	-11.39	56	11.67	50	0.00	55	0.13	51	-0.08	57
817	22118001	100.98	-0.10	51	-0.02	58	11.55	55	-16.37	50	0.06	30	-0.10	50	0.17	57
818	65317948 41117948	100.84	0.28	51	-3.59	51	7.56	50	-3.21	46	-0.25	50	0.06	46	0.04	54
819	15519806	100.80	0.22	6	-2.48	49	4.64	48	-1.21	43	0.13	48	-0.14	44	0.42	50
820	21218021	100.66	3.30	47	-1.43	50	-11.75	49	9.30	43	0.18	48	-0.05	44	0.22	50
821	15217891 41117240	100.57	1.08	21	-1.14	55	-13.17	54	19.31	49	-0.10	28	0.03	49	-0.03	30

（续）

序号	牛号	CBI	体型外貌评分		初生重		6月龄体重		18月龄体重		6~12月龄日增重		13~18月龄日增重		19~24月龄日增重	
			EBV	r²(%)	EBV	r²(%)	EBV	r²(%)	EBV	r²(%)	EBV	r²(%)	EBV	r²(%)	EBV	r²(%)
822	22418123	100.50	0.15	20	0.47	23	11.94	23	-19.55	19	-0.02	21	-0.08	19	0.02	19
823	14118408	100.45	-1.24	47	-0.31	9	15.68	10	-18.08	41	0.01	8	0.04	9	-0.09	51
824	22420359	100.37	0.08	20	0.40	28	11.25	28	-18.16	25	0.00	26	-0.13	26	0.03	26
825	15616931	100.35	-0.42	47	-2.00	47	-1.73	47	9.45	41	0.17	46	-0.01	42	0.00	51
826	52217466	100.21	-0.32	50	1.57	53	-7.00	52	8.37	48	0.03	11	-0.13	46	0.06	56
	41217466															
827	15213327	100.14	-1.07	56	1.97	75	6.61	74	-10.63	56	-0.06	62	0.04	57	0.20	63
828	22119003	100.03	-1.27	52	-0.81	58	-11.46	57	24.46	51	0.01	27	0.07	52	-0.23	59
829	15617975	99.80	-0.42	49	-3.61	51	-6.80	50	20.60	17	-0.05	16	0.04	17	-0.03	17
830	41217457	99.79	0.19	51	2.08	55	-13.25	54	14.34	49	0.05	11	-0.11	50	0.21	57
831	41318240	99.69	-0.18	56	-0.42	60	-9.04	59	15.30	35	0.11	32	0.02	36	0.01	38
832	21218026	99.63	3.01	46	-0.66	48	-7.33	48	0.84	42	0.20	47	-0.12	43	0.16	49
833	22119135	99.38	-0.81	51	-1.14	57	-5.51	56	13.73	50	0.01	52	0.09	51	-0.08	58
834	22219227	99.30	-0.72	21	-3.18	57	8.03	56	-2.50	48	0.28	51	-0.21	49	-0.11	57
835	51115025	99.07	0.16	51	-1.85	52	5.69	52	-5.73	47	0.00	24	-0.06	48	0.01	55
836	15620013	98.90	0.97	51	1.61	55	7.53	57	-20.19	49	0.11	52	-0.18	50	-0.11	58
837	22121025	98.81	-0.07	18	-4.00	56	4.62	55	1.74	29	-0.02	50	-0.07	29	0.01	30
838	52218846	98.77	1.17	44	-0.43	1	-0.42	1	-3.98	36	-0.05	1	0.01	1	0.10	46
	41218846															
839	52217468	98.70	0.66	49	1.76	53	-6.64	52	2.14	48	0.03	7	-0.15	46	0.08	56
	41217468															
840	41118904	98.59	-0.63	51	0.49	52	-9.89	51	15.12	46	-0.02	20	-0.02	47	-0.07	54
841	21217001*	98.52	-0.59	47	-0.25	47	-11.04	46	18.41	41	0.17	46	0.00	42	0.11	50
842	37110014*	98.51	-0.13	52	-0.59	54	12.66	53	-18.86	49	-0.04	53	-0.17	50	0.01	56
843	22121035	98.50	-0.51	15	2.11	58	-0.78	57	-3.31	31	0.13	56	-0.02	31	-0.03	33
844	41119276	98.32	-0.71	47	-0.18	52	5.26	51	-6.46	45	-0.08	50	0.03	46	0.13	52
845	22117027	98.31	-0.68	57	3.17	74	10.32	70	-22.42	60	0.00	42	-0.22	60	0.15	66
846	53219209	98.31	0.49	16	0.24	54	-0.96	53	-2.60	47	-0.15	53	0.05	47	0.00	54

（续）

序号	牛号	CBI	体型外貌评分		初生重		6月龄体重		18月龄体重		6~12月龄日增重		13~18月龄日增重		19~24月龄日增重	
			EBV	r²(%)	EBV	r²(%)	EBV	r²(%)	EBV	r²(%)	EBV	r²(%)	EBV	r²(%)	EBV	r²(%)
847	53119387	98.23	-1.29	45	-2.40	56	0.23	56	8.78	50	-0.05	55	0.02	51	-0.07	58
848	22417091*	97.95	-1.48	47	0.42	1	3.16	1	-2.04	1	-0.01	1	-0.01	1	0.03	1
849	41215409	97.90	0.52	52	0.54	53	-10.16	52	10.27	48	0.06	24	-0.03	48	0.03	55
850	11117935*	97.79	0.21	56	-1.31	58	-3.67	58	5.90	53	-0.05	57	0.06	53	0.56	60
851	22211140	97.76	1.28	49	-2.21	49	-25.88	48	38.00	43	0.15	48	0.23	43	0.14	52
852	41213425*	97.75	1.08	50	0.16	51	-3.61	50	-1.16	45	0.02	17	0.01	45	-0.04	53
853	41212438*	97.73	1.21	52	2.28	54	-14.56	53	9.98	48	0.00	24	0.05	49	0.08	56
854	22418121	97.55	-0.34	9	0.00	2	-1.63	2	1.52	2	0.01	2	0.00	2	0.04	2
855	22215115*	97.41	-0.42	50	-0.54	56	-16.80	56	26.30	50	-0.04	55	0.15	50	0.02	57
856	41418134	97.37	-0.14	8	-0.97	50	-9.07	49	14.34	44	0.10	7	-0.02	44	0.20	53
857	15217458*	97.36	-1.33	45	-1.10	44	2.61	43	1.34	38	-0.13	44	0.11	38	0.08	48
858	22420779	97.31	-0.49	9	2.11	18	-3.31	18	-0.67	11	0.00	14	0.00	11	-0.09	6
859	65116510	97.24	-0.53	48	-2.10	47	-2.21	46	7.94	37	0.00	1	-0.04	38	0.15	48
860	11117933*	97.17	-0.67	56	-2.44	58	-3.02	58	10.48	53	-0.02	57	0.06	53	0.51	60
861	14118168	97.07	-0.94	46	-0.46	15	4.13	15	-4.31	43	0.02	15	0.04	14	-0.20	49
862	41213424*	96.98	0.61	50	-1.74	50	-1.40	49	1.20	45	0.01	13	0.04	45	0.02	53
863	41220090	96.88	0.57	51	1.85	53	-15.38	52	13.98	47	-0.04	51	0.17	47	0.08	20
864	22117095	96.61	-0.99	54	1.39	59	17.29	56	-29.22	52	0.01	30	-0.23	53	0.21	59
865	41212442*	96.43	0.30	53	0.45	56	-16.06	55	19.04	51	0.04	29	-0.02	51	0.11	58
866	15214813	96.35	0.43	45	-0.05	44	-8.50	43	8.09	38	0.00	44	0.00	39	-0.05	48
867	41116934	96.30	1.13	49	0.86	51	-10.60	50	6.35	45	-0.02	15	-0.03	44	0.19	52
868	41215411	96.06	0.37	46	2.15	80	-10.38	75	5.60	46	-0.01	15	-0.07	47	-0.04	56
869	11116918*	96.01	2.11	51	-0.56	52	6.00	52	-19.73	47	0.03	52	-0.16	48	0.27	55
870	15618911	95.99	0.01	49	-0.66	56	-4.98	55	5.45	47	0.13	19	0.01	48	-0.31	56
871	21217003*	95.92	0.97	49	-3.05	50	-14.01	50	21.32	44	0.22	47	0.02	45	0.03	53
872	41116218	95.86	0.35	47	3.52	54	-7.15	51	-2.79	48	-0.05	52	0.07	49	0.02	57
873	65111554	95.75	-1.20	48	-3.21	49	-15.45	48	32.13	43	-0.01	11	0.26	43	0.06	51
874	65111548*	95.73	-0.48	45	-3.95	45	-13.38	44	27.96	39	-0.01	1	0.22	40	0.02	49

（续）

序号	牛号	CBI	体型外貌评分		初生重		6月龄体重		18月龄体重		6~12月龄日增重		13~18月龄日增重		19~24月龄日增重	
			EBV	r²(%)	EBV	r²(%)	EBV	r²(%)	EBV	r²(%)	EBV	r²(%)	EBV	r²(%)	EBV	r²(%)
875	53118373	95.60	-0.55	18	0.10	53	-9.56	52	12.42	22	-0.07	23	0.10	22	-0.01	22
876	65111550*	95.52	0.04	48	-1.91	47	-22.34	47	34.54	42	-0.02	4	0.24	43	0.07	51
877	41212440*	95.50	-1.54	60	3.11	62	-15.47	62	17.95	58	0.05	37	-0.01	57	0.14	63
878	41413189	95.50	0.22	54	-1.68	55	-3.18	54	3.85	49	0.02	19	0.05	50	-0.18	57
879	22217329	95.43	-1.33	52	6.70	55	14.75	54	-37.92	49	0.08	54	-0.24	50	0.18	56
880	36117999	95.22	1.67	23	1.63	55	-5.24	32	-6.86	49	-0.06	26	0.22	49	0.04	56
881	53119383	95.21	-0.72	48	-1.45	55	5.26	54	-6.22	47	-0.08	54	-0.09	47	0.19	54
882	41420166	95.13	0.73	27	-4.56	59	7.63	57	-8.05	51	-0.08	55	0.05	51	-0.16	32
883	22417141	95.01	-1.30	45	-0.77	1	-0.44	1	2.89	1	0.00	1	-0.01	1	-0.01	1
884	15417509 41117932	94.99	-0.18	49	0.57	52	-14.60	52	17.02	18	0.01	21	0.05	18	-0.07	18
885	41316924	94.87	-0.80	15	-0.02	51	-1.77	50	1.08	18	0.11	17	-0.07	18	-0.01	19
886	15218709	94.71	-0.46	49	-0.58	56	-13.76	55	19.32	51	0.09	55	0.05	51	-0.07	56
887	52218832 41218832	94.43	0.21	43	0.38	1	1.02	1	-8.53	36	0.00	1	0.00	1	0.11	46
888	14115311	94.19	1.86	49	-6.58	48	-1.11	47	5.01	43	-0.03	48	0.01	43	-0.04	53
889	41413103	93.99	0.28	51	-0.72	53	-6.92	51	5.65	46	0.09	9	0.07	47	-0.09	55
890	52218894 41218894	93.74	0.07	44	0.27	1	-4.29	1	-0.19	37	0.00	1	-0.01	1	0.07	47
891	41114210*	93.71	-0.15	60	0.37	66	-14.94	65	16.71	57	0.11	40	0.09	58	0.03	64
892	22420781	93.69	-0.50	5	-0.27	23	-9.81	21	11.73	12	0.02	18	0.05	12	0.01	7
893	15418514 41118230	93.68	-1.37	51	-0.25	55	-15.35	54	23.55	49	0.02	25	0.08	50	-0.03	57
894	53216197	93.66	-0.15	48	0.16	50	-15.32	49	17.77	44	0.01	49	0.10	45	-0.22	52
895	11117956	93.63	0.01	57	-2.61	59	-0.05	58	0.39	54	-0.06	58	0.03	54	0.37	60
896	65318266 41118266	93.63	0.37	49	-1.10	53	-9.61	52	10.00	47	0.01	26	0.07	47	-0.09	54
897	15617927 22117043	93.60	-0.36	52	-0.38	57	14.59	56	-26.05	51	0.02	24	-0.28	51	0.15	58

（续）

序号	牛号	CBI	体型外貌评分		初生重		6月龄体重		18月龄体重		6~12月龄日增重		13~18月龄日增重		19~24月龄日增重	
			EBV	r^2(%)	EBV	r^2(%)	EBV	r^2(%)	EBV	r^2(%)	EBV	r^2(%)	EBV	r^2(%)	EBV	r^2(%)
898	36117104	93.56	-0.92	23	-1.53	53	1.24	52	-0.67	47	-0.10	25	0.01	24	0.02	55
899	22118065	93.51	-0.15	51	-3.19	58	-4.62	56	9.30	51	-0.03	24	0.00	52	0.04	59
900	51115017	93.49	0.30	50	-1.06	52	2.64	51	-8.74	46	-0.06	23	-0.19	46	-0.11	54
901	53212144	93.39	-1.71	53	-2.95	58	10.50	57	-8.52	51	0.06	55	-0.13	50	0.03	57
902	41213426*	93.35	1.16	45	-0.94	69	-0.72	68	-7.33	37	0.00	1	0.03	38	0.08	48
903	15215324	93.26	1.07	47	0.68	83	-7.79	77	-0.15	47	0.01	47	-0.11	48	0.03	56
904	41418130	93.16	-0.52	24	-2.15	55	-1.49	54	3.08	50	-0.02	27	-0.05	50	0.20	56
905	22420339	93.11	-0.28	2	0.91	5	-1.20	5	-5.73	3	-0.02	4	-0.01	3	-0.05	2
906	15218723	93.06	-1.49	49	2.76	84	-4.17	84	-1.04	76	0.08	84	0.06	76	0.17	52
907	41120250	92.98	-0.55	52	-4.28	55	-14.82	54	28.66	47	0.04	53	0.15	48	-0.01	17
908	41116904	92.92	-0.20	49	1.65	50	-13.35	49	10.62	44	0.00	14	0.04	45	0.00	53
909	53116354	92.81	-1.59	47	0.79	54	-19.15	52	26.87	47	0.07	51	0.13	47	0.08	54
910	53112284	92.79	-0.38	50	-3.47	54	3.94	52	-2.94	47	-0.06	51	-0.05	48	0.04	55
911	53119382	92.74	-1.23	49	-2.08	55	-0.67	54	4.05	47	-0.08	52	0.01	48	0.06	55
912	22419179	92.52	0.16	12	-1.48	43	2.05	43	-7.17	35	0.00	43	-0.02	36	0.02	44
913	22120065	92.39	-0.88	16	0.69	58	-4.48	57	1.49	51	0.06	54	0.00	52	0.00	58
914	14120954	92.37	1.32	47	-4.05	52	13.00	51	-22.39	46	0.01	52	-0.23	47	0.02	5
915	53216196	92.08	-1.18	51	-1.58	53	-15.49	53	24.77	48	0.11	52	0.13	48	0.15	55
916	22217359	91.94	-0.65	55	-3.09	56	10.12	55	-13.06	50	-0.26	55	0.14	51	0.13	57
917	22418117	91.92	-0.29	11	-0.24	21	-3.10	19	-1.11	17	0.00	19	0.03	17	-0.04	19
918	13317104	91.74	-0.53	25	-1.38	60	-3.02	59	2.30	38	-0.05	27	0.01	39	0.02	38
919	22219387	91.67	-0.68	53	-0.30	58	14.88	57	-27.23	52	-0.06	36	-0.05	53	-0.18	59
920	41414150	91.63	-0.68	44	0.05	78	1.95	78	-8.30	57	0.00	1	-0.06	56	0.09	48
921	41217455	91.58	0.47	50	2.43	54	-14.99	53	7.41	49	0.10	10	0.01	49	0.13	55
922	53219211	91.38	0.12	16	-2.06	54	1.10	53	-5.24	48	-0.05	27	-0.07	26	-0.08	53
923	21216068	91.19	0.71	44	-0.66	43	-15.23	42	13.97	37	0.12	43	0.06	38	0.06	47
924	14120538	91.18	1.28	47	-0.32	47	-13.29	46	7.94	41	0.10	47	0.00	42	0.18	51
925	36118346	91.09	-0.31	28	-1.42	56	5.05	56	-11.41	51	-0.09	31	0.01	30	0.05	58

（续）

序号	牛号	CBI	体型外貌评分		初生重		6月龄体重		18月龄体重		6~12月龄日增重		13~18月龄日增重		19~24月龄日增重	
			EBV	r²(%)	EBV	r²(%)	EBV	r²(%)	EBV	r²(%)	EBV	r²(%)	EBV	r²(%)	EBV	r²(%)
926	41215402	90.89	0.47	53	-0.40	54	-6.11	53	0.01	49	-0.05	26	0.01	49	0.09	56
927	41217465	90.80	-0.30	49	2.81	55	-21.31	54	18.45	49	0.00	7	-0.01	49	0.05	57
928	52216452	90.76	0.42	49	1.93	55	-8.25	53	-2.26	50	0.10	7	-0.09	48	-0.12	57
	41216452															
929	11116911*	90.71	0.39	48	-2.93	84	7.28	80	-14.25	48	0.04	48	-0.15	49	0.30	58
930	15215511	90.68	1.70	51	-4.52	52	-14.36	51	17.67	46	0.11	52	0.05	46	0.05	54
931	22420777	90.61	-0.50	19	-0.27	24	-5.71	24	2.55	20	-0.01	22	-0.02	20	0.02	20
932	13216385	90.57	0.41	46	1.97	46	-6.55	45	-5.13	39	-0.03	46	0.04	40	-0.36	49
933	65116511*	90.51	0.29	57	-3.00	81	-14.06	77	18.82	58	0.14	37	-0.15	58	0.39	64
934	14119605	90.43	1.45	50	-1.87	49	-3.98	48	-3.95	43	-0.05	49	-0.01	44	-0.03	52
935	15217894	90.26	-2.38	53	-0.34	59	-5.35	58	9.12	53	-0.05	37	-0.02	54	0.05	59
	41117224															
936	15617931	90.09	-1.65	47	-0.31	49	-13.61	48	18.73	43	0.09	13	0.08	44	-0.04	51
937	41221004	90.06	0.68	51	1.66	53	-2.36	52	-12.32	46	-0.07	51	-0.04	46	0.11	20
938	14116218	90.01	-0.19	47	-0.64	46	-18.03	45	20.56	40	0.23	46	-0.01	41	-0.07	50
939	11117951*	89.92	-0.59	59	-1.80	73	-9.77	60	12.19	56	0.14	60	0.02	56	0.49	60
940	15620025	89.74	-0.67	47	1.00	55	-15.16	54	13.81	48	-0.06	54	0.27	49	-0.10	56
941	41416123	89.74	0.40	53	-1.24	54	-11.87	53	10.05	48	0.02	9	0.04	48	0.04	56
942	15216571	89.67	0.93	52	-0.90	28	-4.16	53	-4.71	49	-0.04	53	0.01	49	0.12	56
943	11109003*	89.66	-0.02	51	-1.44	51	-2.79	51	-1.82	45	-0.25	51	0.02	46	-0.19	55
944	53217201	89.38	0.69	18	3.52	53	-15.40	52	2.51	47	0.22	52	-0.13	48	-0.21	55
945	41319228	89.36	0.82	20	-3.03	57	-8.84	56	7.76	29	-0.10	31	0.09	29	0.01	31
946	15621323	89.28	0.90	46	-5.14	50	8.39	49	-13.94	40	-0.05	49	-0.08	40	0.03	6
947	14116419	89.17	-0.45	51	-0.02	51	-13.63	50	12.54	46	0.23	51	-0.02	46	-0.14	54
948	65318916	89.16	-0.40	47	7.77	46	-14.95	45	-4.46	40	0.12	46	-0.09	41	-0.17	50
	41118916															
949	37118417	89.05	1.67	52	-1.64	54	-3.10	53	-7.99	49	-0.11	53	0.10	49	-0.02	56
950	53119376	89.02	-1.09	47	-0.03	57	-3.82	56	-0.13	50	-0.03	54	0.00	51	-0.18	57

（续）

序号	牛号	CBI	体型外貌评分		初生重		6月龄体重		18月龄体重		6~12月龄日增重		13~18月龄日增重		19~24月龄日增重	
			EBV	r^2 (%)	EBV	r^2 (%)	EBV	r^2 (%)	EBV	r^2 (%)	EBV	r^2 (%)	EBV	r^2 (%)	EBV	r^2 (%)
951	14120929	88.96	-1.39	46	3.93	56	10.31	55	-30.26	46	-0.10	55	-0.04	46	0.05	15
952	15620319	88.87	0.92	48	-1.10	53	3.53	52	-16.73	44	-0.13	52	-0.03	45	-0.05	13
953	13208013*	88.84	2.76	45	-0.24	45	-18.21	44	7.38	39	-0.08	45	0.19	40	-0.33	49
954	15417503	88.61	-0.52	56	-1.86	60	12.31	58	-23.02	53	-0.14	37	0.12	53	0.17	60
	41117228															
955	41220106	88.46	0.67	50	1.83	49	-9.07	49	-3.92	44	0.01	49	-0.02	44	0.06	17
956	22218105	88.43	-0.14	54	0.02	56	12.75	57	-29.85	50	-0.03	56	-0.17	50	-0.14	58
957	53116363	88.23	-0.71	51	0.61	53	-12.82	52	9.92	46	0.10	52	0.00	47	0.18	54
958	15619537	88.14	-1.73	51	-0.78	50	1.51	50	-4.82	47	0.05	18	0.08	44	0.11	56
959	41216451	88.02	0.80	48	1.51	54	-15.39	52	5.63	48	0.07	6	0.01	48	0.03	55
960	37110045*	87.88	-1.41	52	-0.49	54	8.12	54	-17.12	49	-0.05	53	-0.08	49	-0.01	57
961	41420165	87.72	0.24	32	-2.68	59	-1.92	58	-2.98	52	-0.10	57	0.07	53	-0.12	36
962	37110039*	87.61	-0.35	52	0.33	56	8.26	56	-23.68	49	0.03	55	-0.10	49	0.19	57
963	22418105	87.58	-1.29	12	-1.68	5	-2.73	5	1.63	4	0.01	4	-0.01	4	-0.01	4
964	15218713	87.51	-0.38	48	1.56	55	-7.34	54	-2.73	49	0.07	54	0.00	50	-0.01	55
965	41114204*	87.26	0.06	55	0.02	59	-24.78	58	25.77	55	0.13	36	0.09	55	0.04	61
966	22420789	87.23	0.07	2	-0.44	7	-2.04	7	-8.04	6	0.06	3	0.11	4	-0.06	5
967	41312113*	87.00	-0.35	50	2.10	51	-6.68	50	-5.62	45	-0.01	50	0.01	46	0.20	53
968	11116910*	86.94	-0.58	57	-3.12	60	6.10	59	-11.75	54	0.03	58	-0.21	55	0.33	61
969	53219212	86.81	0.20	23	-2.03	55	-3.31	54	-3.13	49	-0.02	30	0.03	28	-0.14	56
970	21218028	86.73	3.30	47	-1.15	50	-13.40	49	-1.88	43	0.19	48	-0.11	44	0.30	50
971	14116701	86.53	-0.88	46	-0.48	45	-21.33	44	24.65	39	0.30	45	-0.04	40	-0.20	49
972	41313120*	86.51	-0.58	52	0.65	53	-8.17	52	0.59	48	0.00	52	0.04	48	0.03	55
973	41217467	86.21	0.30	50	2.12	56	-15.36	52	4.38	46	0.03	7	-0.13	47	0.17	55
974	22119007	86.09	-1.39	52	2.26	59	-14.24	58	8.75	53	0.00	30	0.10	53	-0.15	60
975	51114013	85.97	0.51	50	1.07	53	1.15	52	-19.44	45	-0.04	25	-0.12	46	0.13	54
976	14118305*	85.94	-0.90	51	1.10	31	-7.96	30	-0.12	50	0.05	30	0.00	28	-0.18	56
977	41118208*	85.93	-0.75	53	-0.17	55	-6.72	55	0.48	50	0.13	55	-0.08	50	-0.12	58

(续)

序号	牛号	CBI	体型外貌评分		初生重		6月龄体重		18月龄体重		6~12月龄日增重		13~18月龄日增重		19~24月龄日增重	
			EBV	r²(%)	EBV	r²(%)	EBV	r²(%)	EBV	r²(%)	EBV	r²(%)	EBV	r²(%)	EBV	r²(%)
978	62116111	85.79	0.43	53	0.33	55	-10.28	54	0.02	48	-0.05	54	0.07	49	0.07	27
979	22218007	85.73	-0.41	50	-2.16	53	2.24	52	-9.93	49	-0.04	52	-0.03	50	0.23	57
980	41220117	85.51	0.28	51	0.74	53	-11.41	52	1.07	46	-0.06	51	0.11	47	0.04	20
981	22219901	85.48	0.24	51	2.39	52	7.76	51	-32.15	50	-0.03	14	-0.04	50	-0.07	57
982	41219777	85.42	0.61	48	-3.34	52	-20.34	51	23.29	15	0.10	48	0.15	16	-0.08	13
983	53219210	85.32	0.02	18	-1.70	53	-3.59	52	-4.20	47	-0.03	52	-0.05	47	0.04	54
984	65116517	85.00	0.14	50	-0.07	86	-20.10	82	16.43	50	-0.03	13	0.06	51	0.11	59
985	41312118	84.98	-0.24	49	1.85	52	-13.62	51	3.31	45	0.11	51	0.00	46	0.03	54
986	21216019*	84.80	-0.39	49	-0.07	54	-7.58	53	-0.91	49	0.08	53	-0.08	49	0.14	55
987	11116921*	84.74	-0.04	57	-0.89	83	1.57	79	-14.39	58	0.11	57	-0.26	58	0.31	62
988	14118811	84.72	0.04	51	1.92	53	-18.08	52	8.62	47	0.31	52	0.06	47	0.33	55
989	41118934	84.65	-1.30	49	-1.86	50	10.91	49	-21.52	44	-0.08	49	0.07	45	-0.10	53
990	37110633*	84.56	-0.96	53	-2.49	59	13.51	58	-25.42	51	0.00	56	-0.13	51	0.08	58
991	51114010	84.47	0.45	49	0.02	52	-0.64	51	-15.32	44	-0.02	23	-0.05	45	-0.04	53
992	41114212	84.20	0.96	51	0.53	63	-15.48	62	3.97	57	0.21	45	-0.09	57	0.10	64
993	41217464	84.17	0.95	50	0.97	57	-14.60	55	1.54	51	0.10	7	-0.09	51	0.08	58
994	41415158	83.89	-1.43	48	-0.66	49	0.85	48	-9.24	42	-0.01	12	-0.05	43	-0.09	52
995	52217462 41217462	83.81	-0.15	47	1.97	56	-6.82	54	-8.86	50	0.15	16	-0.16	49	0.03	56
996	41119240	83.58	0.32	49	-1.18	50	-20.64	49	17.93	43	0.05	3	0.09	44	0.04	53
997	14110721	83.56	2.21	51	-1.98	51	-13.91	50	2.22	46	0.00	51	0.08	47	0.17	54
998	15410867	83.39	0.35	49	-0.52	48	-18.48	48	12.69	42	-0.02	11	0.06	43	-0.03	52
999	53119379	83.15	-2.86	48	-1.39	58	-6.60	57	8.81	51	-0.03	56	0.06	51	-0.19	57
1000	41117260	83.10	-0.51	53	-1.20	61	-1.56	60	-8.50	56	-0.01	31	0.03	56	-0.11	61
1001	11116919*	83.00	-0.04	57	-2.85	59	-1.09	59	-7.17	53	0.16	57	-0.23	54	0.33	60
1002	22119021	82.79	-1.62	50	-3.15	57	-19.69	55	27.99	49	0.22	51	0.16	50	-0.07	57
1003	22417191	82.65	-0.67	47	-0.49	14	-6.74	14	-2.08	1	-0.01	1	0.00	1	0.02	1
1004	41219562	82.57	-1.66	49	-2.53	49	-7.11	48	7.13	43	-0.10	13	0.03	12	0.08	53

（续）

序号	牛号	CBI	体型外貌评分		初生重		6月龄体重		18月龄体重		6~12月龄日增重		13~18月龄日增重		19~24月龄日增重	
			EBV	r^2 (%)	EBV	r^2 (%)	EBV	r^2 (%)	EBV	r^2 (%)	EBV	r^2 (%)	EBV	r^2 (%)	EBV	r^2 (%)
1005	14118315	82.53	-0.75	49	0.09	34	-15.15	33	9.56	51	0.07	32	0.10	31	-0.15	56
1006	22218707	82.53	-0.03	50	1.42	51	-8.00	50	-7.36	47	0.03	50	0.03	48	0.41	56
1007	14118831	82.46	-0.70	52	3.25	57	-16.88	56	4.33	52	0.11	56	-0.03	52	0.02	59
1008	41317106	82.11	-0.04	9	-1.62	47	-23.23	46	22.99	41	0.03	47	0.23	42	-0.30	50
1009	65318218	82.09	-0.54	52	2.52	56	-17.07	55	5.42	50	0.07	32	-0.07	50	-0.01	57
	41118218															
1010	53117370	81.62	1.82	23	-2.56	56	-13.13	56	2.08	30	0.08	56	0.05	30	0.05	31
1011	15214811 *	81.36	1.33	44	-1.77	47	-3.58	46	-12.81	41	-0.01	46	-0.13	41	0.10	50
1012	22420213	81.23	-0.17	3	1.24	22	-8.25	22	-7.21	10	0.11	20	-0.01	10	0.02	4
1013	41218489	81.17	-1.60	53	-2.53	53	-12.06	53	13.23	48	0.02	25	0.03	47	0.05	56
1014	41114218 *	81.02	0.21	55	1.22	60	-20.13	60	9.35	53	0.16	56	0.05	54	0.08	60
1015	41116908 *	80.50	0.24	51	3.18	53	-20.00	53	3.80	47	-0.01	24	0.08	48	0.03	55
1016	22117091	80.38	-1.17	50	-1.92	56	0.01	55	-9.17	50	0.04	23	0.00	51	0.14	58
1017	41220026	80.37	0.84	49	4.23	49	-16.35	48	-6.78	43	-0.01	46	0.03	44	-0.21	53
1018	53119381	80.36	-1.05	47	1.61	57	-15.39	56	5.42	50	-0.03	56	0.03	51	-0.11	57
1019	52217453	80.27	0.72	47	0.96	55	-8.33	53	-10.79	49	0.10	7	-0.12	47	0.01	56
	41217453															
1020	15519805	80.25	0.19	6	-2.95	48	-7.12	47	-1.14	42	0.10	48	-0.06	43	0.36	50
1021	22417137 *	80.20	-0.91	52	-0.17	37	-12.13	37	4.01	28	-0.02	29	-0.01	27	0.04	24
1022	51114011	80.12	-1.10	55	-0.60	56	1.85	56	-15.69	51	-0.08	31	-0.01	51	-0.08	58
1023	15519801 *	80.09	-0.58	11	-2.04	52	1.23	51	-13.32	45	0.04	51	-0.17	46	0.11	52
1024	21216065 *	80.09	1.75	47	-1.10	47	-21.85	47	10.78	42	0.16	46	0.03	42	0.07	51
1025	41220114	79.65	0.73	51	2.91	53	-12.91	52	-9.12	47	0.03	51	0.03	47	0.07	20
1026	65317270	79.54	-0.42	49	0.23	49	3.68	48	-23.70	43	0.01	1	-0.11	43	0.30	52
	41117270															
1027	41217459	79.44	0.42	50	0.12	54	-19.56	52	8.84	47	0.07	8	-0.04	48	0.15	55
1028	14120938	79.42	1.19	47	-1.36	48	3.38	47	-25.74	40	-0.25	46	0.02	41	0.02	2
1029	13216469	79.35	-0.19	49	2.54	49	-10.15	49	-9.15	43	-0.04	48	0.06	44	-0.39	52

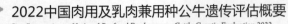

（续）

序号	牛号	CBI	体型外貌评分		初生重		6月龄体重		18月龄体重		6~12月龄日增重		13~18月龄日增重		19~24月龄日增重	
			EBV	r^2(%)	EBV	r^2(%)	EBV	r^2(%)	EBV	r^2(%)	EBV	r^2(%)	EBV	r^2(%)	EBV	r^2(%)
1030	41220097	79.31	1.11	50	0.40	53	-17.54	52	2.28	47	0.01	50	0.05	47	0.06	20
1031	53118380	79.21	0.90	48	-0.98	55	-9.66	55	-5.73	48	-0.05	54	-0.11	49	-0.01	55
1032	41319220	79.16	1.20	17	1.93	54	-14.22	54	-6.99	47	-0.05	26	-0.03	48	-0.05	56
1033	41415156	79.12	-0.96	46	0.28	47	-11.35	46	0.94	41	0.00	8	0.01	41	0.04	50
1034	11116912*	79.05	-1.17	57	-3.00	86	-11.50	83	9.83	64	0.04	63	-0.13	65	0.24	65
1035	14110624	78.87	1.39	51	-0.49	51	-12.39	50	-4.95	46	-0.02	51	0.02	47	0.14	54
1036	22215553	78.76	0.57	50	-3.55	92	-22.29	91	20.69	46	0.05	61	0.12	46	0.14	54
1037	41217461	78.68	0.35	50	0.35	56	-20.05	52	8.60	47	0.07	7	-0.11	47	0.20	55
1038	51113191	78.43	-0.75	46	-0.60	47	-18.91	46	13.17	40	-0.02	9	0.26	41	0.04	50
1039	11116922*	78.42	-0.33	57	-1.15	59	3.33	59	-21.21	53	0.09	57	-0.27	54	0.33	60
1040	14118037	78.17	-1.03	46	2.06	45	-11.80	44	-3.32	39	-0.02	45	0.05	40	0.16	49
1041	52218896 41218896	77.65	0.55	44	-0.32	4	-2.46	4	-18.46	37	0.01	3	0.01	3	0.08	47
1042	13216459	77.63	0.18	46	2.08	46	-13.00	45	-6.71	39	-0.01	46	0.05	40	-0.43	49
1043	14116201	77.55	-1.58	48	-0.72	49	-16.65	48	12.41	43	0.22	48	-0.06	43	-0.09	51
1044	21215006	77.47	-1.45	46	-2.43	50	-26.80	49	31.52	44	0.20	48	0.13	45	0.01	51
1045	14117117	76.86	-2.60	50	-1.77	50	-5.19	49	0.66	44	0.20	50	-0.19	45	-0.05	53
1046	22117101	76.76	-1.14	50	-1.74	56	7.97	55	-25.33	49	-0.06	24	-0.15	50	-0.06	57
1047	52218763 41218763	76.65	0.50	44	-0.47	1	-1.60	1	-20.14	37	0.00	1	0.00	1	0.05	47
1048	51114012	76.50	-0.44	54	1.54	56	-6.92	55	-13.37	50	-0.03	29	-0.09	51	0.16	57
1049	22420217	76.45	-0.10	19	-1.34	27	-12.28	26	0.45	15	-0.01	19	-0.08	16	-0.05	17
1050	41120932	76.36	-1.34	49	0.25	49	12.62	48	-36.86	43	-0.46	48	0.08	44	0.03	4
1051	41217456	76.03	0.14	48	0.49	54	-16.28	52	0.82	48	0.07	6	-0.07	48	0.08	55
1052	41217458	75.92	-1.23	49	-0.01	56	-17.51	54	9.13	48	0.00	8	-0.18	49	0.15	57
1053	41213422*	75.88	-2.71	53	-0.78	54	-8.16	54	2.34	49	-0.02	26	0.04	50	0.07	56
1054	13208012*	75.73	0.96	45	0.13	45	-19.33	44	2.95	39	-0.08	45	0.16	40	-0.33	49
1055	15417501 41117912	75.54	0.52	52	0.40	53	-19.98	53	4.81	47	-0.04	19	0.01	47	0.20	53

（续）

序号	牛号	CBI	体型外貌评分		初生重		6月龄体重		18月龄体重		6~12月龄日增重		13~18月龄日增重		19~24月龄日增重	
			EBV	r^2 (%)	EBV	r^2 (%)	EBV	r^2 (%)	EBV	r^2 (%)	EBV	r^2 (%)	EBV	r^2 (%)	EBV	r^2 (%)
1056	41217454	75.38	-0.28	50	1.14	55	-12.76	54	-5.12	49	0.03	7	-0.15	49	0.12	57
1057	15417502	75.31	0.82	52	0.00	54	-1.39	53	-24.14	48	-0.09	24	0.12	48	-0.13	25
	41117226															
1058	14118416 *	75.20	-0.58	49	-2.74	36	-15.45	35	9.39	48	-0.02	35	0.07	26	-0.30	53
1059	22117037	75.15	-0.23	51	0.85	59	1.23	58	-26.29	50	-0.15	27	-0.24	51	0.16	58
1060	41116912	74.66	0.42	49	3.33	50	-16.33	49	-8.33	44	-0.03	16	0.01	45	-0.07	53
1061	13207009 *	74.65	0.03	45	0.27	45	-19.16	44	4.92	39	-0.08	45	0.15	40	-0.35	49
1062	41118938	74.52	-1.24	48	0.95	48	-6.01	47	-12.12	42	0.08	45	-0.10	42	-0.11	51
1063	22116019	74.40	1.10	51	5.19	85	-9.33	84	-26.45	61	0.07	52	-0.16	62	0.43	68
1064	22218053	74.37	0.05	55	0.43	62	0.82	60	-26.42	56	-0.21	57	0.11	57	-0.21	62
1065	53119385	74.36	-0.61	47	1.07	57	-5.79	56	-15.32	51	-0.13	54	-0.06	51	0.19	57
1066	21215007	74.29	-1.74	46	-2.71	50	-26.80	49	30.36	44	0.20	48	0.13	45	-0.03	51
1067	13216087	74.12	-0.52	51	1.55	52	-9.04	51	-12.07	46	-0.09	51	0.06	47	-0.31	54
1068	41419147	73.81	-0.90	13	-0.99	56	-5.94	55	-9.49	48	-0.11	54	-0.01	49	0.12	55
1069	41212446 *	73.73	0.05	53	-1.57	53	-13.85	52	0.29	48	0.00	19	-0.04	48	0.10	56
1070	22120133	73.55	-0.38	11	-3.98	51	-2.09	50	-10.42	45	-0.03	47	-0.01	46	-0.04	20
1071	41414153	73.42	-0.28	49	0.90	52	-18.06	51	1.76	46	0.16	13	0.00	47	-0.04	55
1072	15519808 *	73.41	0.24	24	-1.21	54	-14.46	53	-0.68	27	-0.06	29	0.07	27	0.22	27
1073	13217077	73.36	-0.42	51	1.15	52	-8.24	51	-13.41	46	-0.11	51	0.05	47	-0.32	54
1074	22419559	73.31	-0.06	19	-1.88	51	-3.28	50	-15.14	44	0.02	50	-0.05	44	0.06	18
1075	15618931	73.26	-1.03	50	-2.19	58	-1.46	57	-13.44	32	0.03	31	-0.10	32	0.12	34
1076	37110071 *	73.18	-1.06	48	-3.12	49	0.66	48	-14.43	42	-0.03	47	-0.06	43	0.01	52
1077	15218706	73.07	-0.36	49	0.90	55	-17.92	54	1.53	49	0.08	55	0.04	50	-0.08	53
1078	65116513 *	72.96	0.24	57	-3.73	86	-31.40	82	30.98	60	0.04	38	-0.13	61	0.20	66
1079	15417508	72.68	-0.36	51	1.99	51	-15.12	51	-5.78	46	-0.03	21	-0.04	47	0.17	54
	41117930															
1080	11116915 *	72.03	-2.68	57	-3.69	60	1.68	59	-9.40	54	0.16	58	-0.27	55	0.31	61
1081	14118425	71.90	-1.09	50	-2.47	37	-1.22	36	-14.21	53	0.06	36	-0.07	35	0.00	54

（续）

序号	牛号	CBI	体型外貌评分		初生重		6月龄体重		18月龄体重		6~12月龄日增重		13~18月龄日增重		19~24月龄日增重	
			EBV	r²(%)	EBV	r²(%)	EBV	r²(%)	EBV	r²(%)	EBV	r²(%)	EBV	r²(%)	EBV	r²(%)
1082	51115026	71.89	-1.69	50	-0.66	51	1.06	51	-19.78	46	0.00	20	-0.12	46	-0.04	54
1083	14120358	71.83	-0.13	47	-0.24	47	-21.71	46	8.01	41	0.21	47	-0.03	42	0.06	51
1084	53219214	71.81	-0.47	12	-2.44	57	-3.65	56	-13.00	49	-0.18	55	-0.05	49	0.30	55
1085	41120224	71.79	0.64	47	-3.70	53	-12.20	52	-1.18	45	0.13	50	0.00	46	0.17	52
1086	41212443*	71.52	0.30	55	4.84	55	-22.42	55	-5.13	51	-0.04	31	0.01	51	-0.01	58
1087	21211104	71.50	-2.23	55	-0.38	79	-8.91	78	-3.44	60	0.16	71	-0.06	57	0.05	59
1088	13217015	71.29	-1.06	46	1.32	50	-8.66	49	-12.63	44	-0.06	46	0.03	44	-0.45	52
1089	41220115	71.29	1.00	50	1.93	53	-11.48	52	-17.80	46	0.01	51	-0.04	47	0.04	20
1090	14120905	71.28	1.60	52	-0.86	58	4.10	56	-37.25	51	0.06	33	-0.01	52	-0.04	19
1091	53216199	71.22	0.32	49	0.28	49	-26.53	48	11.88	43	0.05	47	0.06	43	-0.02	52
1092	22219385	71.03	-1.49	55	0.94	57	11.32	56	-40.95	51	-0.33	56	0.05	51	0.33	68
1093	65318942 41118942	70.87	-0.49	51	-0.28	51	2.84	50	-29.02	45	-0.11	49	-0.09	46	-0.06	54
1094	21216025*	70.35	0.20	46	-2.60	50	-17.84	49	5.18	44	0.13	48	0.00	45	0.15	51
1095	41118906	70.32	-0.92	50	0.33	49	-11.26	48	-7.72	43	0.00	15	-0.09	44	-0.13	53
1096	15414002	70.31	-3.18	46	-2.11	46	-4.13	45	-4.02	40	0.00	2	0.06	40	-0.17	49
1097	14118411	70.11	-1.42	50	-2.80	35	0.02	34	-15.72	51	0.01	35	0.05	32	0.04	53
1098	11118992	69.85	0.69	50	-1.53	51	-8.73	50	-13.78	46	-0.02	51	0.05	46	0.06	54
1099	15618091	69.79	0.03	50	-2.81	58	-24.11	56	15.44	50	-0.03	20	-0.05	51	0.15	58
1100	53112278	69.79	0.18	48	-0.79	53	-19.65	52	3.11	47	-0.05	51	0.04	47	-0.06	54
1101	41413185	69.63	1.07	49	-1.48	49	-12.98	49	-9.07	44	0.03	13	0.01	44	0.04	53
1102	41319665	69.33	0.39	19	-1.83	53	-4.31	53	-19.13	48	-0.03	53	-0.15	49	0.03	55
1103	22217331	69.29	-1.00	49	1.38	73	-22.85	51	6.83	46	0.17	51	-0.06	47	0.00	53
1104	53113300	69.27	-0.59	49	-3.48	70	5.39	69	-26.29	63	-0.17	67	-0.08	62	0.20	68
1105	52218114 41218114	68.79	-0.02	43	-0.52	1	-0.92	1	-26.44	36	-0.01	1	0.00	1	0.19	46
1106	37110069*	68.32	-0.53	17	-3.29	51	0.07	51	-19.71	46	-0.01	51	-0.10	47	0.00	54
1107	41116916	68.32	0.62	50	-0.88	53	-16.36	51	-4.81	46	0.14	19	-0.07	47	0.01	54

（续）

序号	牛号	CBI	体型外貌评分		初生重		6月龄体重		18月龄体重		6~12月龄日增重		13~18月龄日增重		19~24月龄日增重	
			EBV	r^2(%)	EBV	r^2(%)	EBV	r^2(%)	EBV	r^2(%)	EBV	r^2(%)	EBV	r^2(%)	EBV	r^2(%)
1108	22218583	68.26	0.00	51	4.12	58	-2.72	56	-35.46	49	-0.27	28	0.03	50	-0.05	58
1109	14116304	68.13	-0.97	52	-1.22	52	-19.33	51	6.56	47	0.24	52	-0.06	48	-0.02	55
1110	41217460	67.59	-0.05	50	1.37	55	-17.31	52	-6.88	47	0.05	8	-0.12	47	0.22	55
1111	22220109	67.56	-1.14	49	6.70	56	-12.55	57	-22.89	49	0.10	57	-0.24	50	-0.17	56
1112	41119280	67.50	-0.42	48	-3.96	50	-29.19	49	25.56	42	-0.05	48	0.29	42	-0.24	50
1113	41220104	67.50	0.46	51	0.51	53	-14.28	52	-11.50	47	0.02	51	-0.02	47	0.06	20
1114	22220317	66.70	-0.73	50	4.26	53	4.03	52	-44.78	47	0.07	52	-0.27	48	0.12	55
1115	15414001	65.79	-2.35	48	-2.21	58	-6.52	58	-7.52	53	-0.01	38	0.03	53	-0.14	53
1116	22119089	65.46	0.14	51	-6.12	62	-3.88	55	-12.05	49	-0.12	23	-0.05	50	0.13	57
1117	11117981	65.08	0.85	48	0.64	53	-8.32	52	-24.71	47	0.03	51	-0.07	47	0.15	55
1118	15617971*	64.90	0.03	65	-1.21	68	-12.97	68	-10.11	64	0.06	47	0.12	65	-0.19	69
1119	22219381	64.88	-3.10	54	-0.61	57	4.50	56	-26.25	50	-0.18	53	0.03	50	-0.09	58
1120	22117113*	64.84	1.05	9	-1.55	50	2.95	49	-37.71	44	0.07	8	-0.17	44	0.24	53
1121	53213146	64.76	-1.22	48	-3.20	50	-2.03	49	-17.37	44	0.07	49	-0.14	44	-0.04	53
1122	41117926	64.50	-0.55	52	1.85	52	-10.61	51	-19.25	47	0.04	22	-0.19	48	0.13	55
1123	15218720	64.49	-0.92	55	-2.95	62	-3.48	61	-17.16	55	0.01	62	-0.12	55	0.08	58
1124	41318325	64.30	-0.18	10	-0.14	47	-7.91	46	-20.23	41	-0.03	47	-0.06	41	-0.02	50
1125	11117939*	63.97	0.85	45	-2.02	44	-30.86	43	15.23	37	0.33	44	0.01	38	0.36	48
1126	41212444*	63.91	0.62	45	-1.25	45	-27.22	44	8.60	37	0.00	1	0.02	38	0.13	48
1127	53112280	63.81	-0.87	45	-1.35	46	-13.72	45	-6.16	39	0.00	45	0.02	40	-0.07	49
1128	65317934	63.77	-0.25	47	0.84	46	-18.65	45	-6.33	40	0.04	4	-0.02	41	0.03	50
	41117934															
1129	41117244	63.43	-0.62	52	0.51	55	-18.66	54	-4.39	49	0.01	29	-0.04	49	0.05	57
1130	41117946	63.07	-0.56	49	0.45	50	-6.58	50	-23.36	44	-0.02	49	-0.12	43	-0.10	52
1131	14120354	62.46	-0.45	48	3.03	54	-16.48	53	-15.41	49	-0.02	53	0.00	49	0.21	55
1132	13205007*	62.01	0.50	44	0.32	45	-25.45	44	0.78	39	-0.09	45	0.18	40	-0.36	48
1133	13205006*	61.80	0.40	43	-0.89	43	-18.61	43	-6.58	37	-0.16	44	0.15	38	-0.27	47
1134	22218405	61.80	0.04	48	-1.66	48	-5.83	47	-22.90	43	-0.07	9	-0.09	44	-0.15	53

（续）

序号	牛号	CBI	体型外貌评分		初生重		6月龄体重		18月龄体重		6~12月龄日增重		13~18月龄日增重		19~24月龄日增重	
			EBV	r^2 (%)	EBV	r^2 (%)	EBV	r^2 (%)	EBV	r^2 (%)	EBV	r^2 (%)	EBV	r^2 (%)	EBV	r^2 (%)
1135	11116913*	61.79	-2.89	48	-3.40	51	-0.65	50	-15.31	43	0.07	48	-0.13	43	0.26	52
1136	13217083	61.51	-2.41	49	-0.54	50	-12.22	49	-6.62	44	-0.08	50	0.09	45	0.16	53
1137	41116932	61.06	0.26	50	0.08	49	-25.08	48	0.85	43	-0.02	10	-0.03	44	0.02	52
1138	15519817	60.75	0.14	6	-2.08	46	6.88	45	-42.72	39	-0.42	45	0.18	40	0.10	49
1139	15217142	60.24	1.14	65	-1.39	68	-4.11	68	-31.90	64	0.06	47	0.01	64	0.07	69
1140	41117944	59.92	-1.31	51	0.20	52	-7.66	51	-21.14	46	-0.02	50	-0.10	47	-0.06	54
1141	53119386	59.89	-0.29	51	-2.36	56	-2.96	55	-26.12	49	-0.29	54	0.01	49	0.14	55
1142	41116928	59.67	0.56	50	-0.69	50	-23.65	49	-1.96	44	0.00	12	0.05	45	-0.08	53
1143	22217091*	59.39	-0.97	50	0.40	51	4.63	50	-42.30	45	-0.02	46	-0.24	45	-0.09	53
1144	13208X64*	59.02	3.04	44	0.97	43	-5.30	42	-44.31	37	-0.22	44	-0.04	38	-0.08	47
1145	13217080	58.84	-0.61	50	0.98	50	-15.30	50	-15.03	44	-0.11	50	0.09	45	0.13	53
1146	15418513	58.66	-1.75	48	1.96	48	-28.62	47	7.29	42	0.05	10	0.01	43	0.14	51
1147	11117952*	58.23	0.85	45	-0.51	50	-32.01	43	7.95	37	0.25	44	0.03	38	0.41	48
1148	13217076	58.20	-0.03	49	-0.11	49	-11.82	48	-20.55	43	-0.06	49	0.00	44	0.09	52
1149	41116926	57.96	-0.01	51	-0.62	51	-20.62	50	-6.17	45	-0.02	15	0.01	46	-0.20	54
1150	15417504	57.88	-1.08	51	-3.42	53	-16.62	52	-1.45	24	-0.02	24	0.06	23	-0.10	23
	41117242															
1151	22118111	57.50	-0.56	51	-4.54	65	-22.84	57	8.42	51	-0.04	28	0.08	51	-0.15	58
1152	15619141	57.39	-0.45	53	-1.56	58	-17.26	36	-7.84	33	0.03	26	0.04	33	-0.11	35
	22119141															
1153	22120027	56.76	-1.84	50	-2.09	57	-17.07	55	-2.06	50	0.03	51	0.02	50	-0.22	58
1154	41419146	56.54	-1.02	19	1.90	56	-6.06	55	-31.97	51	-0.17	55	-0.05	51	0.12	57
1155	41116918	56.44	0.48	50	-1.50	49	-23.43	49	-3.00	43	-0.01	11	0.01	44	-0.01	53
1156	15218708	56.01	-0.07	49	-3.82	55	-21.01	54	0.59	49	0.07	55	0.07	50	-0.12	53
1157	13202004*	55.76	0.17	1	2.30	43	-19.42	42	-17.80	37	-0.25	44	0.19	37	-0.36	44
1158	51113183	55.22	-0.45	44	3.40	44	-16.88	43	-22.48	38	0.00	1	0.05	39	-0.19	48
1159	11111902*	55.08	1.22	49	-2.10	58	-17.59	58	-14.66	52	-0.17	58	0.14	52	-0.23	53
1160	14118506	55.02	-0.92	50	-2.95	34	-13.65	33	-10.40	51	0.01	34	0.05	30	-0.07	54

（续）

序号	牛号	CBI	体型外貌评分		初生重		6月龄体重		18月龄体重		6~12月龄日增重		13~18月龄日增重		19~24月龄日增重	
			EBV	r^2 (%)	EBV	r^2 (%)	EBV	r^2 (%)	EBV	r^2 (%)	EBV	r^2 (%)	EBV	r^2 (%)	EBV	r^2 (%)
1161	11117955*	54.69	-0.93	51	0.98	53	-12.83	52	-21.48	47	-0.15	53	0.03	48	0.38	55
1162	41319669	53.79	1.82	21	-0.69	55	-13.25	54	-28.23	49	-0.06	54	-0.16	49	0.04	55
1163	14120356	53.70	1.43	47	1.43	47	-19.59	46	-22.24	41	-0.03	47	-0.05	42	0.22	51
1164	37110061*	53.56	-0.51	17	1.30	51	-3.89	51	-38.62	46	-0.09	51	-0.11	47	0.05	54
1165	65317954	53.41	-1.10	49	-2.61	49	-3.42	49	-27.76	44	-0.05	48	-0.06	44	0.11	53
	41117954															
1166	41218888	53.28	0.79	51	-2.74	51	-0.56	50	-39.24	45	-0.17	50	-0.08	45	-0.20	54
1167	22219803	53.19	-0.96	49	-3.82	51	-3.15	50	-25.95	45	0.08	47	-0.09	46	-0.25	55
1168	41116902	53.05	0.85	48	1.00	48	-24.72	47	-11.69	41	0.03	3	-0.01	42	-0.35	51
1169	15619071	51.89	0.47	51	-2.13	57	-13.69	56	-20.65	31	0.07	23	-0.03	31	0.11	33
	22119071															
1170	41120934	51.42	-1.19	45	0.59	46	-15.40	45	-18.63	39	-0.37	46	0.31	40	0.01	5
1171	41220110	51.27	0.47	50	0.45	53	-19.70	51	-18.25	46	0.05	51	-0.05	47	0.05	20
1172	41317042	50.40	-0.75	47	-0.49	48	-23.03	47	-6.98	42	0.15	48	-0.07	42	-0.02	51
1173	41117254*	49.86	-2.25	54	-1.26	58	11.02	57	-52.01	51	-0.18	56	-0.13	52	-0.09	59
1174	41317112	49.51	-0.42	24	-1.59	54	-14.59	54	-19.36	49	-0.12	54	0.10	50	0.06	56
1175	37109013*	49.30	-0.32	49	-1.88	50	-13.81	49	-20.46	44	0.01	49	-0.07	45	0.09	52
1176	11109009*	49.25	0.77	44	-5.96	81	-42.68	80	29.45	48	-0.21	51	0.22	49	-0.15	52
1177	41220108	48.97	0.04	51	1.21	50	-15.87	49	-26.46	45	0.00	50	-0.08	45	0.05	19
1178	37109011*	48.30	0.39	20	-1.13	50	-14.57	49	-24.78	44	-0.01	49	-0.07	45	0.08	52
1179	41317043	48.02	0.14	47	-1.23	48	-23.64	47	-9.90	42	0.11	48	-0.05	42	-0.02	51
1180	37109025*	47.75	0.47	21	-0.23	50	-5.98	49	-40.96	44	-0.09	49	-0.14	45	0.13	52
1181	41218141	47.16	0.22	49	-1.77	50	-0.30	49	-45.49	44	-0.22	49	-0.08	44	-0.15	53
1182	22219129	46.93	-1.26	51	2.36	54	-1.05	53	-48.83	50	-0.08	51	-0.13	46	-0.18	57
1183	41120928	46.15	-1.04	49	-1.70	49	8.49	48	-55.20	42	-0.46	48	0.09	43	0.03	1
1184	41317095	45.91	-0.65	16	0.06	49	-23.24	48	-12.55	42	-0.06	48	0.07	43	0.06	51
1185	41417129	45.87	-0.52	24	-2.63	54	-21.71	54	-8.94	49	-0.02	25	0.01	50	0.09	56
1186	22218009	45.69	-0.07	48	0.83	50	-22.36	49	-18.22	46	0.14	49	-0.08	43	0.22	56

（续）

序号	牛号	CBI	体型外貌评分		初生重		6月龄体重		18月龄体重		6~12月龄日增重		13~18月龄日增重		19~24月龄日增重	
			EBV	r²(%)	EBV	r²(%)	EBV	r²(%)	EBV	r²(%)	EBV	r²(%)	EBV	r²(%)	EBV	r²(%)
1187	41415160	45.50	-1.11	50	-2.43	51	-19.99	50	-10.13	45	0.02	9	0.02	46	0.18	54
1188	41220100	45.22	0.70	49	0.12	50	-17.38	48	-27.58	44	0.01	48	-0.08	44	0.09	18
1189	41117938	44.72	-0.33	50	0.82	51	-21.47	51	-19.46	45	-0.06	17	-0.12	44	-0.05	53
1190	15519816	44.53	-0.09	5	-0.33	45	3.57	44	-56.19	39	-0.40	44	0.09	40	0.02	49
1191	52218168 41218168	43.93	-0.14	44	-0.61	2	-3.83	2	-44.55	37	0.01	1	0.00	1	0.36	47
1192	41117952	43.76	-1.29	49	-1.98	50	-29.87	49	3.02	44	-0.16	50	0.27	45	-0.03	53
1193	41120226	43.71	-0.91	56	-5.54	57	-7.02	55	-24.92	50	-0.10	55	-0.03	51	0.02	57
1194	41117942	43.56	-0.99	51	-0.65	54	-8.59	52	-34.17	47	-0.01	51	-0.14	47	0.10	55
1195	41120258	43.36	-0.25	57	-4.00	55	2.83	54	-46.63	49	-0.06	27	-0.09	50	0.05	56
1196	14110628 *	43.26	0.51	51	-2.33	51	-20.01	50	-18.68	46	0.00	51	-0.03	47	0.19	54
1197	41120260	43.10	-1.18	54	-5.27	55	-10.79	54	-19.35	49	-0.13	54	-0.02	50	0.07	56
1198	15620531	42.84	-0.50	52	-0.45	52	-12.58	51	-31.13	48	0.04	50	-0.08	45	0.00	57
1199	36117339	42.15	0.53	27	2.10	58	3.61	56	-66.75	50	-0.15	54	-0.15	50	0.43	57
1200	41120930	42.15	-1.59	49	-0.27	49	3.53	48	-52.69	43	-0.49	48	0.10	43	0.02	2
1201	52218149 41218149	42.05	0.37	44	-0.63	2	-3.25	2	-49.08	37	0.01	1	0.00	1	0.29	46
1202	41219111	42.01	-0.07	52	-3.80	52	-10.52	51	-28.61	46	-0.02	51	-0.06	46	-0.21	54
1203	41317111	40.82	-0.66	26	-2.56	56	-20.21	55	-15.59	50	-0.10	55	0.06	51	0.09	57
1204	36117331	40.64	-0.66	21	0.12	54	1.11	53	-54.95	48	-0.17	51	-0.12	48	0.51	55
1205	65318297 41118297	39.30	-0.18	53	0.02	60	-20.07	58	-25.31	54	0.06	26	0.12	54	-0.11	59
1206	22220503	39.26	-0.38	50	-4.64	53	-6.07	54	-34.76	49	0.03	54	-0.25	49	0.49	57
1207	65318914 41118914	38.10	-0.15	50	-0.72	50	-21.16	49	-23.09	44	-0.06	49	0.00	45	-0.08	53
1208	41120926	37.95	-0.63	48	2.38	50	-7.94	49	-49.14	44	-0.44	49	0.15	45	-0.02	6
1209	41117918	37.90	-0.58	52	0.18	52	-12.76	51	-36.66	46	-0.02	21	-0.20	47	-0.10	55
1210	52218871 41218871	37.28	0.94	44	-2.80	24	-3.85	10	-49.61	37	0.00	1	0.00	1	0.18	47

（续）

序号	牛号	CBI	体型外貌评分		初生重		6月龄体重		18月龄体重		6~12月龄日增重		13~18月龄日增重		19~24月龄日增重	
			EBV	r²(%)	EBV	r²(%)	EBV	r²(%)	EBV	r²(%)	EBV	r²(%)	EBV	r²(%)	EBV	r²(%)
1211	41221019	37.08	0.03	45	2.77	47	-12.13	46	-47.04	40	-0.02	8	-0.06	9	-0.02	5
1212	22219125	36.91	-0.35	52	1.91	54	9.71	53	-77.14	51	-0.30	53	-0.14	52	-0.18	59
	22219125															
1213	41118920	36.64	-1.59	47	3.80	48	-3.83	48	-56.40	42	-0.18	46	-0.07	43	-0.02	52
1214	41319767	36.57	-0.25	23	-2.25	58	-15.68	57	-28.86	53	-0.14	54	-0.03	53	0.13	59
1215	65318910	35.39	-2.00	49	-1.58	50	7.47	49	-60.30	44	-0.19	48	-0.16	45	0.06	53
	41118910															
1216	14119367	35.21	0.62	51	0.46	53	-0.67	53	-63.04	48	-0.01	53	-0.35	49	0.56	56
1217	53216200	35.21	-0.07	17	-0.24	50	-17.52	49	-32.87	44	-0.12	49	0.01	45	-0.06	53
1218	15619303	35.13	1.41	49	-0.08	53	-12.93	52	-46.10	49	-0.03	52	0.07	47	-0.25	54
	22219303															
1219	15619337	34.49	0.22	50	-1.21	50	-71.36	49	50.23	44	0.11	50	0.06	45	-0.15	53
1220	22118015	34.09	-0.99	49	-0.76	54	-6.37	53	-46.18	46	0.03	24	-0.16	47	0.26	54
1221	15617951	34.06	-1.69	49	-1.57	54	-25.45	53	-12.25	48	-0.03	26	0.00	48	0.08	56
1222	53119384	33.40	-1.03	49	3.24	58	-20.08	57	-35.33	53	-0.06	56	-0.12	53	0.04	59
1223	15510X71*	33.24	-0.09	6	2.19	44	-20.24	44	-36.35	39	0.02	6	-0.11	39	-0.10	48
1224	65318944	32.94	-0.29	50	-0.03	51	-30.95	51	-14.02	45	0.09	50	0.00	46	-0.06	53
	41118944															
1225	21211105*	32.01	-1.05	83	-4.35	87	-8.06	86	-36.60	80	-0.17	81	-0.06	79	-0.17	76
1226	22219127	31.35	-0.93	49	5.02	54	-1.57	53	-70.29	51	-0.18	54	-0.21	51	-0.27	58
	22219127															
1227	22120075	30.96	0.27	24	-5.50	57	3.17	55	-57.15	49	-0.25	49	-0.18	50	0.03	57
1228	41317038	30.35	-0.88	54	-2.84	57	-3.83	56	-48.94	52	-0.05	56	-0.18	52	-0.04	57
1229	43117103	30.00	0.66	27	0.71	56	-11.83	55	-51.58	50	-0.08	53	-0.11	49	0.25	57
	20175354															
1230	37109027*	29.98	1.20	49	-2.03	50	-15.88	49	-40.83	44	-0.08	49	-0.09	45	0.17	52
1231	22419191	29.34	-0.48	18	-3.24	51	-3.90	50	-50.37	43	-0.05	50	-0.16	44	-0.04	50
1232	22217131	28.90	-0.50	45	-2.50	45	-2.70	44	-54.32	38	-0.06	45	-0.18	39	-0.11	48

（续）

序号	牛号	CBI	体型外貌评分		初生重		6月龄体重		18月龄体重		6～12月龄日增重		13～18月龄日增重		19～24月龄日增重	
			EBV	r²(%)	EBV	r²(%)	EBV	r²(%)	EBV	r²(%)	EBV	r²(%)	EBV	r²(%)	EBV	r²(%)
1233	11111905*	27.96	0.30	49	-1.75	60	-14.80	59	-41.59	55	-0.20	60	0.01	55	-0.11	53
1234	41120262	26.83	-0.91	57	-3.82	55	-15.75	55	-31.47	49	-0.05	54	-0.07	50	-0.11	26
1235	37110638*	26.63	-0.88	54	-0.57	57	-0.67	56	-62.77	52	-0.13	56	-0.22	52	0.12	59
1236	41120920	26.05	-1.68	49	0.26	49	2.38	48	-66.90	43	-0.47	48	0.02	44	-0.01	3
1237	53217204	24.59	-0.45	26	-0.31	57	-9.76	56	-53.05	51	-0.22	56	-0.10	51	-0.15	56
1238	41317059	20.16	-0.39	54	-2.84	57	-5.67	56	-57.55	52	-0.21	56	-0.05	52	-0.08	57
1239	22219805	19.72	0.41	50	-0.29	55	2.42	54	-79.64	50	-0.38	53	-0.16	50	-0.23	57
1240	14120355	19.57	0.61	48	-0.43	47	-20.49	47	-45.10	42	-0.08	47	-0.13	42	0.31	51
1241	41219666	18.82	-1.44	51	-2.36	50	-51.97	49	15.09	43	-0.12	12	0.01	12	0.14	53
1242	15217124*	18.57	0.01	52	-1.81	55	-9.65	54	-56.99	48	0.05	25	-0.06	49	0.13	56
1243	41415163	18.37	-1.28	50	-2.71	51	-23.03	50	-29.47	45	0.02	9	-0.08	46	0.14	54
1244	22219809	17.91	-1.16	50	-3.10	53	0.93	52	-66.19	49	-0.14	52	-0.12	49	0.37	57
1245	15417506	16.24	-0.59	49	-4.69	51	-36.06	50	-9.39	45	-0.05	17	0.07	44	0.14	52
1246	11109006*	16.06	-0.78	52	-3.71	82	-49.28	81	9.08	42	-0.17	45	0.09	42	-0.14	52
1247	41121278	15.72	-1.66	56	-3.53	54	-27.74	52	-21.29	24	-0.11	24	-0.04	24	-0.11	23
1248	22220145	15.30	-0.51	48	0.46	52	-12.81	51	-58.68	49	-0.14	51	-0.18	49	0.07	57
1249	14121124	14.93	0.61	47	-1.73	49	1.29	48	-79.67	40	-0.64	47	-0.06	41	0.00	4
1250	22220321	13.52	0.21	52	-3.67	57	-18.75	56	-44.01	51	-0.18	56	0.05	52	0.14	55
1251	15618019	12.90	-1.00	53	-1.54	58	-29.94	56	-27.93	51	0.03	26	0.01	52	-0.15	59
1252	52218138	11.86	-0.57	45	-0.80	4	-4.50	4	-71.33	37	0.02	2	-0.01	1	0.32	47
	41218138															
1253	41120922	7.80	-2.09	49	-0.30	49	-8.28	48	-64.66	43	-0.45	49	0.05	44	-0.02	4
1254	53110215	6.51	-0.20	45	0.39	50	-48.96	49	-12.48	44	0.08	49	-0.01	44	-0.05	51
1255	41120264	4.72	-0.83	51	-5.86	52	-25.43	52	-32.70	47	-0.18	52	0.04	47	-0.13	22
1256	41120266	2.39	-0.67	53	-6.70	54	-29.28	53	-27.56	48	-0.22	53	0.17	49	-0.13	25
1257	41120916	1.13	-0.86	46	0.86	46	5.47	45	-99.57	39	-0.39	45	-0.27	40	0.40	50
1258	22120029	0.60	-1.32	50	-2.84	57	-40.41	54	-18.99	48	0.01	52	0.11	49	-0.32	56
1259	41120914	0.60	-1.40	46	1.70	45	8.80	44	-105.12	39	-0.39	45	-0.26	39	0.63	49

（续）

序号	牛号	CBI	体型外貌评分		初生重		6月龄体重		18月龄体重		6~12月龄日增重		13~18月龄日增重		19~24月龄日增重	
			EBV	r²(%)	EBV	r²(%)	EBV	r²(%)	EBV	r²(%)	EBV	r²(%)	EBV	r²(%)	EBV	r²(%)
1260	22220101	-2.62	-0.53	47	6.92	48	-28.22	48	-67.38	42	-0.31	47	-0.01	42	0.27	51
1261	41120918	-3.54	-2.25	48	-3.52	48	-9.86	47	-64.45	42	-0.47	48	0.09	43	0.00	1
1262	41120268	-3.90	-0.28	51	-5.61	52	-33.43	52	-31.23	46	-0.12	51	0.08	46	-0.08	19
1263	22220603	-5.56	-1.32	48	1.41	55	-16.11	56	-72.29	50	-0.01	56	-0.20	51	-0.01	31
1264	11104566*	-12.33	1.06	59	-12.06	88	-61.98	87	15.12	69	-0.33	69	0.18	65	-0.27	69
1265	22220627	-16.70	-3.29	51	-7.31	57	-18.37	52	-50.48	52	-0.06	53	-0.20	49	0.10	25
1266	13209X02	-21.28	1.96	47	-2.59	47	-21.50	46	-81.75	42	0.00	9	-0.17	42	-0.24	51
	15509X02															
1267	22218113	-24.12	0.42	49	-0.99	52	-6.18	52	-105.77	46	-0.33	52	-0.23	47	-0.11	55
1268	22218123	-29.71	0.20	49	0.69	51	-4.27	50	-117.15	44	-0.41	50	-0.24	45	-0.35	53
1269	22220519	-30.38	-0.86	48	1.06	48	-30.38	47	-74.56	45	-0.13	48	-0.15	46	0.46	54
1270	22219403	-30.71	-1.13	50	1.05	53	-21.40	52	-87.53	47	-0.05	50	-0.22	48	-0.12	56
1271	22212927	-32.80	-0.13	49	-1.50	87	-127.30	63	75.15	44	-0.65	61	0.29	45	0.04	53
	以下种公牛部分性状测定数据缺失，只发布数据完整性状的估计育种值															
1272	41420138	—	—	—	-2.09	44	18.35	43	23.21	38	0.00	44	0.03	38	-0.22	48
1273	22117109	—	—	—	0.83	53	23.72	43	-33.28	37	-0.20	44	-0.10	38	0.04	48
1274	22417143	—	0.16	45	-0.09	1	4.12	1	—	—	—	—	—	—	—	—
1275	22418017	—	-0.14	9	—	—	—	—	1.34	1	—	—	-0.01	1	-0.01	1
1276	22417161	—	-0.92	45												
1277	41419110	—	—	—	-0.12	46	-1.58	45	1.32	39	0.05	45	-0.02	40	0.18	49
1278	22417157	—	-1.93	46	-0.71	1	-0.36	1	—	—	—	—	—	—	-0.01	1
1279	22212913*	—	-0.41	6	-0.19	45	-315.23	41	1.22	3	—	—	-0.01	1	0.04	4
1280	22417093	—	-3.28	46	-0.71	1	-0.36	1	—	—	—	—	—	—	-0.01	1

注：肉用型西门塔尔牛、兼用型西门塔尔牛和华西牛体重及日增重性状同组评估。

* 表示该牛已经不在群，但有库存冻精。

— 表示该表型值缺失，且无法根据系谱信息估计出育种值。

表 4 - 1 - 4　乳肉兼用西门塔尔牛估计育种值

序号	牛号	CBI	TPI	体型外貌评分		初生重		6月龄体重		18月龄体重		6~12月龄日增重		13~18月龄日增重		19~24月龄日增重		4%乳脂率校正奶量	
				EBV	r²(%)	EBV	r²(%)	EBV	r²(%)	EBV	r²(%)	EBV	r²(%)	EBV	r²(%)	EBV	r²(%)	EBV	r²(%)
1	65118596	243.33	190.17	0.83	50	3.26	50	41.64	49	59.03	44	0.01	47	0.04	44	0.03	53	150.49	5
2	65118599	233.77	188.45	1.14	49	-1.49	49	41.76	48	60.21	43	0.05	46	0.06	43	0.02	52	295.40	5
3	65120602	241.00	184.86	0.23	49	2.92	50	41.80	49	59.78	43	0.01	46	0.02	44	0.11	52	9.27	2
4	22315041	232.87	179.48	-0.18	52	5.98	57	45.35	55	40.89	51	0.04	28	-0.08	51	-0.07	57	-8.36	1
5	21115735	222.06	172.96	1.74	52	0.21	30	47.86	53	33.46	49	0.00	26	-0.02	49	0.14	56	-9.45	1
6	65118598	189.01	171.83	1.79	51	-2.08	51	24.66	50	43.53	45	0.05	48	0.06	46	-0.07	54	663.28	14
7	65118597	210.11	171.39	1.98	50	1.35	51	34.09	50	39.73	44	-0.01	47	0.05	45	0.00	53	191.70	8
8	65117535	203.83	168.60	-0.66	48	3.57	49	40.39	48	29.08	43	0.06	46	-0.06	44	0.07	52	226.45	6
9	65120608	214.50	166.37	1.03	49	2.12	50	41.69	49	34.02	42	-0.05	47	-0.01	43	0.05	14	-83.93	1
10	65121606	208.91	164.38	0.55	45	2.96	51	51.93	49	12.88	1	0.03	45	0.02	1	0.00	1	-34.87	1
11	65118574	171.57	160.34	0.90	52	-0.91	52	18.77	51	36.85	46	-0.05	48	0.09	47	-0.01	55	626.79	16
12	65117530	182.23	159.53	-0.16	51	6.34	54	18.92	53	33.14	47	0.04	45	-0.04	47	0.15	55	367.05	6
13	65116523	154.78	158.29	0.75	50	-0.27	51	3.93	50	42.93	45	-0.01	12	0.11	46	0.10	54	916.08	45
14	65118575	164.27	157.39	1.43	51	-1.63	51	12.52	51	39.28	45	-0.04	48	0.13	46	0.01	54	678.73	15
15	41120902	101.98	157.17	-2.58	50	2.49	57	-12.25	56	24.58	50	0.03	56	0.07	51	0.10	57	2017.62	11
16	22316033	195.54	157.09	0.05	51	3.56	56	27.02	55	39.08	50	0.01	27	0.03	51	-0.02	57	-8.36	1
17	15516X06	205.52	156.85	1.85	53	-1.84	55	19.18	54	66.52	50	0.00	54	0.27	51	-0.17	57	-232.54	17
18	15213128*	192.94	156.08	-1.60	50	-2.59	53	30.45	52	52.66	46	0.16	51	0.02	46	-0.04	54	11.26	9
19	65121607	195.09	155.66	1.24	45	6.00	45	36.90	44	12.98	4	0.06	44	-0.02	4	0.04	5	-50.14	1
20	22316001	190.72	154.37	0.16	51	2.97	58	23.91	57	40.34	52	0.05	29	0.05	53	0.26	59	-2.18	1
21	65117552	180.02	154.36	-0.01	51	2.57	51	22.23	51	34.53	45	0.06	48	-0.03	46	0.10	54	228.95	9
22	37115676	220.66	152.27	1.10	54	7.61	54	23.20	53	54.53	47	0.13	52	0.15	48	-0.11	56	-724.75	47
23	41420106	187.85	151.99	-0.52	10	2.59	52	21.44	50	45.01	42	-0.03	47	0.10	42	0.00	51	-26.26	1
24	15214127*	186.04	151.90	0.09	51	-2.26	58	22.61	57	50.87	48	0.17	54	0.01	48	-0.04	54	10.33	9
25	65116518*	157.29	151.30	1.54	51	7.20	51	7.12	51	19.27	46	-0.03	14	0.09	46	0.07	54	609.33	45
26	65117532	190.18	151.21	-1.28	48	5.31	50	41.24	49	13.19	43	0.04	46	-0.12	44	0.09	52	-104.78	5
27	21116720	184.73	150.83	-0.68	51	3.95	53	48.67	52	-2.32	48	-0.09	25	-0.12	49	-0.09	55	-0.69	1
28	41420107	180.43	150.49	-0.22	6	-0.11	51	23.74	50	39.90	40	0.13	46	-0.04	41	-0.03	50	80.51	2

（续）

序号	牛号	CBI	TPI	体型外貌评分		初生重		6月龄体重		18月龄体重		6~12月龄日增重		13~18月龄日增重		19~24月龄日增重		4%乳脂率校正奶量	
				EBV	r^2(%)	EBV	r^2(%)	EBV	r^2(%)	EBV	r^2(%)	EBV	r^2(%)	EBV	r^2(%)	EBV	r^2(%)	EBV	r^2(%)
29	36116302	185.28	150.25	-0.68	49	2.04	51	7.72	50	65.57	44	0.09	49	0.25	45	-0.02	53	-32.88	5
30	41113254*	159.39	149.91	0.94	55	1.08	58	12.21	58	30.55	53	0.01	58	0.06	54	0.03	60	514.43	44
31	65117551*	160.12	148.27	-1.54	50	0.40	51	25.10	50	22.70	45	0.03	48	-0.04	45	0.10	54	439.77	7
32	65117546*	174.56	148.10	0.88	49	2.59	50	12.97	49	40.15	43	-0.05	10	-0.03	44	0.12	52	121.04	6
33	36118511	183.27	147.97	0.31	18	-0.16	51	11.93	50	58.74	45	0.15	49	0.19	45	-0.01	53	-71.89	4
34	53115338	163.86	147.35	-0.92	54	-1.34	60	31.00	59	18.98	52	0.00	58	0.02	52	0.06	57	325.20	21
35	65119601	188.40	146.86	0.91	19	-0.04	57	30.05	56	33.13	50	0.01	55	-0.03	51	0.08	58	-222.60	12
36	15216631	159.42	146.18	1.05	53	1.19	57	11.86	57	30.41	49	0.05	53	0.04	49	0.01	56	379.66	14
37	15619126	157.05	145.33	2.23	50	1.90	57	18.97	56	11.03	47	0.05	53	-0.17	48	-0.02	55	399.56	19
38	15217669	153.69	145.21	-0.90	53	-0.30	59	17.70	58	27.27	49	0.02	55	0.01	50	-0.07	56	467.86	12
39	65118581	157.25	145.01	1.22	53	-3.39	53	18.00	53	29.41	48	-0.09	49	0.07	49	-0.01	56	383.75	18
40	65117544*	166.03	144.97	0.22	17	3.20	49	13.21	49	32.90	43	-0.06	9	-0.05	44	0.09	52	192.32	5
41	37114663	171.16	144.14	1.79	44	2.01	76	9.33	75	40.41	51	0.07	44	0.13	52	0.06	48	52.17	41
42	65119600	157.89	143.60	-0.08	46	0.74	47	33.36	47	1.49	7	-0.07	46	0.02	7	-0.01	7	319.28	5
43	65121604	157.89	143.60	-0.08	46	0.74	47	33.36	47	1.49	7	-0.07	46	0.02	7	-0.01	7	319.28	5
44	65116524	145.21	143.40	0.68	51	-0.74	52	1.76	51	38.74	46	0.01	14	0.12	47	0.11	55	585.95	45
45	15516X04	184.29	142.92	1.88	46	-1.80	48	14.95	47	52.96	42	0.01	47	0.20	43	-0.22	51	-276.10	7
46	51119039	176.87	142.82	0.45	37	1.17	43	26.68	42	26.38	37	-0.01	40	0.05	38	0.03	47	-118.91	2
47	37117677	177.24	142.67	0.44	51	-0.42	77	2.16	75	68.18	63	0.21	67	0.19	63	0.02	60	-131.72	5
48	65117543	160.56	142.27	-0.71	50	3.57	50	15.78	50	26.54	45	-0.03	8	-0.11	45	0.07	53	213.46	9
49	65117548*	163.06	141.89	0.03	50	2.37	50	11.37	49	35.67	44	-0.04	11	-0.07	45	0.13	53	145.73	5
50	22316059	169.87	141.68	-0.11	52	5.10	57	13.82	55	32.19	51	0.04	28	0.03	51	0.12	57	-8.36	1
51	65112593*	116.14	140.95	-0.29	51	3.88	52	4.31	51	0.22	46	0.02	16	0.11	46	-0.23	55	1126.20	46
52	13219221	158.01	140.54	-2.10	51	2.41	55	14.88	53	33.73	48	0.36	52	-0.17	48	0.01	55	206.63	7
53	51120051	158.01	140.54	-2.10	51	2.41	55	14.88	53	33.73	48	0.36	52	-0.17	48	0.01	55	206.63	7
54	36118505	169.86	140.22	-1.45	16	-0.31	50	12.04	49	53.21	45	0.19	49	0.11	45	-0.05	53	-61.15	4
55	65116519	133.06	140.21	0.89	50	3.57	50	1.38	50	16.69	45	-0.03	10	0.04	45	0.13	53	734.25	45
56	15516X08	177.33	139.95	1.39	53	-1.84	55	10.35	54	55.50	50	0.16	54	0.15	51	-0.16	57	-232.54	17

（续）

序号	牛号	CBI	TPI	体型外貌评分		初生重		6月龄体重		18月龄体重		6~12月龄日增重		13~18月龄日增重		19~24月龄日增重		4%乳脂率校正奶量	
				EBV	r²(%)	EBV	r²(%)	EBV	r²(%)	EBV	r²(%)	EBV	r²(%)	EBV	r²(%)	EBV	r²(%)	EBV	r²(%)
57	37114662	160.00	139.94	0.87	44	0.83	62	5.76	62	41.87	37	0.09	44	0.12	38	0.05	48	142.24	41
58	15220666	141.96	139.69	-0.57	17	-4.18	56	17.66	55	24.50	50	-0.14	55	0.06	51	-0.02	54	523.07	6
59	65117534	170.64	139.50	-0.38	51	3.62	53	18.94	52	29.72	46	0.07	45	-0.07	47	0.13	55	-104.11	5
60	15215309	143.62	139.16	-0.40	52	-0.12	57	12.64	57	23.24	47	0.08	52	-0.03	47	-0.06	54	467.86	12
61	15615327	149.86	139.06	-1.18	52	-2.66	54	12.88	53	37.86	49	0.09	50	0.00	49	0.23	57	329.54	34
62	65112592*	112.46	138.74	0.33	51	2.46	52	5.97	51	-4.73	46	0.02	16	0.01	46	0.02	55	1126.20	46
63	15516X05	175.30	138.73	0.82	53	-3.24	53	17.93	52	47.57	48	-0.05	52	0.19	49	-0.10	56	-232.54	17
64	36116303	162.95	138.08	-0.03	50	0.09	52	13.38	53	38.23	47	0.19	52	0.00	48	-0.04	55	11.26	9
65	36115211	164.07	137.40	1.16	49	-0.34	51	5.02	50	48.52	45	0.19	50	0.10	45	0.08	53	-37.38	3
66	36116301	163.63	137.15	0.42	48	0.08	51	7.48	50	46.20	45	0.10	50	0.13	45	0.06	53	-37.38	3
67	15610331	162.26	137.09	-0.46	56	-1.19	65	17.97	63	35.32	57	0.06	62	-0.02	57	0.00	61	-9.73	1
68	13219261	154.37	136.68	-2.56	48	1.37	55	8.89	51	43.77	45	0.29	49	-0.10	44	0.10	54	146.32	14
69	51119041	154.37	136.68	-2.56	48	1.37	55	8.89	51	43.77	45	0.29	49	-0.10	44	0.10	54	146.32	14
70	37115675	170.33	136.54	1.89	48	-1.61	50	8.43	49	49.39	42	0.28	49	0.07	43	-0.05	51	-203.75	43
71	15220530	163.44	135.77	-0.77	39	1.65	44	30.77	43	11.11	37	-0.02	38	0.07	38	0.11	47	-82.69	5
72	15619341	160.06	135.50	0.27	5	-1.79	46	41.56	45	-4.30	40	0.13	46	0.04	40	-0.04	49	-19.00	1
73	15517F03	159.17	134.68	-1.72	47	-1.11	50	11.76	49	46.62	45	0.12	49	0.07	45	-0.11	53	-29.30	3
74	15208603*	153.33	134.66	-1.32	51	-2.06	79	20.33	78	28.79	70	-0.04	59	0.10	71	0.01	72	95.78	1
75	15620116	157.33	134.14	-0.02	50	-0.62	50	25.54	48	15.54	46	-0.13	49	0.15	46	-0.37	55	-8.78	1
76	42119034	156.08	133.64	-3.07	54	2.30	58	15.90	57	34.35	51	0.20	56	0.21	51	-0.37	57	0.00	1
77	53115334	153.40	133.58	-0.23	53	0.51	59	8.88	58	35.95	51	-0.01	57	0.16	50	0.09	57	55.81	17
78	13218225	146.77	133.57	0.98	49	-0.99	50	21.84	49	8.85	44	-0.13	49	0.05	45	0.40	53	198.32	8
79	36116305	157.30	133.46	-1.56	49	1.16	52	6.44	51	46.91	46	0.12	50	0.14	46	0.06	54	-32.88	5
80	13219128	152.98	133.15	1.71	53	3.38	57	-9.72	56	49.63	48	0.10	55	0.12	49	0.17	55	49.25	10
81	15618309	155.22	133.14	0.51	40	-3.37	48	9.04	47	43.96	17	0.07	13	0.15	15	-0.02	18	0.00	1
82	65118580	137.40	132.98	0.97	52	-2.04	53	9.79	52	21.12	48	-0.09	51	0.10	49	-0.01	56	379.81	17
83	65112591*	118.65	132.84	-0.27	51	5.87	51	2.55	50	0.37	45	-0.01	18	0.03	46	-0.10	54	779.99	45
84	15214328	137.30	132.76	0.71	54	0.88	59	5.18	58	22.05	50	0.11	56	0.02	50	0.01	57	374.03	17

（续）

序号	牛号	CBI	TPI	体型外貌评分		初生重		6月龄体重		18月龄体重		6~12月龄日增重		13~18月龄日增重		19~24月龄日增重		4%乳脂率校正奶量	
				EBV	r²(%)	EBV	r²(%)	EBV	r²(%)	EBV	r²(%)	EBV	r²(%)	EBV	r²(%)	EBV	r²(%)	EBV	r²(%)
85	15217001	154.14	132.47	1.41	52	-2.31	58	12.47	57	31.60	52	0.20	54	-0.02	52	0.05	57	0.00	1
86	15517F01	155.29	132.36	-1.65	47	-1.11	50	7.90	49	48.65	45	0.07	49	0.16	45	-0.12	53	-29.30	3
87	36118503	153.08	132.17	0.00	20	-0.38	52	9.37	51	36.18	46	0.17	51	0.04	47	-0.05	54	11.26	9
88	15217663	152.59	131.87	0.63	52	0.07	57	10.17	56	30.96	51	0.11	56	0.03	51	-0.11	58	11.26	9
89	65116514*	125.68	131.85	0.42	50	-0.18	50	2.17	49	19.50	44	0.00	10	0.09	45	0.14	53	592.29	45
90	15415311	182.37	131.61	-0.27	53	0.74	58	22.43	57	41.88	51	0.16	56	0.00	51	-0.12	57	-641.81	17
91	36115201	158.15	131.59	-0.21	50	-0.18	53	14.62	52	33.19	47	0.20	51	-0.03	47	0.04	54	-118.90	10
92	15415308	166.24	131.50	-1.34	51	2.23	57	24.24	56	24.53	48	0.03	55	0.03	47	-0.13	55	-296.56	25
93	51120050	157.39	131.50	-0.34	14	-0.43	55	24.41	54	18.59	45	-0.07	22	0.04	45	0.00	13	-105.76	2
94	15416313	133.97	131.46	-0.21	51	2.33	57	21.60	56	-6.17	49	0.01	53	-0.12	49	0.08	57	398.63	10
95	65118576	137.20	131.31	0.41	53	-2.29	53	8.03	53	26.42	48	-0.08	49	0.10	49	-0.01	56	323.78	19
96	37115670	191.57	131.28	0.66	56	0.37	60	19.46	59	52.31	54	0.12	57	0.08	54	0.06	60	-852.68	50
97	13213119	135.56	131.26	-1.61	49	-2.24	49	5.87	48	35.87	43	-0.05	48	0.16	44	-0.04	52	358.31	42
98	15619513	148.76	130.67	0.81	21	0.52	52	12.91	51	21.41	21	-0.04	52	-0.09	21	-0.16	22	50.49	3
99	41120218	150.93	130.67	-2.17	47	0.90	53	2.91	52	49.38	45	0.17	52	0.09	45	-0.05	21	3.78	3
100	15213918*	145.23	130.36	-0.14	23	0.64	52	4.71	51	34.05	47	0.04	51	0.09	47	-0.02	55	116.06	14
101	13213745	145.58	130.33	0.05	50	-2.70	50	6.57	49	38.88	44	-0.01	49	0.09	45	-0.09	53	107.60	41
102	14116128	136.17	130.20	0.63	52	3.06	56	-0.59	55	24.86	48	0.00	55	-0.07	48	0.03	25	306.23	40
103	21116719*	150.19	130.11	-0.93	51	5.26	53	31.61	53	-10.68	48	-0.10	28	-0.11	49	-0.06	55	0.00	1
104	37110652*	143.13	130.00	-0.60	24	3.91	54	24.69	53	-4.68	48	-0.02	52	-0.10	49	-0.13	56	148.61	16
105	11119712	146.37	129.86	0.63	47	-3.39	46	-2.67	46	53.22	40	0.09	47	0.19	41	-0.38	50	72.93	3
106	21117726*	149.79	129.86	0.79	18	-1.80	55	0.57	54	46.98	48	-0.02	29	0.02	49	-0.04	54	-0.79	1
107	15219473	149.66	129.73	-1.00	46	-2.35	46	21.14	45	23.57	39	0.06	4	-0.07	40	-0.10	49	-2.43	1
108	13213759	142.74	129.61	0.32	49	-0.51	49	5.71	48	31.20	43	-0.02	48	0.11	44	-0.15	52	142.70	41
109	13216X13 15516X13	159.86	129.47	2.35	56	-3.76	56	11.65	56	38.12	51	-0.05	55	0.18	52	-0.36	59	-232.54	17
110	41121912	148.95	129.26	-0.76	45	-1.56	56	3.23	54	47.51	21	0.07	54	0.09	21	-0.05	17	-3.65	3
111	51120046	133.17	129.21	0.29	20	1.98	57	0.37	56	24.54	51	0.20	55	-0.06	51	0.05	58	335.40	14

（续）

序号	牛号	CBI	TPI	体型外貌评分		初生重		6月龄体重		18月龄体重		6~12月龄日增重		13~18月龄日增重		19~24月龄日增重		4%乳脂率校正奶量	
				EBV	r²(%)	EBV	r²(%)	EBV	r²(%)	EBV	r²(%)	EBV	r²(%)	EBV	r²(%)	EBV	r²(%)	EBV	r²(%)
112	22221309	138.28	128.97	-1.18	46	-3.46	56	30.25	54	2.37	12	-0.04	50	-0.02	12	0.01	6	215.64	3
113	37115674	166.06	128.91	0.60	49	-0.42	53	11.09	52	43.43	46	0.27	51	0.00	46	-0.03	54	-385.88	44
114	41113258 *	145.18	128.76	1.06	51	0.24	53	8.49	53	24.53	47	0.08	53	0.02	48	0.03	55	59.51	42
115	65116522	114.36	128.69	-0.26	51	-2.15	51	-1.92	50	22.60	45	0.01	11	-0.03	46	0.11	54	722.74	45
116	15615325	152.99	128.68	-0.65	48	-2.36	50	21.39	49	24.96	44	0.05	50	0.01	45	0.10	53	-111.85	10
117	15219404	125.79	128.67	-1.07	49	1.82	49	18.66	48	-4.77	43	-0.08	14	-0.03	43	0.06	52	475.75	11
118	13219055 *	135.57	128.61	0.77	49	2.13	57	3.93	56	19.09	47	-0.12	55	0.12	48	0.03	55	262.03	13
119	65116521	134.55	128.44	-0.23	53	2.94	53	3.52	52	20.66	46	0.00	18	0.02	46	0.01	54	278.15	44
120	41113252 *	125.53	128.27	0.03	78	1.09	78	2.97	77	16.55	68	0.04	72	0.00	66	0.07	68	466.92	18
121	41418101	145.13	127.74	0.05	16	0.38	50	11.13	50	24.02	45	0.03	49	0.08	45	0.02	53	23.59	9
122	15216632	128.44	127.60	0.95	54	0.95	59	10.95	58	3.81	50	-0.11	55	-0.08	50	0.53	56	379.66	14
123	65117557 *	137.16	127.44	-1.79	50	0.91	51	23.72	50	3.10	45	-0.02	48	-0.04	46	0.12	54	185.47	7
124	11119715	144.54	127.39	2.72	48	-2.34	47	-0.90	46	38.16	41	-0.04	47	0.22	42	-0.25	51	23.90	3
125	65117547	140.88	127.15	-0.47	50	1.89	51	5.31	50	27.32	45	-0.03	9	-0.11	46	0.12	54	94.41	9
126	21116717	145.52	127.09	-0.03	52	-3.54	53	22.93	52	16.09	48	0.05	24	-0.04	49	-0.02	55	-8.36	1
127	13220237	134.92	126.91	-0.39	49	3.88	54	-0.48	50	25.52	49	0.36	49	0.11	46	0.04	55	214.69	7
128	51120053	134.92	126.91	-0.39	49	3.88	54	-0.48	50	25.52	49	0.36	49	0.11	46	0.04	55	214.69	7
129	15610347 *	160.53	126.84	-0.14	51	-2.03	51	10.30	50	46.23	46	0.18	50	0.01	46	0.08	54	-341.21	6
130	65112588	129.18	126.61	-0.73	53	-0.54	53	6.33	52	21.71	48	0.00	21	0.11	48	-0.12	56	327.91	46
131	15516X09 *	155.09	126.59	0.10	53	-3.26	55	8.97	54	45.24	50	0.06	54	0.18	51	-0.16	57	-232.54	17
132	13219091	152.53	126.50	-2.74	51	3.20	58	12.50	56	32.79	48	0.27	55	-0.18	48	0.06	56	-180.91	11
133	51119040	152.53	126.50	-2.74	51	3.20	58	12.50	56	32.79	48	0.27	55	-0.18	48	0.06	56	-180.91	11
134	37114665	167.84	126.44	0.86	50	1.26	53	10.40	52	41.08	45	0.16	52	0.01	46	-0.03	54	-513.80	45
135	15217684	147.53	126.38	0.88	53	-0.59	59	6.92	57	31.83	49	0.07	55	0.00	50	0.01	56	-76.94	11
136	41418102	137.61	125.62	-0.01	11	-1.24	48	9.96	47	22.95	42	0.04	47	0.07	43	0.13	51	109.75	4
137	41418142 *	129.36	125.53	-0.74	14	2.74	49	12.41	48	4.63	43	-0.06	48	0.01	44	0.16	53	285.72	4
138	41113262	118.24	125.42	0.20	54	-0.56	57	3.05	56	12.94	51	0.05	56	0.06	52	-0.02	58	522.02	46
139	22221221	138.64	125.40	-0.17	48	0.58	52	10.59	52	19.13	21	0.00	51	0.07	21	-0.09	23	80.20	1

(续)

序号	牛号	CBI	TPI	体型外貌评分		初生重		6月龄体重		18月龄体重		6~12月龄日增重		13~18月龄日增重		19~24月龄日增重		4%乳脂率校正奶量	
				EBV	r²(%)	EBV	r²(%)	EBV	r²(%)	EBV	r²(%)	EBV	r²(%)	EBV	r²(%)	EBV	r²(%)	EBV	r²(%)
140	21116718	142.30	125.37	0.17	46	2.26	47	9.63	47	18.64	42	0.04	6	0.03	42	-0.10	51	-0.20	1
141	53115341	132.53	125.26	0.50	51	-0.46	54	10.28	53	13.84	47	0.05	52	0.00	47	0.08	55	206.64	19
142	15213917	130.26	125.16	-0.35	55	2.13	55	-1.02	54	26.05	49	0.04	53	0.09	50	-0.03	58	252.35	15
143	65115504	103.86	124.88	-0.33	48	0.47	49	-3.23	48	8.72	42	0.04	9	-0.04	43	0.01	51	812.71	44
144	42118487	141.24	124.74	0.79	54	1.88	58	16.88	57	5.06	51	0.06	55	-0.03	51	-0.09	36	0.00	1
145	65116515	111.59	124.72	0.05	51	2.64	52	-1.99	51	7.31	46	-0.02	15	0.04	47	0.13	55	639.81	46
146	14116409	124.76	124.49	0.20	51	-4.21	51	9.07	51	18.66	47	-0.04	51	0.17	47	0.14	55	346.85	14
147	36115207	143.94	124.45	-0.97	47	-1.40	50	7.08	49	37.36	44	0.22	49	0.01	44	0.05	53	-69.03	1
148	65117528	122.86	124.39	0.27	48	-0.13	48	-1.58	47	23.08	42	0.03	8	-0.06	43	-0.01	52	384.13	10
149	65115503	107.75	124.37	-0.71	48	1.36	48	-3.44	47	11.96	42	0.01	7	-0.08	43	-0.08	51	710.96	43
150	37110647*	156.81	123.93	0.09	25	4.70	55	25.33	55	2.58	50	0.02	54	-0.05	51	-0.17	58	-366.57	45
151	15618115	130.09	123.87	-0.41	53	1.66	55	3.98	54	19.57	48	-0.04	25	0.08	49	-0.42	56	210.37	4
152	15618336	142.83	123.70	-0.43	14	-0.19	55	-2.32	54	45.72	49	0.41	54	0.05	50	-0.33	56	-71.82	3
153	15214503	133.84	123.66	0.90	54	-1.22	60	2.35	59	27.51	50	0.14	57	0.01	50	-0.05	57	120.81	17
154	41121910	138.74	123.63	-1.90	47	-0.89	56	0.46	55	45.02	29	-0.04	55	0.06	30	0.07	24	13.85	4
155	41418182	127.70	123.58	0.27	19	0.40	50	5.36	50	15.64	45	-0.05	17	0.01	46	0.21	54	251.07	12
156	15415310	136.89	123.45	-0.44	50	1.88	56	5.65	55	22.97	45	0.09	52	0.03	45	-0.17	53	47.66	22
157	15217137	137.38	123.42	0.98	50	2.75	53	4.69	52	17.31	47	0.06	51	0.04	47	0.01	55	35.57	1
158	65117529	122.21	122.42	-0.79	53	-2.07	53	-0.91	52	30.21	48	-0.01	22	0.02	48	0.02	56	327.92	16
159	36115209	143.88	121.73	-0.88	51	-0.62	54	11.87	54	27.74	49	0.18	53	-0.03	49	0.00	56	-166.06	13
160	53115335	149.73	121.61	0.27	54	-1.04	55	16.16	55	23.19	50	-0.01	55	0.06	50	0.04	57	-296.79	16
161	41119908	113.50	121.60	0.45	51	-0.12	56	-2.19	56	14.54	50	0.01	56	-0.04	51	0.26	58	485.87	7
162	22220731	140.67	121.47	-1.35	49	-1.84	55	31.32	54	-0.32	45	-0.25	51	0.02	45	0.04	13	-105.76	2
163	15619505	130.65	121.45	1.02	22	4.46	51	1.30	51	11.92	22	0.03	51	-0.08	20	-0.11	23	110.28	1
164	37115667	174.93	121.29	0.37	56	0.65	60	13.75	59	45.95	54	0.13	57	0.07	54	0.05	60	-852.68	50
165	15213915*	124.55	121.18	1.38	52	-2.68	52	-5.10	51	31.93	46	0.02	50	0.11	47	-0.03	55	232.06	12
166	53115342	134.93	121.13	-0.10	53	0.66	58	10.30	57	15.64	50	0.10	55	0.08	57	0.13	57	6.38	19
167	15212136*	138.77	121.08	0.98	57	1.30	72	18.70	69	0.63	59	-0.03	66	0.03	60	-0.05	61	-78.66	17

（续）

序号	牛号	CBI	TPI	体型外貌评分		初生重		6月龄体重		18月龄体重		6~12月龄日增重		13~18月龄日增重		19~24月龄日增重		4%乳脂率校正奶量	
				EBV	r²(%)	EBV	r²(%)	EBV	r²(%)	EBV	r²(%)	EBV	r²(%)	EBV	r²(%)	EBV	r²(%)	EBV	r²(%)
168	41113242*	130.02	121.07	1.62	52	-0.57	54	1.51	54	20.85	49	0.04	53	0.02	49	0.06	57	110.39	45
169	15620125	129.35	120.88	0.26	49	3.03	57	3.78	55	13.28	47	0.43	51	-0.03	46	0.01	54	118.42	9
170	15220678	171.14	120.80	-0.55	21	-0.72	54	34.04	52	18.17	47	-0.02	24	0.00	48	0.04	54	-788.60	13
171	41112946*	119.74	120.37	1.99	45	-0.77	44	6.82	43	2.15	37	0.03	44	-0.04	38	0.15	48	307.39	40
172	14119162	126.59	120.35	-0.03	51	-1.18	57	20.93	56	-4.25	51	-0.07	56	-0.07	51	0.00	58	158.23	5
173	36118501	135.66	120.35	0.13	23	1.34	52	-6.40	51	39.38	46	0.20	51	0.09	46	0.06	54	-37.38	3
174	65116506	112.19	120.31	-0.17	52	1.47	51	4.16	51	2.14	46	-0.02	18	-0.01	47	-0.08	55	467.95	45
175	15218661	135.65	120.30	0.14	50	-2.91	57	18.97	56	10.74	45	-0.18	51	0.14	45	-0.05	53	-39.33	4
176	65117553*	124.91	120.30	-1.67	51	-0.23	51	7.75	50	18.44	46	-0.03	17	-0.10	46	0.06	54	192.56	9
177	15619036	134.32	120.27	0.42	11	-1.38	52	-38.63	51	93.04	46	0.10	51	0.41	46	-0.27	54	-12.03	1
178	42113093	133.48	120.08	-1.11	67	1.90	74	23.71	74	-5.37	69	-0.09	72	-0.08	69	-0.05	73	0.00	1
179	15215518	124.78	119.97	1.29	51	-0.73	51	7.57	51	8.32	46	0.03	50	0.00	46	-0.15	54	183.93	5
180	51120047	112.12	119.97	0.00	1	-2.61	34	2.67	26	13.54	43	-0.01	22	0.07	19	0.00	47	457.50	11
181	15213428*	124.00	119.87	0.84	51	-2.30	57	7.56	56	13.15	47	0.05	52	0.01	48	0.01	55	197.44	19
182	15415306	145.20	119.75	-0.11	53	-0.44	57	7.19	57	32.71	49	-0.06	54	0.23	49	-0.16	56	-265.16	21
183	15620015	127.99	119.71	0.66	51	-0.29	52	-2.39	53	27.98	46	0.18	52	0.17	47	-0.27	55	105.18	1
184	41117902	128.73	119.60	0.59	49	0.67	59	5.29	58	14.84	45	0.06	54	-0.05	46	-0.15	55	85.19	1
185	36114109	135.83	119.56	-1.14	48	-1.70	50	10.60	49	25.74	44	0.17	49	0.00	45	0.09	53	-69.03	1
186	15219411	132.71	119.36	-1.66	50	3.35	50	12.12	49	10.33	44	0.00	16	-0.01	45	-0.03	53	-10.14	12
187	51120044	126.31	119.26	0.90	19	1.38	57	5.09	56	9.98	50	-0.15	54	0.08	50	-0.03	31	125.25	11
188	65120610	131.82	119.25	-1.85	49	2.60	49	24.50	48	-6.96	43	-0.22	47	-0.01	44	0.03	4	5.82	1
189	65116526	107.00	119.20	-0.04	50	-1.51	50	2.29	49	6.86	44	0.05	13	-0.01	45	0.11	53	539.89	44
190	15415301	146.85	119.10	-0.94	53	-0.91	57	12.62	57	30.30	48	0.01	55	0.05	49	-0.14	56	-324.71	17
191	14111013*	137.41	118.98	-0.80	49	-1.98	48	12.18	48	24.15	43	0.06	15	0.10	44	-0.03	52	-123.87	4
192	13218018	131.22	118.94	-0.56	49	1.99	57	8.71	55	13.17	50	-0.05	55	0.01	50	0.11	55	7.57	13
193	65117533	117.08	118.91	-0.95	47	-1.46	46	-2.95	46	27.73	40	-0.01	7	0.00	41	0.07	50	311.30	6
194	15219641	126.60	118.89	-0.61	49	-3.54	49	17.78	48	8.55	51	-0.09	56	0.04	52	0.03	57	104.98	7
195	51120043	142.92	118.72	0.58	43	-1.46	55	27.43	55	-0.68	50	-0.12	53	0.01	51	-0.08	57	-253.27	10

（续）

序号	牛号	CBI	TPI	体型外貌评分		初生重		6月龄体重		18月龄体重		6~12月龄日增重		13~18月龄日增重		19~24月龄日增重		4%乳脂率校正奶量	
				EBV	r²(%)	EBV	r²(%)	EBV	r²(%)	EBV	r²(%)	EBV	r²(%)	EBV	r²(%)	EBV	r²(%)	EBV	r²(%)
196	15619055	129.57	118.69	-0.40	8	0.70	52	-5.44	52	35.84	46	0.05	52	0.09	47	-0.02	54	34.15	1
197	42113076	131.13	118.69	-1.03	57	-0.46	65	12.89	62	14.46	52	-0.10	57	0.16	52	-0.13	59	0.00	1
198	65116527	96.25	118.59	-0.41	50	-3.23	50	-1.06	49	7.52	44	0.05	14	-0.07	45	0.14	53	751.03	44
199	65117549*	125.28	118.58	-1.45	50	0.88	50	9.98	50	11.83	45	0.01	16	-0.16	45	0.08	54	122.52	7
200	65116509	129.64	118.48	-0.08	48	0.29	51	3.60	50	21.81	42	0.06	9	-0.03	42	0.10	51	25.00	46
201	37117679	137.35	118.13	1.25	48	2.27	51	4.07	50	18.36	44	0.14	50	-0.01	44	-0.04	53	-154.66	44
202	21216183	122.32	118.06	-0.16	55	-0.46	60	12.98	59	2.70	52	0.02	52	-0.08	52	0.00	60	168.32	41
203	36114103	129.06	117.88	-2.29	50	0.51	54	13.38	53	14.29	48	0.14	52	-0.07	48	0.05	55	15.76	11
204	65118564*	115.69	117.61	-0.99	53	-0.10	53	-1.34	52	20.78	24	0.00	18	0.04	24	-0.03	26	295.57	18
205	21119757	126.88	117.53	-0.78	23	1.03	57	12.58	35	6.37	27	0.16	28	-0.11	27	-0.02	28	50.52	11
206	36114101	137.69	117.09	-0.78	48	-0.26	50	9.12	49	24.90	45	0.17	49	0.00	45	0.06	53	-199.19	3
207	65120609	125.22	117.09	-1.23	49	1.20	49	25.76	48	-14.07	43	-0.24	48	0.00	44	0.02	2	70.64	1
208	65319912 41119912	132.45	116.98	-2.19	50	-1.64	57	27.37	56	0.81	51	-0.07	56	-0.08	51	0.14	58	-89.37	12
209	37110635*	145.19	116.94	0.09	25	4.41	55	20.36	55	0.01	50	0.02	54	-0.05	51	-0.14	58	-366.57	45
210	15415309	120.90	116.91	0.10	54	0.74	57	-0.80	56	18.58	51	0.11	55	0.01	51	0.01	58	157.56	20
211	41113268*	127.28	116.67	1.25	50	0.19	77	3.26	76	15.19	68	0.08	63	0.03	68	-0.14	65	11.26	9
212	15218468	121.85	116.62	-0.74	50	-0.52	49	2.14	49	21.28	43	0.00	49	0.08	44	-0.01	53	126.18	4
213	15619507	120.40	116.59	0.55	19	1.99	51	3.33	50	7.03	45	0.04	51	-0.09	46	-0.20	53	156.46	1
214	21119766	131.30	116.51	0.37	10	0.69	55	3.69	16	20.52	11	0.06	9	0.03	11	0.00	12	-82.23	3
215	15516X03	140.20	116.45	-0.08	46	-2.35	47	6.81	46	33.13	41	0.07	47	0.04	42	-0.08	50	-276.10	7
216	65112589	112.18	116.43	-0.13	53	-3.09	53	-1.03	52	20.97	48	0.00	21	0.11	48	-0.11	56	327.91	46
217	15212134	172.18	116.37	0.90	54	2.72	63	11.38	63	39.97	55	0.05	60	0.03	56	-0.03	60	-970.76	15
218	15416312	134.83	116.22	0.12	53	1.15	57	2.32	54	25.78	48	-0.01	53	0.12	49	-0.08	56	-169.35	16
219	13213127	108.67	116.19	-0.75	50	-0.87	51	24.56	50	-24.57	45	-0.04	50	-0.17	45	0.10	53	396.41	39
220	36114107	127.44	115.43	-1.64	49	0.30	52	4.53	51	24.33	46	0.16	51	0.00	46	0.12	54	-37.38	3
221	15416314	103.52	114.81	0.96	52	1.76	57	1.59	56	-7.12	47	0.02	53	-0.01	49	-0.01	55	457.37	15
222	14118102	117.95	114.69	-1.36	49	3.45	51	7.86	51	1.62	43	0.00	50	0.07	44	0.11	52	141.74	8

（续）

序号	牛号	CBI	TPI	体型外貌评分 EBV	r²(%)	初生重 EBV	r²(%)	6月龄体重 EBV	r²(%)	18月龄体重 EBV	r²(%)	6~12月龄日增重 EBV	r²(%)	13~18月龄日增重 EBV	r²(%)	19~24月龄日增重 EBV	r²(%)	4%乳脂率校正奶量 EBV	r²(%)
223	21116722 *	120.87	114.56	-2.97	21	0.48	54	0.10	53	29.67	48	-0.06	28	0.26	48	0.08	54	73.80	2
224	37117681	127.02	114.55	0.55	50	-0.26	74	-8.98	65	37.52	50	0.17	58	0.07	50	-0.17	57	-59.80	48
225	15215606	102.20	114.31	-0.53	51	-1.40	54	-4.66	54	14.65	47	-0.02	52	0.09	48	-0.15	55	467.86	12
226	15212612	120.80	114.16	0.36	46	-2.49	49	1.54	49	21.73	40	0.07	47	0.00	41	-0.01	50	59.96	1
227	14117208	121.28	113.75	-2.04	49	3.86	52	11.71	51	0.52	44	-0.06	50	0.03	44	-0.03	17	34.82	7
228	21115760	115.37	113.74	-0.19	49	4.63	50	-4.56	50	10.89	45	-0.02	21	0.11	45	-0.16	52	162.68	11
229	21117729	122.64	113.58	-0.04	16	-0.42	51	-5.48	54	30.76	49	0.07	45	0.15	49	-0.07	55	-0.48	1
230	36114105	130.31	113.58	-1.64	51	0.96	54	13.48	54	11.70	49	0.12	53	-0.06	49	0.01	56	-166.06	13
231	65116516	85.90	113.57	0.09	51	-3.61	51	-5.64	50	3.85	45	0.01	11	-0.03	46	0.20	54	793.82	45
232	41112922	175.27	113.45	0.32	52	4.26	55	18.54	54	30.39	49	0.01	53	0.12	49	-0.01	56	-1142.71	43
233	11119713	124.30	113.41	2.21	49	-3.95	48	-4.88	48	31.18	43	0.05	48	0.11	43	-0.18	52	-41.73	7
234	15619519	122.88	113.38	0.18	11	-0.06	52	0.32	52	20.33	24	0.08	52	0.09	23	0.00	24	-12.03	1
235	51120042	105.20	113.34	1.31	10	-1.60	57	-6.90	56	14.25	51	-0.03	55	-0.02	51	0.12	55	368.22	7
236	51119036	111.79	113.24	-0.54	14	-0.91	57	-3.38	56	20.47	50	-0.04	55	0.12	50	0.19	54	222.15	6
237	15416315	120.10	113.13	0.49	51	1.36	54	15.95	56	-10.87	46	-0.15	53	0.04	47	0.05	54	39.00	14
238	15415302	146.05	113.12	-1.69	54	-1.74	57	10.98	56	36.94	52	0.08	54	0.05	52	-0.07	56	-522.17	16
239	37117680	143.96	112.70	1.14	50	1.57	56	5.02	56	25.19	47	0.15	54	0.00	47	-0.08	55	-493.00	46
240	65112590	81.92	112.48	-0.56	50	-0.54	50	-4.43	49	-6.62	44	-0.01	15	-0.04	45	-0.17	53	840.18	45
241	13218239	139.10	112.28	0.57	47	0.46	46	8.39	45	20.37	45	0.22	45	-0.12	41	0.05	50	-402.84	4
242	21119739	125.54	112.13	-0.50	22	1.84	56	7.99	33	9.12	26	0.14	31	-0.11	25	0.09	28	-115.26	7
243	37117683	124.37	111.99	0.35	50	1.52	57	11.41	56	0.26	49	0.16	56	-0.18	49	0.00	56	-94.89	44
244	15218466	111.74	111.98	0.32	52	-1.07	54	6.92	53	1.70	48	-0.04	53	0.04	48	0.07	55	178.10	4
245	36118507	122.78	111.86	-2.33	17	-0.11	50	-7.40	49	41.91	44	0.19	49	0.12	45	-0.03	53	-64.53	3
246	15215417	108.78	111.73	-0.12	51	-0.69	52	8.75	51	-3.08	46	0.01	51	-0.07	47	-0.11	54	232.97	8
247	51120045	105.88	111.66	-0.02	1	0.62	13	11.13	12	-13.01	37	-0.02	10	0.01	9	0.05	44	293.15	7
248	22221515	114.34	111.63	-0.05	47	-2.25	53	17.80	49	-8.26	18	0.17	49	-0.05	18	0.07	19	109.63	2
249	21114702	118.79	111.27	0.68	53	-1.97	81	1.99	82	16.64	78	0.01	75	0.03	77	0.11	75	0.00	1
250	14117283	116.68	111.21	-1.91	54	1.28	57	7.22	57	8.84	50	0.06	57	-0.02	50	-0.03	57	43.01	15

（续）

序号	牛号	CBI	TPI	体型外貌评分		初生重		6月龄体重		18月龄体重		6~12月龄日增重		13~18月龄日增重		19~24月龄日增重		4%乳脂率校正奶量	
				EBV	r²(%)	EBV	r²(%)	EBV	r²(%)	EBV	r²(%)	EBV	r²(%)	EBV	r²(%)	EBV	r²(%)	EBV	r²(%)
251	21116723*	109.44	111.19	-0.59	14	-0.58	54	-8.28	53	25.23	47	0.07	26	0.26	47	0.27	53	198.72	2
252	15219409	119.51	111.07	0.19	50	0.14	50	12.00	49	-1.24	44	-0.04	17	0.02	45	0.10	53	-22.52	1
253	53115337	123.44	110.88	-1.06	54	-1.01	60	10.06	59	13.04	52	0.05	57	0.01	51	0.10	58	-114.81	23
254	41113260	101.03	110.86	0.73	52	0.84	61	-9.56	60	10.77	55	0.05	60	0.10	56	0.04	63	368.65	14
255	21220181	105.70	110.81	-1.29	46	3.30	53	6.31	50	-7.37	47	0.07	12	0.29	44	-0.22	53	266.95	32
256	15619503	120.40	110.24	-0.21	12	-5.92	54	18.76	53	5.44	48	-0.05	53	-0.09	48	-0.24	55	-71.82	3
257	51120052	97.87	110.20	-0.10	2	-0.78	36	7.24	31	-10.83	45	-0.01	28	0.03	50	0.03	50	413.47	26
258	15217683	129.33	110.18	-2.16	54	-2.54	61	10.19	60	26.31	53	0.05	54	0.05	54	0.00	60	-267.38	14
259	13219100	95.61	109.75	-0.10	51	1.99	58	0.18	55	-8.81	50	-0.06	52	0.02	50	0.10	55	446.29	15
260	65116507	112.76	109.55	0.82	53	0.86	53	4.19	52	0.26	47	-0.05	21	-0.01	48	-0.12	56	67.94	45
261	13218431	99.35	109.34	0.22	50	-3.21	50	1.01	50	4.74	45	-0.13	50	0.16	45	0.19	53	351.04	9
262	53115336	116.76	109.29	-0.95	53	0.09	56	8.98	55	5.37	50	0.06	54	-0.03	50	0.12	57	-27.96	19
263	15215225	118.65	109.26	0.53	66	0.93	88	26.97	86	-28.20	73	-0.02	81	-0.11	74	0.02	71	-69.93	7
264	51120048	132.38	109.17	-1.87	19	-2.30	57	17.33	56	16.51	50	0.15	55	-0.15	51	0.15	58	-369.70	12
265	15215609	114.50	108.70	-0.38	50	-1.35	58	-0.67	57	19.32	51	0.02	51	0.04	51	-0.25	58	0.00	1
266	15415303	134.98	108.70	-0.80	53	0.71	57	1.05	56	32.47	48	-0.10	54	0.32	49	-0.18	56	-442.71	21
267	37117682	120.54	108.62	0.30	52	1.61	56	7.42	55	2.75	48	0.05	54	-0.03	49	-0.03	56	-132.98	48
268	41113954	110.51	108.40	-0.02	74	-2.08	73	6.37	72	5.18	66	0.09	65	-0.04	63	-0.08	69	75.35	16
269	14117363	97.19	108.36	-1.65	54	1.89	57	0.38	56	-1.41	50	0.03	56	-0.07	50	-0.02	57	362.56	18
270	41420108	111.31	108.17	-0.45	5	-0.20	51	-5.46	50	21.15	40	0.17	46	-0.09	41	0.13	50	50.31	2
271	51120049	121.56	108.17	-0.12	22	-1.70	58	17.15	57	-1.54	48	-0.05	54	0.00	49	0.08	56	-171.58	4
272	15214515	88.89	107.99	-0.52	52	-4.22	61	-13.23	60	22.13	49	0.15	56	0.07	49	-0.03	55	527.82	13
273	13213107	115.26	107.97	0.42	50	0.38	50	3.45	49	6.44	44	-0.08	49	0.02	45	-0.03	53	-43.07	41
274	21216039	98.61	107.75	0.25	52	-0.03	55	-3.68	55	3.45	49	0.06	53	-0.05	49	-0.05	56	309.35	44
275	51119035	125.88	107.60	-0.35	20	0.71	57	9.50	56	9.26	50	-0.01	54	-0.02	51	0.12	57	-285.82	12
276	22316142	111.28	107.35	0.04	1	0.27	42	-8.85	2	23.29	36	0.02	2	0.18	37	-0.10	46	21.23	1
277	21117730	112.07	107.23	0.52	14	-4.64	54	3.72	54	14.78	49	0.01	27	0.06	49	0.00	55	0.00	1
278	65116525*	103.98	107.21	0.89	50	-0.02	50	-5.07	50	8.10	45	0.02	13	-0.02	45	0.12	54	173.61	45

（续）

序号	牛号	CBI	TPI	体型外貌评分		初生重		6月龄体重		18月龄体重		6~12月龄日增重		13~18月龄日增重		19~24月龄日增重		4%乳脂率校正奶量	
				EBV	r²(%)	EBV	r²(%)	EBV	r²(%)	EBV	r²(%)	EBV	r²(%)	EBV	r²(%)	EBV	r²(%)	EBV	r²(%)
279	15218662	108.32	107.09	1.16	51	-0.74	56	-1.85	55	7.92	46	0.04	52	0.05	47	0.00	54	75.30	7
280	14116407	88.36	107.00	1.06	52	-4.53	53	-12.58	52	15.27	48	0.06	53	0.16	49	0.22	56	503.78	15
281	37117678	113.20	106.98	0.49	52	0.34	70	-2.03	70	12.72	54	0.08	58	-0.06	54	-0.05	56	-33.80	42
282	37115668	140.12	106.95	0.54	54	-2.50	56	11.13	56	24.43	51	0.04	55	-0.01	51	0.02	59	-617.50	49
283	37110642*	131.30	106.86	-0.25	33	1.66	57	29.58	56	-19.15	52	-0.11	56	-0.14	53	-0.04	59	-429.28	46
284	37114661	142.98	106.74	0.84	44	0.69	65	-0.91	65	36.68	37	0.10	44	0.07	38	0.00	48	-687.02	41
285	42118279	110.34	106.20	1.44	53	2.05	54	6.83	52	-11.35	44	-0.03	50	-0.01	44	0.01	52	0.00	1
286	15516X07*	105.83	106.18	0.83	49	-1.53	49	-10.35	49	21.80	44	0.03	47	0.12	44	-0.09	52	96.84	4
287	15620211	109.96	105.97	-0.59	40	0.66	50	8.97	49	-3.76	41	-0.07	46	0.09	42	-0.18	46	0.00	1
288	65118573	114.40	105.69	0.73	52	-1.52	52	4.11	51	8.00	46	-0.07	47	0.04	47	0.06	55	-106.00	17
289	37318103	107.34	105.68	-0.01	1	0.29	2	1.83	2	3.41	1	0.00	1	0.01	1	0.01	1	45.47	1
290	13219013	109.41	105.65	1.23	45	-4.26	44	-0.95	43	15.81	38	0.05	45	0.06	39	-0.11	48	0.00	1
291	41112952	85.95	105.62	1.00	51	-0.69	52	-8.24	51	-2.73	47	-0.01	51	0.00	47	0.07	55	507.03	44
292	15620127	74.34	105.40	0.38	49	0.46	57	3.84	56	-32.45	49	0.05	55	-0.13	48	0.02	56	749.10	13
293	21216051	98.74	105.30	0.25	50	-1.03	56	-5.74	55	9.16	46	0.01	51	0.02	47	-0.13	54	218.03	43
294	36113001	94.97	104.92	-1.03	45	-1.48	48	1.77	47	0.15	40	0.04	46	-0.12	40	-0.11	50	286.15	30
295	15215608	107.54	104.84	-1.30	50	-0.50	57	-1.84	56	16.12	47	0.07	56	0.02	47	-0.25	54	11.26	9
296	15615329	121.30	104.83	-0.45	49	0.63	52	7.69	51	8.36	47	0.05	52	-0.06	48	0.03	55	-286.75	32
297	15620123	111.97	104.32	0.13	47	0.11	56	8.49	57	-2.60	47	0.15	49	0.14	44	-0.04	54	-102.99	11
298	37110643*	111.58	104.27	-0.96	55	1.44	57	28.81	57	-33.13	53	-0.14	57	-0.15	53	-0.07	59	-96.15	47
299	41418183	96.37	104.23	0.39	18	-5.35	50	0.43	49	7.40	45	-0.03	16	0.13	45	0.06	53	230.48	12
300	65117560	108.66	104.12	1.36	53	-0.86	53	6.88	52	-5.64	47	-0.09	47	0.00	48	0.07	56	-38.89	20
301	53115339*	119.97	104.06	-1.71	53	-3.18	57	3.79	56	27.17	51	0.09	54	0.05	52	0.02	56	-285.26	14
302	15619917	106.74	104.05	-0.19	3	-1.65	51	9.75	50	-3.91	25	0.03	20	-0.04	25	-0.25	19	0.00	1
303	51119034	114.99	104.05	0.86	18	-2.45	56	-7.76	55	28.51	50	0.23	54	0.03	50	-0.02	57	-178.01	2
304	15213427	133.78	104.02	-1.18	51	0.65	70	19.28	68	5.00	48	0.02	56	-0.04	48	0.09	55	-584.87	19
305	37110047*	124.04	103.99	-0.73	49	-0.17	51	28.43	50	-17.89	45	-0.05	51	-0.26	46	-0.12	54	-375.86	42
306	15218464	89.51	103.93	-0.57	51	-0.21	51	-7.79	50	4.82	45	-0.03	50	0.14	46	-0.03	54	369.10	12

（续）

序号	牛号	CBI	TPI	体型外貌评分 EBV	r²(%)	初生重 EBV	r²(%)	6月龄体重 EBV	r²(%)	18月龄体重 EBV	r²(%)	6~12月龄日增重 EBV	r²(%)	13~18月龄日增重 EBV	r²(%)	19~24月龄日增重 EBV	r²(%)	4%乳脂率校正奶量 EBV	r²(%)
307	15215616	103.68	103.87	-0.45	51	0.36	59	-11.85	58	22.47	49	-0.02	54	0.11	50	-0.27	55	59.96	1
308	51119038	108.50	103.80	-2.06	19	1.78	57	-3.58	56	17.08	50	0.00	55	-0.01	51	-0.01	57	-46.92	12
309	13213117	102.17	103.77	-1.45	50	-1.58	50	15.77	49	-12.71	44	-0.09	49	-0.12	45	-0.31	53	89.03	41
310	21113725*	78.10	103.72	1.62	50	0.13	21	-14.90	49	-4.21	44	-0.02	17	-0.05	45	0.02	53	607.33	34
311	15220408	100.25	103.71	1.61	19	1.49	56	-12.23	55	9.14	50	0.06	54	-0.03	50	0.04	57	128.14	12
312	37115669	144.67	103.14	0.37	56	-1.33	60	10.81	59	26.98	54	0.10	57	0.00	54	0.15	60	-852.68	50
313	13218379	109.24	103.13	-0.41	48	1.05	47	-2.22	46	11.09	41	-0.03	47	0.13	42	0.15	51	-87.09	2
314	13219043	111.83	103.10	-1.99	51	0.09	51	2.24	50	15.10	45	-0.10	48	0.11	46	0.24	54	-143.66	5
315	22316137	106.78	102.79	0.41	6	-1.28	44	-16.17	43	32.63	38	0.11	40	0.17	39	-0.12	48	-45.67	3
316	15619901	104.63	102.77	-1.33	40	-0.79	42	7.24	41	0.28	3	-0.04	2	-0.03	2	0.07	4	0.00	1
317	36118509	115.92	102.71	-1.85	17	0.06	50	-4.73	49	29.15	44	0.12	49	0.11	45	-0.04	53	-246.35	4
318	41417171	96.74	102.14	-0.85	21	-3.72	52	0.39	51	8.65	46	0.08	22	0.00	47	-0.05	55	147.60	8
319	42118241	103.35	102.02	1.28	51	0.50	52	8.05	50	-15.37	45	-0.07	49	-0.01	42	0.00	53	0.00	1
320	13219029	104.77	101.99	-0.07	50	-2.07	50	5.07	49	1.97	44	-0.08	47	0.03	45	0.20	53	-31.53	13
321	65116508	88.49	101.73	-1.31	50	2.90	50	1.21	49	-14.55	44	-0.04	11	-0.13	45	0.04	53	311.05	44
322	21219181	120.91	101.49	-0.69	48	1.86	57	6.68	56	7.47	48	0.09	27	-0.08	48	-0.06	55	-398.24	41
323	22219685	92.44	101.34	0.15	47	0.42	47	19.92	46	-39.18	41	-0.19	46	-0.10	41	-0.14	51	210.49	3
324	13213727	91.53	101.32	-1.63	50	1.96	50	5.68	49	-15.06	45	-0.07	49	-0.16	45	-0.32	53	230.49	41
325	41418181	98.44	101.30	-0.72	15	-3.46	51	7.44	49	-1.71	44	0.10	17	-0.09	45	0.17	53	80.80	3
326	37113615*	78.25	100.84	0.90	51	-0.33	52	2.42	51	-26.75	47	-0.09	52	-0.09	48	0.19	55	500.83	16
327	15517F02	102.33	100.78	-0.75	46	-0.80	53	-9.76	52	21.96	45	0.09	52	0.02	45	-0.08	52	-21.94	3
328	15619509	98.96	100.77	0.76	21	3.58	52	-0.41	51	-11.97	46	-0.02	52	-0.07	47	-0.02	54	50.49	3
329	13218039	127.79	100.66	-0.77	54	0.68	58	-5.34	57	35.51	50	0.09	55	0.12	50	-0.03	57	-577.17	22
330	21108706*	100.92	100.55	-1.87	43	-0.41	3	-1.08	3	10.75	3	0.09	3	0.00	3	0.01	3	0.00	1
331	15619101	89.30	100.45	-0.19	52	0.59	58	6.98	56	-21.39	49	0.11	54	-0.22	50	-0.21	57	247.45	11
332	14117333	101.70	100.29	-2.06	52	1.24	57	6.19	54	-2.94	48	0.01	53	-0.04	49	0.01	56	-25.99	11
333	13213103*	96.80	100.22	1.57	51	-2.74	51	-1.69	50	0.15	46	-0.09	51	0.02	47	0.12	54	77.01	42
334	37318102	97.90	100.14	0.08	1	-0.15	12	-3.34	11	3.22	10	0.00	12	0.02	10	0.02	13	50.13	1

（续）

序号	牛号	CBI	TPI	体型外貌评分		初生重		6月龄体重		18月龄体重		6~12月龄日增重		13~18月龄日增重		19~24月龄日增重		4%乳脂率校正奶量	
				EBV	r²(%)	EBV	r²(%)	EBV	r²(%)	EBV	r²(%)	EBV	r²(%)	EBV	r²(%)	EBV	r²(%)	EBV	r²(%)
335	13213115*	96.86	100.13	1.12	50	-0.31	50	16.43	49	-31.69	44	-0.09	49	-0.21	45	-0.05	53	72.21	41
336	21119737	117.49	99.95	-1.07	16	-0.04	57	3.12	35	15.82	25	0.07	26	-0.03	25	-0.04	25	-380.39	22
337	21113726	99.81	99.89	0.24	54	-1.30	80	1.53	79	-0.30	71	-0.07	76	-0.07	70	0.08	66	0.00	1
338	65319902	94.34	99.81	-0.34	54	-0.82	58	8.21	57	-14.59	52	-0.14	57	-0.11	53	0.30	59	115.56	20
	41119902																		
339	37110650*	131.12	99.53	-0.83	52	3.98	55	15.28	55	-0.75	50	0.02	54	-0.07	50	0.11	57	-689.62	45
340	13218263	93.72	99.45	-0.39	49	1.53	48	-8.93	48	5.63	44	0.03	48	0.02	44	0.02	52	116.01	5
341	41112944	111.06	98.58	0.77	51	0.13	50	0.63	50	6.09	45	0.00	48	0.01	46	0.02	54	-290.45	44
342	13213779	95.37	98.56	-1.01	48	0.51	48	-6.66	47	8.55	42	-0.04	48	0.10	43	-0.13	52	48.31	40
343	42113090	97.39	98.45	-0.60	76	-2.71	98	0.28	97	6.04	88	0.02	91	0.12	88	-0.16	87	0.00	1
344	13218195	102.42	98.40	1.06	51	3.00	54	-0.84	53	-7.79	48	-0.03	53	-0.04	48	0.13	55	-110.67	8
345	15619511	94.95	98.37	0.76	21	-0.05	52	-0.63	51	-6.58	46	-0.03	52	-0.07	47	-0.05	54	50.49	3
346	41415196	74.92	98.17	0.38	49	0.98	49	-16.89	48	-1.39	43	0.04	15	0.01	44	-0.09	53	476.20	43
347	21211106	87.82	97.79	-1.44	49	3.10	50	0.05	49	-13.40	44	-0.08	49	-0.02	45	0.07	52	184.02	40
348	14118417	91.30	97.76	-1.61	50	3.09	51	7.41	52	-20.75	45	-0.17	51	0.08	45	0.18	54	107.73	10
349	15619515	99.49	97.69	-0.03	12	-1.27	53	-15.72	53	26.80	24	0.00	53	0.08	24	-0.03	23	-71.82	3
350	41415194	73.45	97.35	-0.17	50	0.86	51	-10.86	50	-9.61	45	-0.02	19	0.03	46	-0.06	53	478.78	42
351	21219069	105.67	97.27	-1.96	49	1.67	52	6.15	51	-0.59	44	-0.03	22	0.04	44	0.06	52	-220.79	40
352	36113007	98.07	97.09	0.15	49	-0.74	49	4.88	48	-8.09	43	0.04	49	-0.11	43	-0.07	52	-62.73	12
353	21117727	94.99	96.99	0.19	20	0.58	56	-20.10	55	23.99	49	-0.02	31	0.07	50	-0.03	56	0.00	1
354	15219642	127.72	96.88	-0.55	50	-2.60	57	9.56	56	19.67	49	0.08	55	0.03	50	-0.05	57	-711.32	11
355	11119711	89.25	96.86	1.97	49	-2.86	48	-22.99	47	24.48	42	0.01	48	0.27	43	-0.20	52	119.31	7
356	22316089*	95.05	96.72	0.14	5	-0.55	43	-18.18	43	24.05	37	0.00	39	0.17	38	-0.06	47	-11.50	1
357	13214843	73.42	96.46	0.53	47	0.48	46	5.97	45	-37.19	40	0.04	46	-0.25	41	0.00	50	446.52	39
358	15417505	86.99	96.30	-1.87	49	0.50	50	-14.21	49	15.66	44	0.02	17	0.04	45	0.06	18	147.60	8
	41117920																		
359	15218665	85.50	96.24	0.78	52	-1.15	70	-9.95	58	1.45	50	0.16	56	-0.04	51	0.18	56	178.10	4
360	41119910	106.33	96.12	-1.38	51	-1.45	57	-4.65	56	21.89	51	0.03	56	0.06	51	0.16	58	-276.57	5

（续）

序号	牛号	CBI	TPI	体型外貌评分		初生重		6月龄体重		18月龄体重		6~12月龄日增重		13~18月龄日增重		19~24月龄日增重		4%乳脂率校正奶量	
				EBV	r²(%)	EBV	r²(%)	EBV	r²(%)	EBV	r²(%)	EBV	r²(%)	EBV	r²(%)	EBV	r²(%)	EBV	r²(%)
361	21117728	93.22	95.94	0.20	14	-0.75	50	-23.45	49	30.66	45	0.01	20	0.18	46	-0.08	53	0.00	1
362	15415305	103.61	95.91	-1.62	52	-1.69	57	-5.54	57	22.25	48	-0.13	54	0.29	49	-0.14	56	-225.79	17
363	37114660	117.26	95.72	0.94	49	-1.39	49	1.31	49	13.86	44	0.07	49	-0.01	44	-0.04	53	-527.63	44
364	37110049 *	97.24	95.68	-0.99	55	0.59	57	15.56	57	-24.02	53	-0.04	57	-0.11	53	-0.06	59	-96.15	47
365	15215403	84.35	95.66	-0.31	50	0.76	51	-10.26	50	0.47	45	0.04	51	-0.04	45	0.02	53	181.87	11
366	37110641 *	112.28	95.45	-0.76	54	-0.03	57	19.36	56	-15.19	52	0.00	56	-0.15	53	-0.08	59	-429.28	46
367	41112950	101.85	95.28	1.05	51	-0.67	51	-4.18	50	5.72	46	0.02	48	0.02	46	-0.03	54	-210.69	44
368	42113091	91.47	94.88	0.07	75	-1.61	93	8.78	90	-17.81	83	-0.10	82	-0.03	83	-0.18	85	0.00	1
369	13219115	89.20	94.49	-0.74	50	3.77	55	-2.34	52	-12.76	48	-0.05	52	0.03	48	0.24	55	34.78	6
370	65113594	61.40	94.39	0.08	52	0.52	52	-8.57	51	-24.53	46	-0.01	19	0.03	47	-0.20	55	632.69	45
371	15218465	91.63	94.34	-0.61	51	-1.99	51	-7.96	50	11.54	45	-0.01	51	0.12	46	-0.08	54	-22.52	2
372	21219039	112.00	94.25	-2.26	50	2.18	57	-0.72	54	15.80	49	0.05	29	0.09	49	-0.04	56	-466.60	42
373	22221301	86.59	94.17	-0.27	48	0.26	50	-6.40	49	-2.32	18	0.10	49	0.04	18	-0.01	21	80.20	1
374	13214933	78.79	94.16	-0.74	48	-0.31	48	16.31	47	-41.22	42	-0.05	47	-0.24	43	0.28	51	248.24	39
375	22219697	77.66	94.07	-0.32	47	-3.69	53	12.08	52	-29.24	47	-0.15	52	-0.09	52	-0.26	55	269.57	2
376	37110645 *	109.76	93.95	-0.25	33	0.53	57	18.54	56	-19.61	52	-0.06	56	-0.13	53	-0.07	59	-429.28	46
377	15214107	113.52	93.78	0.20	54	-0.46	56	-2.58	55	16.96	50	0.12	55	-0.01	50	-0.02	57	-516.97	18
378	15620231	89.64	93.77	0.20	40	-0.46	46	12.23	45	-28.11	39	0.02	43	-0.02	39	0.00	45	0.00	1
379	22210053 *	97.44	93.75	0.13	13	-3.13	49	-7.90	48	16.76	44	0.23	49	-0.06	44	-0.03	52	-169.30	8
380	41317031	83.09	93.69	0.08	45	-2.52	46	-11.18	46	7.13	40	0.21	46	-0.06	41	-0.12	50	138.01	3
381	42113075	89.21	93.53	0.14	67	-1.39	82	-0.40	77	-6.64	57	-0.12	70	0.07	57	-0.06	64	0.00	1
382	15215422	83.34	93.51	-1.03	52	0.40	53	-6.18	52	-3.07	47	-0.01	52	0.05	48	-0.20	55	126.13	6
383	15213313 *	88.44	93.37	0.98	51	2.17	58	-4.82	58	-12.46	48	-0.08	53	-0.08	48	0.02	56	11.09	18
384	41120204	88.70	93.11	0.02	47	3.39	53	-26.21	52	21.33	45	0.16	53	0.12	46	0.12	53	-3.75	1
385	15214507	107.88	92.87	0.01	54	-2.24	57	-2.13	56	16.02	49	0.06	57	0.01	50	-0.02	57	-427.48	17
386	36113005	88.91	92.69	-0.89	44	-0.51	45	2.34	44	-9.30	38	0.06	44	-0.15	38	-0.13	49	-22.97	1
387	15216704	90.06	92.65	-0.37	45	-0.23	44	-9.43	43	7.14	38	0.11	44	-0.05	39	0.05	48	-49.33	1
388	21220179	65.61	92.60	-0.59	48	-1.39	54	-1.01	53	-24.94	49	0.10	19	0.21	45	-0.11	54	476.65	37

（续）

序号	牛号	CBI	TPI	体型外貌评分		初生重		6月龄体重		18月龄体重		6~12月龄日增重		13~18月龄日增重		19~24月龄日增重		4%乳脂率校正奶量	
				EBV	r²(%)	EBV	r²(%)	EBV	r²(%)	EBV	r²(%)	EBV	r²(%)	EBV	r²(%)	EBV	r²(%)	EBV	r²(%)
389	41116922	58.41	92.37	0.96	47	0.16	46	-19.92	46	-12.45	40	0.02	3	-0.04	41	-0.02	50	624.28	41
390	14117143	104.34	92.21	-2.67	49	4.31	57	12.40	56	-15.03	49	0.03	50	-0.18	49	-0.18	56	-374.88	11
391	15618307	86.90	92.15	0.45	40	-3.01	45	5.88	44	-15.71	14	-0.16	10	-0.10	11	0.10	13	0.00	1
392	21114730	86.87	92.13	-0.43	45	0.30	26	-8.01	49	0.95	42	-0.06	16	0.13	43	-0.01	51	0.00	1
393	15517F04	87.51	91.90	-0.53	46	-2.50	53	-13.71	52	17.45	45	0.16	52	-0.05	45	-0.09	52	-21.94	3
394	15212132	99.41	91.17	0.81	50	-1.24	53	3.26	52	-5.67	45	-0.01	51	-0.05	45	-0.02	53	-305.95	13
395	41318037	80.90	91.17	0.00	10	-1.14	47	-22.18	46	18.92	41	-0.01	47	0.26	42	-0.18	50	94.63	3
396	15620139	87.93	91.11	1.34	48	-1.49	57	-2.53	57	-8.97	48	0.16	52	0.16	45	-0.06	54	-59.90	6
397	15415307	110.03	90.95	-1.05	51	-0.66	57	-4.98	56	22.68	47	0.16	52	0.10	47	-0.07	55	-542.97	18
398	41113264	84.85	90.94	0.84	45	-0.25	68	-11.52	67	0.86	47	0.05	44	0.08	48	-0.01	48	0.99	40
399	15215509	96.59	90.67	1.23	51	-1.06	82	-12.89	76	14.38	50	0.01	52	0.02	50	-0.03	57	-262.31	11
400	13213743*	79.25	90.55	1.36	51	-1.46	51	-0.11	50	-20.96	45	0.02	49	-0.20	46	-0.28	54	108.12	41
401	41114234	77.19	90.52	0.28	48	-2.10	51	-13.93	50	4.03	45	0.06	13	-0.06	46	0.18	54	151.72	41
402	21216091	80.86	90.51	-1.35	50	-2.48	56	-4.79	55	0.67	47	-0.05	53	0.07	47	-0.14	54	71.98	43
403	15418511	80.89	90.50	-0.34	49	0.12	50	-10.62	49	-0.56	44	-0.04	15	-0.04	45	0.24	53	70.98	5
	41118902																		
404	21116724	80.61	89.81	-0.74	19	-1.68	51	-22.49	50	23.30	45	0.08	23	0.09	46	0.07	54	51.73	4
405	15218467	82.63	89.30	-1.53	51	0.24	51	-10.28	50	4.87	45	-0.04	50	0.06	46	-0.09	54	-10.14	12
406	15619521	82.65	89.26	0.30	10	-0.47	24	-18.22	51	11.69	22	0.12	52	0.08	22	-0.05	21	-12.03	1
407	15619523	82.19	88.97	-0.21	11	-0.56	53	-5.10	52	-6.68	47	-0.07	51	0.08	47	-0.05	54	-12.03	1
408	41317054	74.55	88.65	0.08	45	-1.10	47	-11.86	46	-3.25	41	0.00	47	0.05	42	-0.20	50	141.15	4
409	21113727	80.47	88.29	0.28	49	-2.19	39	-2.40	39	-10.35	35	-0.06	39	0.01	36	-0.16	19	0.00	1
410	15216702	72.13	88.17	-1.83	47	-0.17	47	-19.87	46	11.91	41	0.01	47	0.09	42	-0.01	51	176.24	1
411	13214235	63.58	88.15	-0.56	48	-1.22	48	9.38	47	-43.29	42	-0.06	47	-0.24	43	0.14	51	359.98	40
412	15415304	87.00	87.98	0.17	50	-1.51	55	-6.89	54	1.43	46	-0.01	51	0.12	47	-0.17	55	-152.41	9
413	21114701	79.69	87.81	0.00	54	0.86	38	-19.36	57	8.61	53	0.12	35	0.08	53	0.17	59	0.00	1
414	15620205	81.83	87.40	-0.13	51	1.32	53	12.74	52	-39.18	48	-0.04	53	-0.22	48	0.06	56	-61.94	1
415	15217005	78.44	87.06	1.13	46	-2.55	58	7.71	66	-30.19	39	0.06	45	-0.14	39	0.22	49	0.00	1

（续）

序号	牛号	CBI	TPI	体型外貌评分		初生重		6月龄体重		18月龄体重		6~12月龄日增重		13~18月龄日增重		19~24月龄日增重		4%乳脂率校正奶量	
				EBV	r²(%)	EBV	r²(%)	EBV	r²(%)	EBV	r²(%)	EBV	r²(%)	EBV	r²(%)	EBV	r²(%)	EBV	r²(%)
416	15620239	78.26	86.95	-0.45	40	0.71	48	17.15	47	-46.60	42	-0.17	42	-0.31	41	0.15	48	0.00	1
417	37110646*	98.07	86.93	-0.75	54	-1.45	57	15.50	56	-19.15	52	-0.02	56	-0.14	53	-0.13	59	-429.28	46
418	15214516*	108.29	86.74	-0.26	54	-0.39	59	4.31	58	3.07	50	0.05	57	-0.11	50	0.02	57	-656.38	20
419	41117916	77.87	86.73	0.53	46	1.52	45	-21.94	44	7.23	38	0.06	3	0.03	39	-0.17	49	0.00	1
420	13213105*	74.80	86.70	1.80	51	-2.46	51	2.22	50	-27.95	46	-0.09	51	-0.12	47	-0.25	54	64.78	42
421	13213101	73.28	86.53	-0.38	51	1.15	51	-4.54	50	-19.36	46	-0.05	51	-0.06	47	0.08	54	92.97	42
422	37110636*	97.27	86.46	-0.76	54	-1.45	57	15.50	56	-19.85	52	-0.04	56	-0.13	53	-0.07	59	-429.28	46
423	22218905	77.59	86.42	-0.23	51	-3.86	54	4.40	53	-17.45	48	0.03	51	-0.09	48	-0.36	57	-4.87	1
424	37112611*	110.90	86.21	-1.51	52	-0.33	54	12.69	54	-2.62	49	-0.02	53	-0.04	49	0.07	57	-732.62	47
425	22218001	76.37	85.81	0.03	52	-1.90	53	15.20	56	-40.93	51	0.04	52	-0.22	52	-0.17	59	0.00	1
426	15620203	70.30	85.69	0.37	49	-4.00	48	5.99	48	-28.70	42	-0.15	49	-0.15	43	-0.01	52	126.50	1
427	15216701	68.13	85.59	-1.17	46	1.57	46	-18.92	45	-0.03	40	0.00	46	0.10	40	0.01	50	169.02	1
428	41417175	72.35	85.46	0.12	14	-1.59	50	-0.66	49	-21.45	44	-0.06	14	-0.10	43	-0.03	52	74.03	6
429	21220139	73.20	85.38	-1.46	46	1.79	50	4.27	49	-30.26	47	0.03	17	0.01	44	-0.19	52	52.10	33
430	21115780	89.50	85.36	-0.28	49	0.43	52	12.26	51	-28.56	44	-0.05	21	-0.21	45	-0.06	53	-300.75	14
431	15217517*	75.81	85.20	0.58	50	-2.09	50	-14.73	49	2.78	44	0.09	49	0.01	45	-0.06	53	-10.14	12
432	21116721	74.03	84.41	-1.36	22	-0.43	56	-7.39	55	-6.65	51	-0.02	48	0.06	51	0.32	57	0.00	1
433	22217521	73.24	83.96	0.44	45	-1.64	45	-1.77	44	-20.01	39	-0.05	45	-0.01	39	0.18	49	0.00	1
434	21114731	49.89	83.82	-0.39	50	-2.35	32	-17.37	54	-13.00	49	0.04	27	-0.02	49	0.11	56	499.92	13
435	15212133*	93.78	83.81	0.89	53	1.74	60	1.79	59	-16.22	53	0.05	58	-0.06	53	-0.04	58	-448.78	23
436	15216703	70.62	83.57	-1.87	46	-0.49	46	-15.01	45	3.98	40	-0.01	46	0.04	41	0.05	50	43.11	1
437	37110055*	76.97	83.51	0.65	55	0.88	57	0.65	57	-27.18	53	-0.16	57	0.01	53	0.06	59	-96.15	47
438	21116790	126.21	83.21	-0.94	53	3.34	55	20.75	55	-11.76	51	0.09	30	-0.13	51	-0.08	57	-1171.50	21
439	21216215	55.78	81.98	-0.53	49	-0.56	52	-2.75	52	-33.70	46	-0.03	51	-0.18	46	0.23	54	306.30	40
440	65121605	62.38	81.54	0.10	45	0.43	76	-4.17	75	-30.22	41	0.00	1	-0.17	42	0.14	48	148.10	41
441	65114501	62.38	81.54	0.10	45	0.43	76	-4.17	75	-30.22	41	0.00	1	-0.17	42	0.14	48	148.10	41
442	15620137	22.80	81.46	0.15	49	0.36	58	-0.66	57	-72.59	49	-0.13	55	-0.36	48	0.20	56	1000.59	13
443	13214813*	77.99	81.32	0.67	46	0.38	45	9.88	44	-39.21	39	0.01	45	-0.25	40	-0.10	49	-197.85	39

（续）

序号	牛号	CBI	TPI	体型外貌评分		初生重		6月龄体重		18月龄体重		6~12月龄日增重		13~18月龄日增重		19~24月龄日增重		4%乳脂率校正奶量	
				EBV	r²(%)	EBV	r²(%)	EBV	r²(%)	EBV	r²(%)	EBV	r²(%)	EBV	r²(%)	EBV	r²(%)	EBV	r²(%)
444	37110640*	73.40	81.23	-0.84	32	0.56	57	11.20	56	-40.16	52	-0.07	56	-0.20	52	0.02	59	-100.92	21
445	21114728	68.59	81.17	-1.78	50	-0.27	33	-10.97	54	-5.02	50	0.00	30	0.06	50	0.05	55	0.93	1
446	36113003	81.58	81.05	-0.85	49	-1.46	51	4.52	50	-17.33	45	0.00	50	-0.12	45	-0.05	53	-284.49	35
447	15620256	97.07	80.49	-0.42	51	-0.72	57	12.04	56	-17.85	47	-0.05	53	-0.09	48	-0.11	54	-639.07	14
448	37113612	106.39	80.28	0.88	51	-1.27	56	14.59	55	-16.70	48	0.01	54	-0.11	48	0.14	56	-849.14	46
449	41117908	57.67	80.18	-0.17	46	-1.22	45	-18.57	45	-7.49	39	-0.04	5	-0.06	40	0.01	50	200.84	3
450	15620131	87.71	80.02	0.89	51	2.82	54	-0.70	54	-20.70	47	-0.07	51	-0.03	46	0.01	55	-453.89	12
451	21114729	78.62	79.89	-0.63	50	0.73	32	-13.35	54	1.15	48	-0.01	27	0.13	49	0.09	54	-262.31	11
452	36111214	65.54	79.31	0.85	44	-0.61	44	-21.66	43	-0.84	38	-0.16	44	0.34	38	-0.20	48	0.00	1
453	41418173	58.30	79.06	-0.15	13	-3.05	53	-13.30	52	-10.63	44	0.11	24	-0.04	45	0.18	52	147.09	2
454	21114732	64.16	78.51	-0.31	51	-2.47	38	-15.16	57	-3.06	52	-0.02	34	-0.07	52	0.11	57	0.00	1
455	22219215	64.22	78.40	-1.22	51	-3.01	56	11.60	56	-39.22	48	0.32	50	-0.19	49	-0.24	57	-4.87	1
456	22316004	63.92	78.36	-0.26	23	2.31	56	-9.99	56	-22.99	51	-0.07	54	-0.02	52	0.02	58	0.00	1
457	14115816	94.31	78.29	2.18	52	-1.21	56	-3.63	55	-5.26	49	0.29	53	-0.08	49	-0.23	56	-659.42	40
458	22219635	59.00	77.87	0.26	46	0.48	46	-0.09	45	-40.34	40	-0.18	46	-0.03	40	-0.08	50	88.58	3
459	15619027	70.35	77.86	0.41	51	-3.21	56	13.97	54	-42.96	52	-0.09	54	-0.18	52	0.15	59	-156.42	2
460	22218315	62.36	77.56	1.33	45	0.22	44	-12.45	44	-21.77	38	0.00	45	-0.04	39	-0.21	49	5.05	1
461	13214809	67.04	77.21	-1.17	47	-0.12	46	10.72	46	-42.42	41	-0.07	47	-0.21	41	0.19	50	-108.64	39
462	13214145	60.44	76.94	-0.84	47	-0.54	47	7.58	46	-44.02	41	-0.05	47	-0.22	41	-0.02	50	23.89	39
463	36111212	46.58	76.60	-0.58	47	-2.61	48	-17.89	47	-13.95	42	-0.08	46	0.16	42	-0.07	51	311.77	4
464	42113097*	59.67	75.80	-0.32	79	-2.26	96	8.45	94	-43.95	86	-0.19	86	-0.04	86	0.10	88	0.00	1
465	15620217	59.62	75.77	0.38	40	-0.48	48	-20.97	47	-5.91	39	-0.06	43	0.23	39	-0.27	43	0.00	1
466	15618337	59.27	75.55	1.27	40	0.75	45	-4.21	44	-38.37	13	-0.04	10	-0.15	10	-0.10	9	0.00	1
467	41417176	55.49	75.52	-0.72	15	-2.86	51	-5.33	49	-23.76	44	0.10	17	-0.12	45	0.10	53	80.80	3
468	41120936	57.24	75.47	-1.48	49	-3.37	57	-23.28	56	9.63	51	-0.05	56	0.06	51	0.03	25	40.01	6
469	13219937	41.81	75.45	-0.74	52	-5.67	58	-21.66	56	-4.63	51	-0.11	56	0.19	51	0.21	54	373.96	6
470	65319906	61.77	75.41	-2.73	50	-1.90	56	-7.94	55	-8.39	50	0.00	55	-0.04	50	0.28	58	-59.59	11
	41119906																		

（续）

序号	牛号	CBI	TPI	体型外貌评分		初生重		6月龄体重		18月龄体重		6~12月龄日增重		13~18月龄日增重		19~24月龄日增重		4%乳脂率校正奶量	
				EBV	r²(%)	EBV	r²(%)	EBV	r²(%)	EBV	r²(%)	EBV	r²(%)	EBV	r²(%)	EBV	r²(%)	EBV	r²(%)
471	41312115*	41.89	75.22	-1.29	54	1.10	58	-28.04	57	-9.02	51	0.08	57	0.00	52	0.10	59	363.67	13
472	15216011	59.43	75.03	1.33	51	-4.59	51	-19.74	50	-1.71	45	0.12	51	0.01	46	0.03	54	-22.52	1
473	21117725	52.86	75.01	-0.63	17	-1.54	50	-30.32	49	8.58	44	0.06	20	0.03	45	0.12	53	118.81	6
474	37312050*	71.66	75.01	0.33	43	-0.51	44	-22.43	44	7.87	38	0.03	5	0.03	39	0.08	47	-288.08	2
475	21219301	74.30	74.79	-1.40	50	1.38	57	0.98	56	-23.45	48	0.00	26	0.21	47	-0.09	55	-352.76	41
476	15417510	51.53	74.10	-0.45	50	1.61	51	-18.82	50	-18.61	19	-0.09	19	0.00	19	-0.01	20	114.72	8
	41117936																		
477	22219663	56.81	74.09	-0.24	47	-1.08	46	20.18	45	-67.76	39	-0.19	47	-0.22	40	-0.30	50	0.00	1
478	15620251	57.90	73.78	-1.12	52	-2.11	58	8.06	57	-42.26	48	-0.12	54	-0.14	49	-0.02	55	-34.96	2
479	37110631	90.60	73.49	0.17	53	-4.14	57	15.67	56	-23.44	51	-0.05	55	-0.17	52	0.07	58	-752.33	45
480	21212103*	51.58	73.40	-2.12	50	0.61	51	-13.31	50	-18.13	45	-0.04	50	0.01	45	0.01	53	88.52	41
481	41418184	93.42	72.98	-0.66	26	0.41	55	-1.25	54	-2.67	49	0.02	26	-0.04	50	0.25	56	-831.15	15
482	65111577	32.21	72.89	0.48	54	1.60	57	-20.58	56	-37.55	52	-0.05	32	-0.10	53	-0.04	59	488.85	46
483	41415118	43.31	72.62	-0.06	48	-0.73	48	-17.35	47	-24.39	42	-0.02	12	-0.04	43	-0.19	52	238.98	41
484	13214247*	53.75	71.44	0.47	48	-0.14	48	1.17	47	-46.50	42	-0.01	47	-0.26	43	0.10	51	-29.40	40
485	41418187	48.27	71.34	-0.78	20	-2.03	54	-11.37	52	-23.00	47	0.13	23	-0.04	48	0.23	55	86.00	7
486	21212101	69.08	71.27	-2.37	49	0.25	49	2.69	48	-24.45	43	-0.10	48	-0.07	44	0.03	52	-367.01	40
487	65112586	33.50	70.90	-1.47	48	0.30	49	-15.24	48	-33.84	43	0.04	13	-0.06	44	0.12	53	389.50	44
488	65112584*	79.62	70.89	0.41	50	-1.19	50	-0.78	50	-16.57	45	-0.07	14	-0.07	45	0.03	54	-608.14	44
489	37110634*	54.96	70.31	-0.67	55	-4.50	57	9.48	57	-43.15	53	-0.11	57	-0.14	53	0.02	59	-96.15	47
490	15620213	50.86	70.05	0.28	51	-2.99	51	19.75	50	-70.04	45	-0.28	51	-0.26	46	-0.12	54	-17.41	4
491	41418145	48.14	70.03	-0.01	8	1.48	51	-22.49	50	-17.56	42	0.07	50	-0.03	43	0.02	51	41.90	1
492	15620257	49.90	69.00	0.23	52	-2.58	58	0.28	57	-41.91	50	-0.09	56	-0.08	51	-0.01	55	-33.77	5
493	41120938	70.37	68.90	-1.42	52	-3.74	57	-20.55	56	18.39	51	0.00	57	0.04	52	0.05	26	-480.74	13
494	65112514	72.77	68.39	-1.04	53	1.26	55	-2.40	54	-20.79	49	-0.03	26	-0.06	50	0.10	56	-550.64	45
495	15620235	47.05	68.22	-0.79	40	-1.59	46	15.08	44	-65.73	36	-0.22	41	-0.37	36	0.15	44	0.00	1
496	65111572	35.20	68.02	0.37	53	-1.02	56	-23.43	56	-23.61	52	-0.02	31	-0.03	52	-0.03	59	248.55	45
497	65111578	29.39	67.05	-1.17	55	-1.90	56	-22.02	55	-23.10	51	0.00	17	-0.12	51	-0.04	58	338.72	49

（续）

序号	牛号	CBI	TPI	体型外貌评分		初生重		6月龄体重		18月龄体重		6~12月龄日增重		13~18月龄日增重		19~24月龄日增重		4%乳脂率校正奶量	
				EBV	r²(%)	EBV	r²(%)	EBV	r²(%)	EBV	r²(%)	EBV	r²(%)	EBV	r²(%)	EBV	r²(%)	EBV	r²(%)
498	15213106	65.77	66.87	-0.96	52	0.66	55	-4.54	54	-22.92	48	-0.01	54	-0.07	48	-0.01	56	-453.51	21
499	65319904	56.81	66.53	-2.28	50	-1.68	56	-6.52	55	-17.50	49	-0.02	55	-0.13	50	0.30	57	-271.86	12
	41119904																		
500	11114706	108.69	66.32	-0.16	63	-0.71	86	14.55	82	-11.86	70	-0.01	77	-0.06	70	0.11	65	-1400.80	45
501	15620215	43.26	65.97	0.16	40	-0.91	47	6.54	46	-61.47	38	-0.15	43	-0.27	37	0.13	44	0.00	1
502	22219689	42.73	65.64	0.17	47	-1.83	46	10.72	45	-66.20	39	-0.14	47	-0.20	40	-0.27	50	0.00	1
503	15620259	43.59	65.17	0.39	51	-3.68	58	2.61	57	-49.36	47	-0.04	54	-0.16	48	0.10	54	-34.96	2
504	42113098	41.65	64.98	1.64	70	-3.83	95	-12.03	93	-33.20	83	-0.05	82	-0.03	83	0.02	85	0.00	1
505	22219619	38.54	64.55	-0.23	48	0.65	53	-15.62	52	-34.19	45	-0.02	53	-0.11	45	-0.21	52	51.34	2
506	15520803	47.10	64.23	0.39	3	0.01	45	-26.28	44	-10.69	38	-0.15	44	0.10	39	-0.07	48	-145.14	1
507	15417507	39.88	63.24	-0.95	49	-0.15	49	-24.36	48	-14.82	43	-0.02	10	-0.02	44	0.11	52	-24.59	2
	41117928																		
508	11108721*	34.65	62.97	1.72	46	0.62	45	-41.48	45	-5.64	39	0.11	46	0.05	40	0.06	49	77.99	40
509	41117924	42.66	61.30	-0.40	51	-0.66	51	-27.28	50	-8.63	45	-0.02	15	0.02	46	-0.05	54	-154.93	5
510	65112534	64.30	61.23	-0.68	52	0.51	53	-13.48	52	-11.32	48	0.08	23	-0.05	48	0.09	55	-624.86	46
511	65112513	58.53	61.17	-0.80	25	-0.72	54	-10.75	54	-17.43	49	0.00	25	-0.03	50	0.10	56	-502.72	44
512	22218117	36.26	61.14	0.10	53	-1.18	54	-10.60	55	-40.85	50	-0.18	56	0.06	51	0.00	58	-22.52	1
513	22219677	25.38	61.14	-0.07	47	4.65	49	-2.10	48	-77.52	43	-0.12	47	-0.22	43	-0.19	52	213.06	3
514	15620223	40.43	60.96	0.38	54	-1.67	55	-6.05	55	-43.85	51	-0.12	55	-0.12	51	0.18	58	-118.48	3
515	22218901	33.28	59.97	-0.54	51	-1.53	56	-8.44	55	-43.63	51	-0.06	23	-0.05	52	-0.03	59	0.00	1
516	15216705	45.46	59.81	-0.64	46	-2.41	46	-15.79	45	-18.48	40	-0.05	46	0.04	41	0.09	50	-268.66	4
517	22219637	18.05	58.61	0.13	48	-0.36	48	0.48	47	-76.98	41	-0.14	48	-0.23	42	-0.31	51	280.28	2
518	22219631	27.74	57.83	0.06	47	-0.90	51	-17.80	50	-38.28	42	-0.06	51	-0.08	43	-0.03	51	41.90	1
519	15619501	31.36	56.82	0.09	12	-6.00	54	-51.34	53	28.72	24	-0.12	53	0.09	24	-0.03	23	-71.82	3
520	22219559	27.11	56.27	0.96	26	-1.39	57	1.21	58	-70.35	54	-0.09	59	-0.22	55	-0.03	59	0.00	1
521	15620253	59.14	56.04	-0.14	51	-0.75	35	-3.13	55	-31.04	49	-0.09	55	-0.06	50	0.01	57	-700.40	11
522	15619531	21.16	55.77	0.86	21	7.30	52	10.64	23	-110.99	46	0.05	21	-1.15	46	0.43	54	110.28	1
523	11110711*	27.47	55.21	1.54	63	-2.84	64	-25.44	65	-27.92	61	-0.08	64	0.06	62	0.01	65	-45.04	5

（续）

序号	牛号	CBI	TPI	体型外貌评分		初生重		6月龄体重		18月龄体重		6~12月龄日增重		13~18月龄日增重		19~24月龄日增重		4%乳脂率校正奶量	
				EBV	r²(%)	EBV	r²(%)	EBV	r²(%)	EBV	r²(%)	EBV	r²(%)	EBV	r²(%)	EBV	r²(%)	EBV	r²(%)
524	15620221	18.68	54.72	-0.71	49	-3.05	48	-5.95	48	-56.77	42	-0.26	49	-0.15	43	0.14	52	126.50	1
525	65112521	53.15	54.58	-0.37	52	0.26	54	-5.68	53	-34.29	48	0.00	22	-0.08	49	0.06	56	-623.75	45
526	36111710	21.95	53.20	-0.19	45	-0.96	45	-16.45	44	-44.70	39	0.28	45	-0.39	39	0.16	49	1.48	1
527	36110808	2.76	52.69	-0.43	48	0.49	49	-19.35	48	-60.75	43	-0.16	48	-0.10	43	0.35	52	397.44	10
528	15620227	25.78	52.17	0.29	54	-1.00	55	-2.09	55	-64.90	51	-0.24	55	-0.15	51	0.20	58	-118.48	3
529	15620201	20.52	51.83	0.57	51	-3.38	51	9.45	50	-82.80	45	-0.23	51	-0.33	46	-0.08	54	-17.41	4
530	65112545	53.54	51.43	-0.53	52	2.49	53	-14.34	52	-25.42	48	0.08	23	-0.12	49	0.10	55	-745.72	46
531	15619517	19.41	51.32	0.42	10	-3.97	52	-9.41	25	-52.92	47	0.08	24	0.05	48	-0.02	54	-12.03	1
532	15620229	18.42	50.56	0.07	51	-1.89	51	12.57	50	-91.25	45	-0.30	51	-0.32	46	-0.12	54	-17.41	4
533	11114710*	5.97	49.69	0.53	69	-3.45	89	-28.19	86	-38.39	75	-0.13	78	0.06	76	0.15	65	220.11	10
534	22219623	14.93	47.74	-0.27	48	-0.33	48	-5.51	47	-69.23	41	-0.13	48	-0.18	42	-0.24	51	-44.01	3
535	11108712*	1.64	45.91	-1.35	53	-1.81	53	-41.98	52	-17.98	48	0.09	53	0.01	48	0.05	56	177.53	18
536	15620233	4.93	45.06	0.26	47	-2.98	46	-7.14	46	-71.73	41	-0.23	47	-0.21	41	-0.03	50	75.89	1
537	41121908	18.93	44.73	-1.82	48	-3.29	56	-40.73	56	1.66	47	0.06	55	0.05	47	-0.05	16	-238.50	12
538	15620207	13.11	44.58	0.58	54	-3.18	55	-1.72	55	-73.14	51	-0.21	55	-0.21	51	0.17	58	-118.48	3
539	11114705	-35.48	41.15	0.42	57	-2.06	57	-40.27	56	-61.57	52	-0.11	57	-0.08	53	0.25	55	808.75	43
540	15620209	3.98	41.10	0.57	50	0.16	50	0.91	49	-93.75	44	-0.36	50	-0.22	45	-0.06	53	-46.55	1
541	22219675	1.90	41.01	-0.33	47	-0.33	49	-11.18	48	-72.48	43	-0.16	47	-0.13	43	-0.09	52	-5.03	3
542	22218109	32.34	40.02	-0.58	51	-2.42	55	1.39	54	-57.28	49	-0.17	54	-0.10	49	-0.06	57	-698.43	11
543	22219557	-0.81	39.53	0.94	23	-1.65	54	-8.52	53	-80.79	51	0.27	54	-0.33	52	0.00	58	0.00	1
544	15520805	3.23	39.11	0.21	4	-0.49	46	-29.90	45	-44.25	39	-0.04	45	-0.08	40	-0.02	49	-101.87	2
545	36111807	-2.25	38.64	-0.23	45	0.26	45	-29.39	44	-50.27	39	0.41	45	-0.42	39	0.15	49	0.00	1
546	37110043*	47.68	38.34	-0.47	30	-2.77	59	6.06	58	-49.66	51	-0.02	56	-0.21	51	0.12	58	-1091.13	46
547	15620225	-2.08	37.45	0.86	50	-2.28	50	-3.42	49	-88.00	44	-0.31	50	-0.21	45	-0.08	53	-46.55	1
548	22316023	-5.96	36.42	0.20	19	1.05	53	-28.84	52	-58.16	48	-0.05	50	-0.18	48	0.18	55	0.00	1
549	36111719	-13.57	34.36	0.76	45	-0.96	45	-36.08	44	-51.46	39	0.42	45	-0.41	39	0.19	49	89.95	1
550	22316305	-10.73	33.54	-0.83	49	-0.37	56	-31.30	55	-51.44	50	0.17	31	-0.08	51	0.27	58	0.00	1
551	36111722	-11.88	32.86	0.90	45	0.63	45	-37.59	44	-51.98	39	0.40	45	-0.39	39	0.15	49	0.00	1

（续）

序号	牛号	CBI	TPI	体型外貌评分		初生重		6月龄体重		18月龄体重		6~12月龄日增重		13~18月龄日增重		19~24月龄日增重		4%乳脂率校正奶量	
				EBV	r²(%)	EBV	r²(%)	EBV	r²(%)	EBV	r²(%)	EBV	r²(%)	EBV	r²(%)	EBV	r²(%)	EBV	r²(%)
552	11114701	-61.80	25.38	-0.46	53	-2.26	52	-49.82	52	-67.59	47	-0.12	52	-0.06	48	0.18	55	808.75	43
553	15620218	-22.60	22.79	1.34	51	-2.24	51	-11.84	50	-96.24	45	-0.33	50	-0.22	45	-0.04	54	-131.15	3
554	15620219	-25.93	20.81	1.15	51	-2.80	51	-15.34	50	-91.86	45	-0.33	50	-0.18	45	0.02	54	-131.15	3
555	22218107	-13.52	12.50	0.13	52	-2.42	53	-27.83	54	-58.10	50	0.02	53	-0.13	50	-0.12	58	-698.43	11
556	11110687 *	-16.76	11.16	0.81	48	-4.08	49	-35.00	48	-48.78	43	-0.05	49	-0.08	44	-0.07	52	-676.16	40
557	11114709 *	5.94	4.70	-1.96	55	-2.96	56	-21.03	55	-40.92	50	-0.02	55	-0.11	51	0.24	57	-1400.80	45
558	11114702 *	2.77	2.89	-0.39	61	-2.67	64	-17.74	63	-55.72	59	-0.09	63	-0.14	59	0.16	62	-1396.86	45
以下种公牛部分性状缺失，只发布数据完整性状的估计育种值																			
559	15215618 *	—	—	-0.57	45	0.41	44	—	—	—	—	—	—	—	—	—	—	—	—
560	15618301	—	—	—	—	-0.53	49	-12.37	48	13.67	21	0.00	13	-0.05	18	0.05	21	—	—

注：肉用型西门塔尔牛、兼用型西门塔尔牛和华西牛体重及日增重性状同组评估。

* 表示该牛已经不在群，但有库存冻精。

— 表示该表型值缺失，且无法根据系谱信息估计出育种值。

表4-1-5 西门塔尔牛估计育种值（后裔测定）

序号	牛号	CBI	体型外貌评分		初生重		6月龄体重		18月龄体重		6~12月龄日增重		13~18月龄日增重		19~24月龄日增重	
			EBV	r^2(%)	EBV	r^2(%)	EBV	r^2(%)	EBV	r^2(%)	EBV	r^2(%)	EBV	r^2(%)	EBV	r^2(%)
1	65118596	243.32	0.83	50	3.26	50	41.64	49	59.03	44	0.01	47	0.04	44	0.03	53
2	65118599	233.76	1.14	49	-1.49	49	41.76	48	60.21	43	0.05	46	0.06	43	0.02	52
3	37115676	220.64	1.10	51	7.61	54	23.20	53	54.53	47	0.13	52	0.15	48	-0.11	56
4	22218119	218.96	2.00	46	1.74	45	34.34	44	46.60	38	0.21	45	-0.28	39	-0.14	48
5	15619129	218.55	-0.17	53	1.42	56	27.95	55	65.19	50	0.00	27	0.04	51	-0.51	57
6	65117535	203.86	-0.66	48	3.57	49	40.39	48	29.08	43	0.06	46	-0.06	44	0.07	52
7	53114303	199.17	0.89	52	0.22	86	30.23	84	42.38	66	0.03	74	-0.02	66	0.11	65
8	22217315	199.00	0.68	54	1.87	55	30.38	55	38.81	48	-0.03	55	0.13	48	-0.24	56
9	11118995	195.05	0.72	50	2.24	52	27.92	51	37.84	46	0.27	52	-0.07	47	-0.18	54
10	37115670	191.57	0.66	56	0.37	60	19.46	59	52.31	54	0.12	57	0.08	54	0.06	60
11	65117532	190.19	-1.28	48	5.31	50	41.24	49	13.19	43	0.04	46	-0.12	44	0.09	52
12	15618939	190.12	-1.00	48	5.26	53	32.06	52	26.23	21	0.04	17	-0.01	22	-0.10	22
13	22119127	190.07	0.33	50	-0.89	57	21.36	57	52.33	52	0.03	30	0.06	53	-0.10	59
14	65118598	189.04	1.79	51	-2.08	51	24.66	50	43.53	45	0.05	48	0.06	46	-0.07	54
15	14117325	186.82	-2.27	50	3.01	55	31.68	54	34.09	48	-0.02	52	-0.05	48	-0.12	55
16	14118313	185.31	-0.57	54	3.65	39	34.33	39	20.49	54	-0.02	39	-0.05	36	-0.20	60
17	65117530	182.23	-0.16	51	6.34	54	18.92	53	33.14	47	0.04	45	-0.04	47	0.15	55
18	22119033	181.49	-2.35	52	3.72	59	25.02	57	37.91	53	-0.02	27	0.11	53	0.02	60
19	65117552	180.01	-0.01	51	2.57	51	22.23	50	34.53	45	0.06	48	-0.03	46	0.10	54
20	41116242*	179.24	-0.24	45	1.41	67	21.08	43	39.27	38	0.03	44	0.11	38	-0.06	48
21	65118540	177.31	0.11	54	-0.59	55	22.27	54	39.13	49	0.11	53	-0.06	50	0.21	57
22	37117677	177.21	0.44	51	-0.42	77	2.16	75	68.18	63	0.21	67	0.19	63	0.02	60
23	37114617	176.13	1.15	44	2.44	78	0.86	78	59.49	49	0.12	44	0.12	50	-0.06	48
24	65118538	176.13	0.98	54	1.06	54	18.64	53	36.23	49	0.13	53	-0.03	49	0.30	57
25	15619147	175.38	-0.02	54	1.51	59	27.29	39	25.05	36	0.00	32	-0.03	36	0.08	38
26	15219415	173.85	-0.35	49	3.00	52	32.73	51	12.95	44	-0.07	16	-0.02	45	0.09	53
27	22119053	172.23	-0.36	51	0.72	59	18.10	58	39.42	53	0.06	54	0.04	54	-0.10	60
28	65118574	171.58	0.90	52	-0.91	52	18.77	51	36.85	46	-0.05	48	0.09	47	-0.01	55

（续）

序号	牛号	CBI	体型外貌评分		初生重		6月龄体重		18月龄体重		6~12月龄日增重		13~18月龄日增重		19~24月龄日增重	
			EBV	r^2 (%)	EBV	r^2 (%)	EBV	r^2 (%)	EBV	r^2 (%)	EBV	r^2 (%)	EBV	r^2 (%)	EBV	r^2 (%)
29	22118077	171.48	-0.01	51	-0.20	58	21.00	57	35.15	52	-0.09	53	0.16	52	0.09	59
30	37114663	171.15	1.79	44	2.01	76	9.33	75	40.41	51	0.07	44	0.13	52	0.06	48
31	37115675	170.32	1.89	48	-1.61	50	8.43	49	49.39	42	0.28	49	0.07	43	-0.05	51
32	22218627	166.00	0.52	48	3.88	51	29.97	50	4.35	45	-0.01	50	-0.03	46	0.03	54
33	65118575	164.26	1.43	51	-1.63	51	12.52	51	39.28	45	-0.04	48	0.13	46	0.01	54
34	41413143	163.55	1.64	44	0.16	78	6.01	78	43.46	41	0.00	1	0.03	42	-0.05	48
35	22119039	161.58	-1.06	52	4.35	58	8.29	57	38.43	51	-0.09	26	0.01	51	-0.06	58
36	15216111	161.52	2.59	57	-1.63	73	1.22	70	49.56	53	0.01	57	0.20	54	-0.05	60
37	65117543	160.57	-0.71	50	3.57	50	15.78	50	26.54	45	-0.03	8	-0.11	45	0.07	53
38	22119161	160.11	-0.89	51	1.23	58	25.19	55	18.04	52	-0.12	54	0.07	53	-0.06	59
39	37114662	159.99	0.87	44	0.83	62	5.76	62	41.87	37	0.09	44	0.12	38	0.05	48
40	15610929	159.09	0.97	52	1.71	57	19.89	57	25.11	32	-0.02	26	0.09	32	0.12	35
41	22214331	159.69	-0.25	53	-1.09	54	9.21	53	45.28	47	0.07	53	0.10	48	0.05	56
42	22215511	159.47	-0.15	49	1.33	53	23.10	53	17.54	45	0.00	47	0.00	46	-0.01	54
43	22119077	157.72	0.63	53	4.34	59	9.15	58	26.99	53	0.05	27	-0.07	54	0.14	60
44	65118581	157.26	1.22	53	-3.39	53	18.00	53	29.41	48	-0.09	49	0.07	49	-0.01	56
45	15619126	157.07	2.23	50	1.90	57	18.97	56	11.03	47	0.05	53	-0.17	48	-0.02	55
46	22119013	156.02	-0.36	53	0.15	60	6.95	59	42.74	55	0.20	55	0.05	55	-0.10	61
47	15217112	155.12	1.73	57	-1.78	68	7.55	68	37.56	55	0.20	56	0.10	56	-0.17	60
48	22119157	154.40	-0.81	51	0.17	58	0.52	55	52.78	50	0.03	53	0.25	50	-0.09	57
49	22119143	154.15	-0.62	52	-3.19	58	9.60	57	46.02	52	-0.03	53	0.19	53	-0.12	59
50	22218003	154.10	0.57	48	4.63	54	10.01	54	21.81	46	-0.05	50	0.04	46	0.11	55
51	22120013	153.21	0.51	52	5.59	58	3.92	57	28.23	52	0.12	54	0.04	52	-0.05	59
52	22120025	151.90	-0.71	55	-0.46	60	13.28	59	32.02	55	-0.03	55	0.10	55	-0.05	61
53	65115505*	150.57	1.10	45	2.73	44	6.90	43	25.83	37	0.00	1	-0.02	38	-0.12	48
54	41119254	149.98	-0.42	50	2.24	58	11.16	58	25.82	52	-0.04	57	0.10	53	-0.13	59
55	15219473	149.66	-1.00	46	-2.35	46	21.14	45	23.57	39	0.06	4	-0.07	40	-0.10	49
56	14117309	149.52	-1.85	52	2.16	54	28.78	55	4.10	48	0.00	54	-0.14	48	-0.13	55
57	53115344	148.06	0.79	54	-0.30	53	-8.87	52	56.19	47	0.17	51	0.14	48	0.16	55
58	22218717	147.85	0.54	48	-0.66	48	27.78	48	1.65	44	-0.28	48	0.18	45	-0.06	53

（续）

序号	牛号	CBI	体型外貌评分		初生重		6月龄体重		18月龄体重		6～12月龄日增重		13～18月龄日增重		19～24月龄日增重	
			EBV	r²(%)	EBV	r²(%)	EBV	r²(%)	EBV	r²(%)	EBV	r²(%)	EBV	r²(%)	EBV	r²(%)
59	15618205	147.51	1.56	51	-0.98	53	14.34	51	18.76	45	-0.04	15	0.13	46	0.14	51
60	13218225	146.78	0.98	49	-0.99	50	21.84	49	8.85	44	-0.13	49	0.05	45	0.40	53
61	15216113	144.31	1.73	45	-2.08	48	7.37	43	28.46	38	0.04	44	0.08	38	-0.02	48
62	41114264	143.39	0.79	50	1.64	58	15.38	57	9.95	52	0.02	57	-0.06	53	0.01	60
63	37114661	143.01	0.84	44	0.69	65	-0.91	65	36.68	37	0.10	44	0.07	38	0.00	48
64	15219173	142.50	-0.40	45	-0.60	44	1.33	43	40.69	38	0.09	45	0.06	39	0.04	48
65	65319208	142.15	1.41	49	0.88	53	10.48	52	15.75	47	0.14	52	-0.07	48	0.09	54
	41119208															
66	53114305	141.79	1.14	44	1.80	57	26.09	57	-9.70	37	-0.12	44	-0.07	38	0.03	47
67	65117547	140.88	-0.47	50	1.89	51	5.31	50	27.32	45	-0.03	9	-0.11	46	0.12	54
68	41219556	140.61	0.21	50	-3.16	48	6.07	47	35.49	42	-0.03	12	0.00	10	-0.08	51
69	22119151	140.43	-0.47	51	3.03	58	-9.32	57	46.57	52	0.08	54	0.21	52	-0.08	59
70	15219459	140.20	-0.60	52	1.26	56	11.82	55	18.73	50	0.08	16	0.09	51	0.03	58
71	22217027	140.08	0.54	65	-2.85	86	-8.31	78	55.01	72	0.06	71	0.28	72	-0.30	76
72	41118242	139.95	-0.75	48	0.28	51	9.17	50	25.51	45	0.05	51	0.03	46	-0.19	52
73	22218005	139.62	-0.30	53	0.39	54	19.77	54	6.94	49	-0.01	54	0.02	50	0.27	56
74	13218239	139.10	0.57	47	0.46	46	8.39	45	20.37	40	0.22	45	-0.12	41	0.05	50
75	65118580	137.39	0.97	52	-2.04	53	9.79	52	21.12	48	-0.09	51	0.10	49	-0.01	56
76	65118576	137.20	0.41	53	-2.29	53	8.03	53	26.42	48	-0.08	49	0.10	49	-0.01	56
77	15219174	137.07	0.47	45	1.63	44	-7.16	43	39.87	38	0.17	45	0.05	39	-0.01	48
78	41118296	135.94	-1.13	52	2.56	51	4.64	50	24.66	43	0.04	50	0.06	44	-0.06	52
79	41218483	135.37	-1.55	53	0.55	54	17.38	53	11.09	48	-0.02	52	0.02	48	0.03	55
80	65116520*	134.08	-0.83	52	0.35	68	2.57	51	30.28	46	-0.02	19	0.01	47	0.15	52
81	15217171	133.82	-1.57	52	0.20	65	11.93	67	18.92	55	-0.08	37	0.12	55	0.03	60
82	15213427	133.76	-1.18	51	0.65	70	19.28	68	5.00	48	0.02	56	-0.04	48	0.09	55
83	22119081	132.84	0.04	53	1.61	59	-1.96	58	29.65	53	0.03	29	0.01	54	0.08	60
84	65319252	132.73	1.15	44	1.63	43	1.66	42	19.65	37	0.00	44	0.08	38	0.04	47
	41119252															

（续）

序号	牛号	CBI	体型外貌评分		初生重		6月龄体重		18月龄体重		6~12月龄日增重		13~18月龄日增重		19~24月龄日增重	
			EBV	r^2(%)	EBV	r^2(%)	EBV	r^2(%)	EBV	r^2(%)	EBV	r^2(%)	EBV	r^2(%)	EBV	r^2(%)
85	13219066	132.63	1.60	45	-0.93	45	-2.48	44	30.36	39	0.06	45	0.12	40	0.13	49
86	65319912 41119912	132.44	-2.19	50	-1.64	57	27.37	56	0.81	51	-0.07	56	-0.08	51	0.14	58
87	41218488	132.23	-0.90	50	1.05	51	2.36	50	27.45	43	-0.03	46	0.09	43	0.05	52
88	65318936 41118936	130.72	-0.12	51	2.93	51	0.32	50	21.60	46	0.08	50	0.18	46	-0.09	54
89	41419127	129.07	-0.25	20	-0.03	56	4.65	54	21.09	50	0.06	54	-0.02	50	-0.03	56
90	41416121	128.71	1.39	46	3.27	71	-4.38	69	20.26	54	-0.04	12	0.06	54	0.04	62
91	22217769	128.44	-0.75	51	5.46	54	13.08	53	-3.78	48	-0.07	53	0.08	49	0.05	55
92	41418182	127.68	0.27	19	0.40	50	5.36	50	15.64	45	-0.05	17	0.01	46	0.21	54
93	65117502*	127.38	1.40	45	-1.04	47	-2.85	43	27.06	37	0.00	1	-0.01	38	0.04	48
94	41119262	127.05	0.26	47	-0.32	57	13.15	56	4.89	49	-0.12	54	0.08	50	-0.02	56
95	37117681	127.01	0.55	50	-0.26	74	-8.98	65	37.52	50	0.17	58	0.07	50	-0.17	57
96	22116067	126.53	-0.04	45	-0.86	83	-11.46	78	44.61	47	0.01	24	0.15	47	-0.17	56
97	41418133	126.28	-0.14	8	-1.82	50	3.08	49	24.79	44	0.10	7	0.01	44	0.25	53
98	15418512	125.40	-0.86	53	4.50	57	-4.70	56	23.39	51	-0.02	33	0.07	51	0.13	58
99	15619011	124.74	-1.00	55	0.52	60	11.35	41	8.34	39	0.00	33	-0.04	39	0.02	41
100	41118924	124.75	-1.32	52	3.29	53	14.88	52	-2.53	47	-0.07	52	-0.01	48	0.00	55
101	41213428*	124.47	1.87	45	-1.13	47	4.44	46	11.56	41	0.00	1	0.11	42	0.00	48
102	41118932	124.21	-1.34	52	5.17	53	2.85	52	10.94	47	0.09	52	0.14	47	-0.08	55
103	41219559	124.09	-0.22	50	-3.45	50	-6.08	49	41.04	41	0.05	47	0.21	42	-0.10	11
104	11118959	124.02	0.81	56	-1.48	56	15.95	54	-1.55	49	-0.23	53	0.12	49	0.35	55
105	41417124	123.02	0.90	52	-2.93	77	-17.07	65	51.30	60	0.08	49	0.18	60	-0.21	66
106	65117528	122.88	0.27	48	-0.13	48	-1.58	47	23.08	42	0.03	8	-0.06	43	-0.01	52
107	22218325	122.70	0.69	45	-2.15	44	9.25	43	9.57	38	-0.03	45	0.07	39	0.01	1
108	15219145	122.42	0.01	44	0.90	44	-11.97	43	37.09	37	0.00	1	0.21	38	-0.07	48
109	22120005	122.23	-0.79	52	-3.53	58	3.92	57	26.37	52	0.07	53	0.04	52	-0.05	59
110	65117529	122.19	-0.79	53	-2.07	53	-0.91	52	30.21	48	-0.01	22	0.02	48	0.02	56
111	22219807	122.19	-0.23	7	-2.11	45	34.25	45	-25.77	39	-0.20	46	-0.13	40	-0.04	48
112	41413140	122.03	0.15	59	-1.47	88	1.45	84	21.35	70	-0.05	61	0.13	70	0.07	75
113	13219061	121.48	-2.53	51	1.99	59	0.55	56	24.22	48	0.19	54	-0.01	48	-0.11	56
114	14117208	121.31	-2.04	49	3.86	52	11.71	51	0.52	44	-0.06	50	0.03	44	-0.03	17

（续）

序号	牛号	CBI	体型外貌评分		初生重		6月龄体重		18月龄体重		6~12月龄日增重		13~18月龄日增重		19~24月龄日增重	
			EBV	r²(%)	EBV	r²(%)	EBV	r²(%)	EBV	r²(%)	EBV	r²(%)	EBV	r²(%)	EBV	r²(%)
115	53118377	121.21	-0.56	50	-0.55	55	1.60	53	20.87	48	-0.02	53	0.01	48	0.08	55
116	41118912	120.85	-1.12	49	-1.17	52	9.53	51	12.05	46	0.19	50	-0.12	47	-0.19	55
117	15619507	120.41	0.55	19	1.99	51	3.33	50	7.03	45	0.04	51	-0.09	46	-0.20	53
118	15219125	120.25	0.27	55	1.91	60	9.29	59	-0.98	53	0.08	31	-0.01	54	0.02	59
119	15416315	120.08	0.49	51	1.36	57	15.95	56	-10.87	46	-0.15	53	0.04	47	0.05	54
120	41115288	119.65	1.51	52	-2.90	78	-2.54	74	23.44	59	-0.09	58	0.05	60	0.04	66
121	15619095	118.79	1.73	54	-1.67	59	13.52	58	-5.82	54	-0.01	32	-0.13	55	0.03	61
122	41419161	118.39	0.28	15	1.17	54	0.93	53	11.85	47	0.07	52	-0.11	48	0.05	55
123	41213429*	118.01	1.42	45	-1.08	64	0.32	63	13.46	37	0.00	1	0.04	38	-0.08	48
124	14118102	117.92	-1.36	49	3.45	51	7.86	51	1.62	43	0.00	50	0.07	44	0.11	52
125	15618943	117.47	0.39	53	-1.06	58	4.31	57	10.78	52	-0.11	27	0.11	52	-0.05	59
126	22117019*	117.38	0.18	54	3.19	57	10.59	57	-8.41	52	0.00	53	-0.12	53	-0.30	59
127	65117533	117.11	-0.95	47	-1.46	46	-2.95	46	27.73	40	-0.01	7	0.00	41	0.07	50
128	15217893* 41117250	116.73	-1.91	21	0.24	53	17.66	52	-4.62	24	-0.10	52	0.03	22	-0.09	24
129	53114309	116.73	-0.96	52	0.67	80	3.33	76	12.63	62	0.14	48	-0.12	62	-0.03	55
130	14117283	116.70	-1.91	54	1.28	57	7.22	57	8.84	50	0.06	57	-0.02	50	-0.03	57
131	22211106	116.51	0.42	44	-1.64	58	-6.01	57	26.99	44	0.24	44	0.06	45	0.08	48
132	41419111	115.62	-0.40	6	-1.28	47	5.48	47	10.85	41	0.03	45	-0.01	42	0.13	13
133	41215403	115.53	0.13	53	1.32	54	-1.52	54	13.15	49	-0.05	26	0.06	50	0.07	56
134	22217825	114.82	-0.19	50	-0.92	51	5.94	50	7.71	45	0.08	51	-0.05	46	0.01	54
135	65118573	114.39	0.73	52	-1.52	52	4.11	51	8.00	46	-0.07	47	0.04	46	0.06	55
136	41118940	114.24	-0.61	51	5.08	51	-4.02	51	9.54	45	0.00	51	0.08	46	-0.13	54
137	41119908	113.52	0.45	51	-0.12	56	-2.19	56	14.54	50	0.01	56	-0.04	51	0.26	58
138	37117678	113.19	0.49	52	0.34	70	-2.03	70	12.72	54	0.00	58	-0.06	54	-0.05	56
139	22217029	112.87	0.82	65	-1.85	81	5.31	75	5.19	70	-0.01	72	0.03	70	-0.09	69
140	13219043	111.82	-1.99	51	0.09	51	2.24	50	15.10	45	-0.10	48	0.11	46	0.24	54
141	41118928	110.20	-1.25	50	4.01	50	5.81	50	-4.24	44	-0.10	50	0.16	45	-0.12	53
142	41219561	110.08	-0.65	52	-0.13	51	2.03	50	9.14	45	-0.05	16	0.03	15	0.08	54
143	53115353	109.62	-0.10	51	0.50	56	-14.54	55	30.46	49	0.00	51	0.09	50	0.12	56
144	41116220	108.71	0.63	45	-2.79	81	12.26	75	-6.34	48	-0.05	48	-0.10	49	0.20	58
145	22213001*	108.69	2.42	57	3.07	91	-5.70	90	0.06	77	0.04	83	-0.16	76	-0.13	67

（续）

序号	牛号	CBI	体型外貌评分		初生重		6月龄体重		18月龄体重		6~12月龄日增重		13~18月龄日增重		19~24月龄日增重	
			EBV	r²(%)	EBV	r²(%)	EBV	r²(%)	EBV	r²(%)	EBV	r²(%)	EBV	r²(%)	EBV	r²(%)
146	15216234*	107.89	1.55	54	2.52	87	5.83	83	-13.66	65	-0.33	55	0.01	65	0.02	72
147	65115503	107.73	-0.71	48	1.36	48	-3.44	47	11.96	42	0.01	7	-0.08	43	-0.08	51
148	65318274	106.98	0.57	45	-1.56	44	-22.35	43	42.36	38	0.09	5	0.06	39	-0.13	48
	41118274															
149	41119910	106.32	-1.38	51	-1.45	57	-4.65	56	21.89	51	0.03	56	0.06	51	0.16	58
150	22119155	105.02	-0.38	52	-2.20	57	-2.64	55	15.54	50	0.17	53	-0.04	51	-0.04	57
151	41118926	104.94	-0.93	49	1.31	49	1.81	48	2.27	43	-0.08	48	0.08	43	-0.23	52
152	41217469	104.55	0.43	48	1.25	47	4.17	46	-6.83	41	-0.14	47	0.03	41	0.05	47
153	65115504	103.88	-0.33	48	0.47	49	-3.23	48	8.72	42	0.04	9	-0.04	43	0.01	51
154	22218605	103.43	1.41	48	4.03	55	19.93	53	-42.56	48	-0.39	52	-0.01	49	0.19	55
155	41114250	103.24	1.14	52	-3.05	59	-6.86	58	16.51	51	-0.15	56	0.09	52	-0.07	59
156	11118958	100.25	0.99	56	0.57	56	0.97	56	-6.47	52	-0.18	54	0.13	52	0.24	59
157	15213327	100.14	-1.07	56	1.97	75	6.61	74	-10.63	56	-0.06	62	0.04	57	0.20	63
158	13218431	99.33	0.22	50	-3.21	50	1.01	50	4.74	45	-0.13	50	0.16	45	0.19	53
159	22219227	99.28	-0.72	21	-3.18	57	8.03	56	-2.50	48	0.28	51	-0.21	49	-0.11	57
160	52218846	98.79	1.17	44	-0.43	1	-0.42	1	-3.98	36	-0.05	1	0.01	1	0.10	46
	41218846															
161	41118904	98.61	-0.63	51	0.49	52	-9.89	51	15.12	46	-0.02	20	-0.02	47	-0.07	54
162	22117027	98.33	-0.68	57	3.17	74	10.32	70	-22.42	60	0.00	42	-0.22	60	0.15	66
163	41417171	96.74	-0.85	21	-3.72	52	0.39	51	8.65	46	0.08	22	0.00	47	-0.05	55
164	15215509	96.59	1.23	51	-1.06	82	-12.89	76	14.38	50	0.01	52	0.02	50	-0.03	57
165	41418183	96.39	0.39	18	-5.35	50	0.43	49	7.40	45	-0.03	16	0.13	45	0.06	53
166	41215411*	96.07	0.37	46	2.15	80	-10.38	75	5.60	46	-0.01	15	-0.07	47	-0.04	56
167	22217329	95.46	-1.33	52	6.70	55	14.75	54	-37.92	49	0.08	54	-0.24	50	0.18	56
168	52218832	94.40	0.21	43	0.38	1	1.02	1	-8.53	36	0.00	1	0.02	1	0.11	46
	41218832															
169	52218894	93.75	0.07	44	0.27	1	-4.29	1	-0.19	37	0.00	1	-0.01	1	0.07	47
	41218894															
170	15418514	93.70	-1.37	51	-0.25	55	-15.35	54	23.55	49	0.02	25	0.08	50	-0.03	57
171	41213426*	93.35	1.16	45	-0.94	69	-0.72	68	-7.33	37	0.00	1	0.03	38	0.08	48
172	15215324	93.26	1.07	47	0.68	83	-7.79	77	-0.15	47	0.01	47	-0.11	48	0.03	56
173	41218485	92.78	-0.57	45	1.18	44	-4.16	44	-1.02	38	0.00	44	0.00	39	0.07	48

(续)

序号	牛号	CBI	体型外貌评分		初生重		6月龄体重		18月龄体重		6~12月龄日增重		13~18月龄日增重		19~24月龄日增重	
			EBV	r^2(%)	EBV	r^2(%)	EBV	r^2(%)	EBV	r^2(%)	EBV	r^2(%)	EBV	r^2(%)	EBV	r^2(%)
174	41414150	91.63	-0.68	44	0.05	78	1.95	78	-8.30	57	0.00	1	-0.06	56	0.09	48
175	11116911*	90.73	0.39	48	-2.93	84	7.28	80	-14.25	48	0.04	48	-0.15	49	0.30	58
176	65116511*	90.51	0.29	57	-3.00	81	-14.06	77	18.82	58	0.14	37	-0.15	58	0.39	64
177	15217894	90.24	-2.38	53	-0.34	59	-5.35	58	9.12	53	-0.05	37	-0.02	54	0.05	59
	41117224															
178	11117951*	89.91	-0.59	59	-1.80	73	-9.77	60	12.19	56	0.14	60	0.02	56	0.49	60
179	15619101	89.31	-0.19	52	0.59	58	6.98	56	-21.39	49	0.11	54	-0.22	50	-0.21	57
180	13219115	89.21	-0.74	50	3.77	55	-2.34	52	-12.76	48	-0.05	52	0.03	48	0.24	55
181	15417503	88.59	-0.52	56	-1.86	60	12.31	58	-23.02	53	-0.14	37	0.12	53	0.17	60
182	22218105	88.45	-0.14	54	0.02	56	12.75	57	-29.85	50	-0.03	56	-0.17	50	-0.14	58
183	15218665	85.49	0.78	52	-1.15	70	-9.95	58	1.45	50	0.16	56	-0.04	51	0.18	56
184	11116921*	84.71	-0.04	57	-0.89	83	1.57	79	-14.39	58	0.11	57	-0.26	58	0.31	62
185	41114212	84.21	0.96	51	0.53	63	-15.48	62	3.97	57	0.21	45	-0.09	57	0.10	64
186	52217462	83.82	-0.15	47	1.97	56	-6.82	54	-8.86	50	0.15	16	-0.16	49	0.03	56
	41217462															
187	53119379	83.16	-2.86	48	-1.39	58	-6.60	57	8.81	51	-0.03	56	0.06	51	-0.19	57
188	41219562	82.54	-1.66	49	-2.53	49	-7.11	48	7.13	43	-0.10	13	0.03	12	0.08	53
189	22218707	82.56	-0.03	50	1.42	51	-8.00	50	-7.36	47	0.03	50	0.03	48	0.41	56
190	41218489	81.20	-1.60	53	-2.53	53	-12.06	53	13.23	48	0.02	25	0.03	47	0.05	56
191	41415156	79.14	-0.96	46	0.28	47	-11.35	46	0.94	41	0.00	8	0.01	41	0.04	50
192	11116912*	79.04	-1.17	57	-3.00	86	-11.50	83	9.83	64	0.04	63	-0.13	65	0.24	65
193	22116019	74.40	1.10	51	5.19	85	-9.33	84	-26.45	61	0.07	52	-0.16	62	0.43	68
194	53119385	74.36	-0.61	47	1.07	57	-5.79	56	-15.32	51	-0.13	54	-0.06	51	0.19	57
195	65116513*	72.98	0.24	57	-3.73	86	-31.40	82	30.98	60	0.04	38	-0.13	61	0.20	66
196	41118906	70.32	-0.92	50	0.33	49	-11.26	48	-7.72	43	0.00	15	-0.09	44	-0.13	53
197	52218114	68.78	-0.02	43	-0.52	1	-0.92	1	-26.44	36	-0.01	1	0.00	1	0.19	46
	41218114															
198	22220109	67.56	-1.14	49	6.70	56	-12.55	57	-22.89	49	0.10	57	-0.24	50	-0.17	56
199	22119089	65.48	0.14	51	-6.12	62	-3.88	55	-12.05	49	-0.12	23	-0.05	50	0.13	57
200	22219215	64.22	-1.22	51	-3.01	56	11.60	56	-39.22	48	0.32	50	-0.19	49	-0.24	57
201	11117939*	63.97	0.85	45	-2.02	44	-30.86	43	15.23	37	0.33	44	0.01	38	0.36	48
202	65113594	61.38	0.08	52	0.52	52	-8.57	51	-24.53	46	-0.01	19	0.03	47	-0.20	55

（续）

序号	牛号	CBI	体型外貌评分		初生重		6月龄体重		18月龄体重		6~12月龄日增重		13~18月龄日增重		19~24月龄日增重	
			EBV	r²(%)	EBV	r²(%)	EBV	r²(%)	EBV	r²(%)	EBV	r²(%)	EBV	r²(%)	EBV	r²(%)
203	53119386	59.89	-0.29	51	-2.36	56	-2.96	55	-26.12	49	-0.29	54	0.01	49	0.14	55
204	11117952*	58.21	0.85	45	-0.51	50	-32.01	43	7.95	37	0.25	44	0.03	38	0.41	48
205	22118111	57.48	-0.56	51	-4.54	65	-22.84	57	8.42	51	-0.04	28	0.08	51	-0.15	58
206	22218601	57.35	0.70	45	0.94	45	-21.91	44	-11.26	5	0.12	45	-0.07	5	-0.07	6
207	65319226 41119226	53.43	-0.12	44	-2.67	43	-15.51	42	-12.83	37	-0.14	43	0.12	38	0.15	47
208	22218621	46.64	0.56	45	-4.53	44	-12.17	43	-22.43	38	-0.09	45	0.02	39	0.28	48
209	22218009	45.70	-0.07	48	0.83	50	-22.36	49	-18.22	46	0.14	49	-0.08	43	0.22	56
210	65318914 41118914	38.11	-0.15	50	-0.72	50	-21.16	49	-23.09	44	-0.06	49	0.00	45	-0.08	53
211	15219124	37.74	0.03	44	-0.71	44	-4.60	43	-49.55	37	0.00	1	-0.25	38	0.26	48
212	22219929	37.38	-0.02	44	1.61	44	-16.26	43	-37.43	37	0.02	44	-0.07	38	-0.32	48
213	65318910 41118910	35.37	-2.00	49	-1.58	50	7.47	49	-60.30	44	-0.19	48	-0.16	45	0.06	53
214	15619337	34.48	0.22	50	-1.21	50	-71.36	49	50.23	44	0.11	50	0.06	45	-0.15	53
215	65318944 41118944	32.96	-0.29	50	-0.03	51	-30.95	51	-14.02	45	0.09	50	0.00	46	-0.06	53
216	22219727	25.22	0.09	1	-1.98	44	-5.99	43	-56.28	37	-0.04	44	-0.25	38	0.08	48

注：肉用型西门塔尔牛、兼用型西门塔尔牛和华西牛体重及日增重性状同组评估。

＊ 表示该牛已经不在群，但有库存冻精。

表4-1-6　西门塔尔牛基因组估计育种值（*GCBI*排名）

排名	牛号	GCBI	产犊难易度		断奶重（kg）		育肥期日增重（kg/d）		胴体重（kg）		屠宰率（%）	
			GEBV	Rank（%）	GEBV	Rank（%）	GEBV	Rank（%）	GEBV	Rank（%）	GEBV	Rank（%）
1	15208131*	299.61	0.21	65	61.53	1	0.13	1	35.87	1	0.0017	10
2	11117957	249.96	0.03	50	52.37	1	0.07	1	21.60	5	0.0004	35
3	41113268*	226.44	-0.45	20	35.13	5	-0.04	65	40.98	1	-0.0024	99
4	41116242*	214.26	-0.31	25	31.73	10	-0.02	35	34.95	1	-0.0013	90
5	15216542	204.80	0.47	80	32.49	5	0.08	1	18.78	5	0.0008	25
6	15217171	203.21	-0.13	35	38.92	5	0.05	5	10.73	10	-0.0008	85
7	15618939	202.36	-0.29	25	43.61	5	0.01	15	8.83	10	0.0003	45
8	15611345 22211146	199.93	-0.23	30	11.45	35	0.02	10	47.60	1	-0.0004	70
9	15217893*	197.56	0.36	75	51.32	1	-0.03	55	1.87	35	0.0011	20
10	22217091*	192.46	0.11	55	28.49	10	0.04	5	19.56	5	0.0012	15
11	15217244	188.14	0.18	60	37.08	5	0.05	5	3.70	25	-0.0011	90
12	15217229	185.64	0.21	65	42.47	5	0.04	5	-3.57	65	-0.0017	95
13	22121013	184.56	0.31	70	30.66	10	0.05	5	10.33	10	-0.0005	75
14	22121015	184.08	-0.21	30	34.88	5	0.03	5	6.18	20	-0.0002	65
15	15216581	183.26	0.13	60	30.24	10	-0.04	65	20.14	5	-0.0001	60
16	22119161	180.52	0.22	65	34.43	5	0.03	5	4.58	20	-0.0003	65
17	15618943 22118051	179.75	0.02	50	40.72	5	0.02	10	-2.25	55	-0.0007	80
18	15617930 22217330	179.68	-0.65	15	42.25	5	0.01	15	-5.01	70	0.0002	45
19	22218605	179.06	0.28	70	38.64	5	0.02	10	0.47	40	0.0001	45
20	14120353	178.28	-0.83	10	33.52	5	0.00	20	5.37	20	0.0009	25
21	22217313	175.27	-0.17	30	47.07	5	-0.02	35	-10.27	85	0.0000	50
22	15215421*	175.02	-0.38	20	32.45	5	0.02	10	4.11	25	-0.0004	70
23	15216234*	174.96	-0.08	40	37.72	5	0.01	15	-1.18	50	0.0000	55
24	22119081	174.14	0.41	80	29.87	10	0.04	5	6.67	15	0.0007	30
25	22121001	173.63	0.05	50	39.21	5	0.01	10	-4.22	65	-0.0001	60

（续）

排名	牛号	GCBI	产犊难易度		断奶重（kg）		育肥期日增重（kg/d）		胴体重（kg）		屠宰率（%）	
			GEBV	Rank（%）	GEBV	Rank（%）	GEBV	Rank（%）	GEBV	Rank（%）	GEBV	Rank（%）
26	41115284	172.93	-0.92	10	29.29	10	0.03	5	3.48	25	-0.0005	75
27	15218661	172.60	0.17	60	34.82	5	-0.03	60	6.83	15	0.0005	35
28	15217001	172.41	-0.20	30	38.16	5	-0.04	70	2.46	30	-0.0005	75
29	15215510	170.52	0.35	75	44.28	5	-0.06	80	-3.22	60	0.0012	15
30	22217315	170.00	-0.10	35	41.44	5	-0.02	40	-6.06	70	0.0000	55
31	15219146	169.90	0.15	60	30.70	10	0.02	10	4.06	25	-0.0001	60
32	15208603*	169.78	0.27	70	46.28	5	-0.07	85	-5.03	70	0.0013	15
33	22120005	169.45	0.17	60	27.77	10	0.05	5	4.08	25	-0.0009	85
34	15611344*	169.07	-0.26	25	12.25	30	0.03	5	24.97	5	-0.0018	95
	22211144											
35	15617934	168.98	-0.31	25	45.93	5	-0.03	50	-11.98	85	0.0014	15
	22217334											
36	15220233	168.77	-0.60	15	25.36	10	-0.01	30	12.14	10	-0.0011	90
37	15216111	168.76	0.36	75	37.16	5	-0.03	55	1.46	35	0.0001	50
38	15217141*	168.26	0.61	90	37.13	5	0.00	20	-2.21	55	0.0011	20
39	15618205	167.70	0.23	65	34.04	5	0.00	15	0.25	45	0.0003	40
40	22119143	167.61	0.23	65	32.79	5	0.03	5	-0.96	50	-0.0006	80
41	13317106	167.58	0.27	70	38.97	5	-0.01	30	-4.29	65	0.0009	25
42	22121025	167.47	-0.17	30	29.58	10	-0.02	35	7.34	15	-0.0005	75
43	15617955	167.42	-0.11	35	36.53	5	-0.02	45	-0.95	50	0.0001	50
	22217517											
44	15215212*	164.95	-0.19	30	37.78	5	0.03	5	-10.76	85	-0.0009	85
45	22120079	164.50	0.27	70	29.33	10	0.03	5	0.81	40	0.0003	40
46	15619194	163.88	-0.63	15	28.02	10	0.01	15	2.54	30	-0.0001	60
47	22120093	163.58	-0.01	45	28.50	10	0.00	20	4.97	20	0.0003	40
48	11118959	162.73	-1.25	5	32.23	5	-0.06	80	2.89	30	0.0005	35
49	13319121	162.08	-0.22	30	31.91	10	-0.02	35	0.78	40	-0.0004	70
50	15218551	161.94	-0.53	15	17.92	20	0.01	15	14.84	5	0.0000	50
51	15217517*	160.67	-0.23	30	22.42	15	0.00	20	10.14	10	0.0001	50
52	15219125	160.52	-0.11	35	30.54	10	0.01	15	-1.71	55	0.0009	20

（续）

排名	牛号	GCBI	产犊难易度		断奶重（kg）		育肥期日增重（kg/d）		胴体重（kg）		屠宰率（%）	
			GEBV	Rank（%）	GEBV	Rank（%）	GEBV	Rank（%）	GEBV	Rank（%）	GEBV	Rank（%）
53	22116067	159.79	0.30	70	21.84	15	0.04	5	7.39	15	-0.0006	75
54	41113260	159.78	0.06	55	21.66	15	0.01	15	10.57	10	0.0008	25
55	15216221	159.77	-0.19	30	27.75	10	0.01	10	1.23	35	0.0000	55
56	15216112*	159.35	-0.11	35	23.99	10	-0.03	50	10.55	10	0.0001	50
57	41418132	158.58	-0.82	10	31.20	10	0.00	25	-3.52	65	-0.0011	90
	22118033											
58	22217308	157.84	-0.36	25	39.63	5	-0.05	75	-8.85	80	0.0000	50
59	22120025	157.77	0.16	60	22.42	15	0.02	10	7.15	15	-0.0001	55
60	15618945	157.73	0.57	90	29.04	10	0.02	10	-1.31	50	0.0005	35
	22118079											
61	41120258	157.17	0.49	85	18.57	20	-0.01	25	15.17	5	0.0012	15
62	13317104	157.01	0.23	65	20.99	15	0.04	5	6.40	15	-0.0006	80
63	15217663	155.76	0.29	70	31.77	10	0.02	10	-6.87	75	0.0001	50
64	15217669	155.51	0.08	55	38.53	5	-0.06	80	-6.04	70	0.0009	20
65	15217582	155.39	-0.01	45	32.97	5	-0.05	75	-0.89	50	-0.0006	80
66	13320124	155.39	-0.47	20	19.15	15	-0.03	50	13.47	10	0.0002	45
67	41113264	155.36	-0.79	10	16.70	20	0.04	5	7.39	15	-0.0009	85
68	41219111	155.35	0.18	60	22.29	15	-0.05	80	14.25	5	-0.0012	90
69	22120087	155.24	-0.06	40	14.98	25	0.01	10	15.08	5	0.0003	40
70	11116919*	154.88	-0.39	20	22.27	15	-0.03	50	9.40	10	0.0001	45
71	15416313	153.84	-0.63	15	22.52	15	0.02	10	2.67	30	0.0003	40
72	22119127	153.72	0.17	60	33.45	5	0.02	10	-10.36	85	-0.0009	85
73	11116921*	153.57	-0.71	15	25.85	10	-0.02	50	2.73	30	0.0002	45
74	22120091	153.43	-0.02	45	20.60	15	0.00	20	8.34	15	-0.0007	80
75	43117102	152.50	0.23	65	37.87	5	-0.05	75	-8.64	80	-0.0006	80
76	15617935*	151.68	-0.62	15	35.48	5	-0.01	30	-12.42	90	-0.0004	70
	22217335											
77	15220266	151.40	-0.20	30	17.99	20	-0.02	40	12.22	10	-0.0010	90
78	15212612	151.17	0.23	65	11.06	35	-0.01	30	21.02	5	-0.0007	80
79	15217232	151.09	-0.09	40	34.35	5	0.00	25	-10.79	85	-0.0004	70

（续）

排名	牛号	GCBI	产犊难易度		断奶重（kg）		育肥期日增重（kg/d）		胴体重（kg）		屠宰率（%）	
			GEBV	Rank（%）	GEBV	Rank（%）	GEBV	Rank（%）	GEBV	Rank（%）	GEBV	Rank（%）
80	15220255	150.99	0.22	65	25.46	10	0.03	5	-2.37	55	0.0001	50
81	13320125	150.63	0.05	50	27.04	10	0.00	20	-1.73	55	-0.0002	65
82	22217326	150.51	-0.40	20	35.00	5	-0.02	40	-11.10	85	0.0000	55
83	15216571	150.29	0.25	65	19.07	15	-0.04	65	13.23	10	-0.0011	90
84	11120920	150.00	0.21	65	23.29	10	0.04	5	-1.59	55	0.0004	35
85	22120061	149.98	0.11	55	25.67	10	0.07	1	-8.03	80	-0.0016	95
86	11117987	149.57	-0.16	30	51.67	1	-0.06	80	-28.53	99	0.0025	5
87	15216241*	149.20	0.49	85	34.46	5	0.04	5	-15.78	95	-0.0003	65
88	15215225	149.12	0.17	60	23.29	10	-0.03	60	6.58	15	-0.0008	85
89	22218001	148.67	0.10	55	24.70	10	0.01	15	-0.50	45	-0.0010	85
90	15216223*	148.64	0.00	45	19.61	15	0.05	5	0.05	45	-0.0018	95
91	15217005	148.55	-0.12	35	18.30	20	-0.01	25	8.83	10	-0.0010	90
92	22121007	148.36	-0.24	30	15.44	25	0.01	10	9.63	10	-0.0015	95
93	41121250	147.90	-0.83	10	9.47	40	0.01	15	15.84	5	0.0010	20
94	22121019	147.55	-0.06	40	27.07	10	0.02	10	-6.77	75	-0.0003	65
95	22119155	147.10	0.19	60	28.95	10	0.01	10	-7.68	75	-0.0009	85
96	15213915*	146.33	0.26	70	11.69	35	-0.02	35	17.72	5	0.0004	40
97	15216011	146.26	0.05	50	-1.99	80	-0.03	50	36.20	1	-0.0003	70
98	15417503	146.18	-0.14	35	28.10	10	-0.02	45	-4.00	65	-0.0002	60
99	41117252*	146.10	-0.15	35	28.15	10	-0.02	45	-4.17	65	-0.0002	60
100	11116932	145.02	-0.57	15	22.67	15	-0.02	40	0.98	40	0.0013	15
101	15217111	144.62	-0.27	25	19.58	15	0.01	15	2.53	30	0.0003	40
102	15620257	144.32	-0.01	45	22.13	15	-0.01	35	1.99	35	0.0008	25
103	15219401	144.30	-0.10	35	10.60	35	0.02	10	13.06	10	-0.0014	95
104	41120262	144.08	0.33	75	11.82	35	-0.03	60	18.34	5	-0.0006	80
105	41119276	143.84	-0.21	30	17.42	20	-0.02	35	7.61	15	-0.0009	85
106	15215417	143.81	0.22	65	24.92	10	-0.06	85	4.47	25	-0.0006	80
107	15217112	143.49	-0.09	40	18.69	20	0.01	15	2.59	30	0.0010	20
108	22115061	142.88	0.16	60	22.22	15	0.02	10	-2.34	55	-0.0009	85
109	15620211	142.81	0.61	90	7.39	50	-0.06	80	26.72	1	-0.0007	80

（续）

排名	牛号	GCBI	产犊难易度		断奶重（kg）		育肥期日增重（kg/d）		胴体重（kg）		屠宰率（%）	
			GEBV	Rank（%）	GEBV	Rank（%）	GEBV	Rank（%）	GEBV	Rank（%）	GEBV	Rank（%）
110	15216114*	142.76	-0.24	25	21.19	15	0.01	15	-0.97	50	-0.0001	60
111	41220106	142.62	0.10	55	12.08	30	-0.04	65	17.00	5	-0.0018	95
112	15620253	142.33	0.46	80	14.52	25	0.02	10	7.38	15	-0.0002	65
113	22119157	141.82	-0.58	15	14.81	25	-0.03	60	10.83	10	0.0001	50
114	22217027	141.75	0.45	80	23.19	10	0.00	20	-1.60	55	0.0009	20
115	15217139	141.73	0.00	45	23.23	10	0.01	15	-4.12	65	0.0000	55
116	41113274*	141.72	-0.20	30	29.37	10	-0.02	40	-8.73	80	-0.0008	85
117	41213429*	141.71	-0.84	10	17.14	20	0.01	10	1.44	35	-0.0011	90
118	15212418	141.14	-0.42	20	10.39	35	0.04	5	7.96	15	-0.0002	65
119	11116911*	140.69	-0.38	20	16.66	20	-0.01	30	5.48	20	0.0005	35
120	15219411	140.53	0.41	80	-0.29	75	0.01	15	26.83	1	-0.0006	80
121	15620017	140.22	0.27	70	18.78	20	-0.01	30	3.84	25	-0.0007	80
122	22121039	140.00	0.42	80	20.82	15	0.02	10	-2.63	60	0.0000	55
123	22120013	139.91	-0.17	30	14.75	25	0.00	20	6.99	15	-0.0012	90
124	15214127*	139.45	-0.11	35	33.86	5	-0.05	75	-12.53	90	0.0009	20
125	15220421	139.43	-0.30	25	13.22	30	0.03	5	3.91	25	-0.0013	90
126	41113270	139.23	-0.10	40	15.11	25	-0.02	40	8.13	15	0.0004	40
127	15217735	139.15	-0.20	30	15.89	25	0.01	15	3.86	25	-0.0003	65
128	22120133	139.05	-0.10	35	20.73	15	-0.02	40	0.91	40	-0.0001	60
129	41113252*	138.99	0.00	45	30.88	10	-0.02	40	-12.15	90	-0.0002	65
130	41120906	138.55	-0.05	40	13.32	30	0.03	5	3.77	25	0.0002	45
131	15617957	138.36	0.25	65	30.99	10	-0.04	70	-9.24	80	0.0011	20
	22217615											
132	22121031	138.03	-0.03	45	19.73	15	-0.03	50	2.51	30	0.0000	55
133	15220413	137.96	0.07	55	10.31	40	-0.03	50	14.70	5	0.0012	15
134	22121033	137.95	-0.27	25	20.67	15	0.03	5	-6.49	75	-0.0019	95
135	41113262	137.91	-0.49	20	11.33	35	-0.03	50	12.08	10	0.0004	35
136	65118581	137.56	0.17	60	18.95	20	-0.02	35	2.38	30	-0.0001	55
137	22120081	137.37	-0.21	30	13.84	25	0.00	20	5.94	20	0.0002	45
138	15217684	137.27	0.08	55	20.74	15	-0.04	70	2.79	30	0.0016	10

（续）

排名	牛号	GCBI	产犊难易度		断奶重（kg）		育肥期日增重（kg/d）		胴体重（kg）		屠宰率（%）	
			GEBV	Rank（%）	GEBV	Rank（%）	GEBV	Rank（%）	GEBV	Rank（%）	GEBV	Rank（%）
139	65117529	137.18	0.37	75	6.03	55	-0.02	40	19.72	5	-0.0008	85
140	41120218	137.12	-0.39	20	15.25	25	0.01	10	1.99	35	-0.0004	70
141	11116931	137.08	0.01	45	14.56	25	0.02	10	3.48	25	0.0002	45
142	15619095	136.75	0.57	90	21.80	15	0.01	15	-3.28	60	-0.0007	80
143	41413143	136.57	-0.74	15	26.83	10	-0.02	40	-10.28	85	-0.0014	95
144	15216226*	136.51	-0.27	25	24.49	10	-0.03	55	-5.13	70	0.0007	30
145	41113258*	136.38	-0.25	25	12.88	30	-0.03	50	9.86	10	-0.0011	90
146	41120904	136.31	0.10	55	19.42	15	0.02	10	-3.34	60	-0.0010	90
147	22120065	136.23	0.24	65	12.38	30	0.03	5	4.89	20	0.0006	30
148	13320117	136.08	0.32	70	22.43	15	-0.05	75	0.83	40	0.0011	20
149	15620251	135.96	0.29	70	10.84	35	-0.02	45	12.95	10	0.0001	50
150	22117027	135.70	0.10	55	27.52	10	-0.03	55	-8.69	80	0.0015	15
151	22217304	135.54	-0.25	25	25.47	10	-0.01	35	-8.59	80	0.0001	50
152	15217142	135.40	0.10	55	17.58	20	-0.02	45	3.14	30	0.0004	35
153	65318910 41118910	134.83	-0.03	45	10.52	35	-0.03	60	13.10	10	-0.0017	95
154	15619147	134.77	0.34	75	22.57	15	0.00	20	-5.96	70	0.0004	35
155	15618933* 22118013	134.69	0.26	70	19.93	15	0.02	10	-5.14	70	-0.0004	70
156	22219403	134.62	-0.43	20	17.04	20	0.04	5	-5.49	70	-0.0013	95
157	15212251	134.61	-0.04	40	15.71	25	-0.03	55	5.84	20	-0.0008	85
158	22219385	134.57	0.44	80	21.63	15	-0.04	70	0.77	40	0.0001	50
159	41415118	134.32	0.22	65	17.12	20	-0.02	40	3.13	30	0.0007	30
160	15212310*	134.30	-0.02	45	12.70	30	0.02	10	3.12	30	-0.0009	85
161	22218123	134.27	0.26	65	17.58	20	-0.02	45	3.12	30	-0.0002	60
162	22211106	134.23	0.30	70	14.53	25	0.00	15	3.86	25	-0.0005	75
163	13320116	134.02	-0.08	40	19.56	15	-0.01	25	-2.76	60	0.0018	10
164	13219088	133.83	0.16	60	3.28	65	-0.07	85	26.27	5	-0.0013	95
165	15220288	133.77	-0.29	25	16.16	20	0.02	10	-2.47	60	-0.0005	75
166	13320115	133.60	0.06	50	30.79	10	-0.05	75	-11.74	85	0.0018	10

（续）

排名	牛号	GCBI	产犊难易度		断奶重（kg）		育肥期日增重（kg/d）		胴体重（kg）		屠宰率（%）	
			GEBV	Rank（%）	GEBV	Rank（%）	GEBV	Rank（%）	GEBV	Rank（%）	GEBV	Rank（%）
167	22120137	133. 18	0. 13	60	15. 20	25	0. 00	25	2. 91	30	0. 0006	30
168	41118208*	132. 71	-0. 28	25	11. 55	35	-0. 03	60	9. 72	10	0. 0001	50
169	41120910	132. 44	-0. 38	20	18. 40	20	0. 00	25	-2. 98	60	-0. 0007	80
170	14117309	131. 96	0. 07	55	28. 86	10	-0. 04	70	-11. 58	85	0. 0015	15
171	41120934	131. 90	0. 29	70	10. 26	40	-0. 01	30	9. 71	10	-0. 0002	60
172	41117908	131. 81	0. 28	70	7. 33	50	-0. 05	80	18. 61	5	-0. 0011	90
173	41420189	131. 56	0. 31	70	11. 62	35	-0. 05	75	11. 84	10	0. 0007	30
174	41420149	131. 46	-0. 11	35	8. 16	45	-0. 01	25	10. 52	10	0. 0000	55
175	22219663	130. 94	0. 23	65	5. 21	55	-0. 06	80	21. 22	5	-0. 0002	60
176	15618521 22218521	130. 91	-0. 02	45	21. 73	15	-0. 01	25	-7. 09	75	0. 0003	45
177	15615328 22215128	130. 62	-0. 31	25	11. 24	35	0. 00	15	4. 29	25	-0. 0007	80
178	14120356	130. 57	0. 21	65	-0. 77	75	-0. 05	75	27. 48	1	-0. 0006	75
179	15218662	130. 00	0. 20	65	14. 00	25	-0. 05	75	7. 82	15	-0. 0004	70
180	13319123	129. 85	-0. 47	20	18. 23	20	-0. 03	60	-1. 45	50	-0. 0002	65
181	11117982	129. 68	-0. 32	25	30. 79	10	-0. 01	30	-19. 99	95	0. 0012	15
182	15215309	129. 29	0. 41	80	20. 54	15	-0. 03	55	-2. 96	60	0. 0013	15
183	14117421	129. 28	-0. 19	30	17. 10	20	-0. 01	30	-1. 87	55	-0. 0014	95
184	15619129	129. 08	0. 21	65	16. 46	20	0. 02	10	-4. 55	65	-0. 0005	75
185	15219409	129. 07	0. 57	90	4. 98	55	-0. 04	65	18. 67	5	-0. 0002	65
186	22119089	128. 98	0. 43	80	13. 69	30	0. 01	15	1. 57	35	-0. 0004	70
187	14117325	128. 44	-0. 16	30	17. 78	20	-0. 05	75	1. 20	35	0. 0019	10
188	21218029	127. 81	-0. 06	40	7. 74	45	0. 04	5	3. 79	25	-0. 0007	80
189	11120917	127. 55	-0. 42	20	14. 03	25	0. 00	25	-0. 72	50	0. 0009	20
190	15216220*	127. 52	0. 12	55	11. 44	35	0. 03	5	0. 38	40	-0. 0001	60
191	41413140	127. 23	-0. 11	35	11. 36	35	0. 00	20	2. 75	30	0. 0004	35
192	15214123	126. 77	0. 19	60	16. 34	20	-0. 01	35	-1. 48	50	0. 0006	30
193	15620015	126. 48	0. 68	95	11. 37	35	-0. 02	45	7. 17	15	-0. 0003	65
194	15620013	126. 42	0. 14	60	14. 50	25	-0. 05	75	4. 85	20	-0. 0007	80

（续）

排名	牛号	GCBI	产犊难易度		断奶重（kg）		育肥期日增重（kg/d）		胴体重（kg）		屠宰率（%）	
			GEBV	Rank（%）	GEBV	Rank（%）	GEBV	Rank（%）	GEBV	Rank（%）	GEBV	Rank（%）
195	15620217	126.24	0.49	85	0.81	70	-0.02	50	20.44	5	-0.0019	95
196	14120118	125.80	0.11	55	1.67	70	-0.03	50	18.04	5	0.0007	25
197	14118327	125.75	0.11	55	16.16	20	-0.01	30	-2.61	60	0.0006	30
198	14121124	125.67	0.50	85	5.89	55	-0.04	70	15.39	5	0.0000	55
199	15220402	125.61	-0.04	45	15.92	25	-0.06	80	3.23	25	0.0003	40
200	15215511	125.44	0.41	80	8.96	40	-0.01	30	7.17	15	0.0005	35
201	11116922*	125.20	-0.56	15	13.31	30	-0.04	70	2.70	30	-0.0004	70
202	41118906	124.95	0.32	70	0.16	75	-0.02	50	19.89	5	-0.0002	60
203	15619507	124.75	-0.05	40	19.45	15	-0.03	50	-6.13	70	0.0010	20
204	14119608	124.72	0.32	70	13.03	30	-0.09	90	10.71	10	-0.0005	75
205	15220414	124.57	-0.02	45	14.92	25	-0.03	55	0.04	45	0.0004	40
206	15217732*	124.48	-0.23	30	18.22	20	-0.02	40	-6.08	70	-0.0003	65
207	11118958	124.43	-0.32	25	13.94	25	-0.02	45	-0.13	45	-0.0004	70
208	15620256	124.35	0.56	85	14.47	25	-0.02	40	0.96	40	0.0010	20
209	41116916	124.33	0.22	65	-1.22	75	-0.04	65	22.37	5	-0.0002	65
210	11111906*	124.20	-0.95	10	12.18	30	0.00	20	-2.14	55	-0.0004	70
211	14120924	124.18	0.38	75	0.71	75	-0.02	45	18.68	5	-0.0002	60
212	14120913	124.07	0.10	55	10.50	35	-0.03	60	6.17	20	0.0014	15
213	22119077	123.91	0.19	65	17.54	20	0.01	15	-7.28	75	0.0002	45
214	41213428*	123.77	0.28	70	8.67	45	0.05	5	-0.29	45	-0.0036	99
215	15620259	123.69	0.29	70	9.41	40	-0.04	70	9.41	10	-0.0005	75
216	65320246 41120246	123.34	-0.30	25	1.66	70	0.00	25	13.04	10	-0.0006	80
217	22218707	123.28	-0.01	45	11.14	35	-0.02	35	2.68	30	0.0006	30
218	22218113	123.18	0.15	60	5.77	55	-0.01	30	9.40	10	0.0005	35
219	15620116	123.07	0.67	95	0.22	75	-0.02	40	18.74	5	0.0007	30
220	22119151	122.64	-0.21	30	9.37	40	-0.01	30	3.34	25	0.0007	30
221	15216113	122.59	-0.03	45	14.70	25	-0.04	65	-0.10	45	0.0001	50
222	15619011	122.43	0.15	60	15.88	25	-0.02	45	-2.85	60	0.0010	20
223	41221004	122.36	0.05	50	5.67	55	-0.07	85	15.61	5	-0.0005	75

（续）

排名	牛号	GCBI	产犊难易度		断奶重（kg）		育肥期日增重（kg/d）		胴体重（kg）		屠宰率（%）	
			GEBV	Rank（%）	GEBV	Rank（%）	GEBV	Rank（%）	GEBV	Rank（%）	GEBV	Rank（%）
224	41219688	121.88	0.10	55	2.05	70	-0.03	50	15.29	5	-0.0011	90
225	15215609	121.83	0.62	90	16.75	20	-0.01	30	-4.64	65	0.0005	35
226	65117502	121.78	-0.18	30	-1.29	80	0.00	20	15.54	5	0.0008	25
227	15620319	121.60	0.27	70	8.57	45	0.00	20	3.44	25	-0.0002	65
228	15215518	121.57	-0.29	25	23.27	10	-0.02	35	-14.98	90	0.0005	35
229	21219012	121.43	-0.27	25	7.97	45	0.00	20	2.74	30	-0.0005	75
230	22120121	121.41	0.08	55	7.30	50	-0.01	30	5.82	20	0.0005	35
231	15213427	121.39	-0.20	30	28.03	10	-0.02	50	-20.03	95	0.0023	5
232	41419125	120.93	-0.15	35	6.28	50	-0.02	40	7.27	15	-0.0002	60
233	22220321	120.68	0.63	90	0.73	75	-0.04	70	19.34	5	-0.0007	80
234	41219559	120.60	0.15	60	3.59	60	-0.02	40	11.42	10	0.0015	15
235	41120918	120.42	0.29	70	22.25	15	-0.03	50	-11.69	85	0.0007	30
236	65317266	120.35	0.00	45	11.83	35	-0.03	55	1.35	35	0.0001	50
	41117266											
237	22219675	120.24	-0.04	45	7.36	50	-0.07	85	12.09	10	-0.0008	85
238	15618931	120.23	0.43	80	8.49	45	-0.01	30	4.61	20	-0.0003	70
	22118011											
239	65118596	120.01	0.33	75	6.35	50	-0.03	50	8.79	10	0.0007	30
240	11117986	119.77	-0.13	35	19.70	15	-0.04	70	-8.00	80	0.0016	10
241	41120914	119.67	0.14	60	14.43	25	-0.03	55	-2.00	55	0.0007	25
242	41116932	119.02	0.38	75	21.17	15	-0.02	45	-11.34	85	-0.0007	80
243	15216117	118.92	0.06	50	2.02	70	0.02	10	7.47	15	-0.0002	65
244	41420137	118.88	0.36	75	6.03	55	-0.02	40	7.73	15	0.0000	55
245	11116913*	118.67	-0.09	40	13.52	30	-0.02	35	-3.62	65	0.0008	25
246	22118007	118.62	-0.01	45	12.73	30	-0.03	50	-1.23	50	-0.0012	90
247	13319120	118.18	-0.24	30	8.71	45	-0.01	35	1.67	35	0.0000	55
248	37117677	118.10	-0.11	35	17.41	20	-0.03	55	-7.59	75	0.0013	15
249	22216401	117.97	-0.07	40	11.44	35	-0.02	45	-0.80	50	0.0013	15
250	14120355	117.78	0.44	80	-3.85	80	-0.05	75	23.54	5	-0.0002	60
251	41413193	117.69	-0.10	35	9.21	40	-0.03	55	2.80	30	0.0000	55

（续）

排名	牛号	GCBI	产犊难易度		断奶重（kg）		育肥期日增重（kg/d）		胴体重（kg）		屠宰率（%）	
			GEBV	Rank（%）	GEBV	Rank（%）	GEBV	Rank（%）	GEBV	Rank（%）	GEBV	Rank（%）
252	14117283	117.62	-0.11	35	19.32	15	-0.05	75	-8.33	80	0.0015	10
253	14120905	117.54	0.12	55	13.71	30	-0.02	35	-4.20	65	0.0005	35
254	15620235	116.79	0.15	60	8.02	45	-0.02	40	3.46	25	-0.0015	95
255	37115676	116.65	0.17	60	14.40	25	-0.05	75	-1.83	55	0.0010	20
256	15217113 *	116.58	0.03	50	10.97	35	0.00	20	-3.39	60	0.0010	20
257	41117946	116.50	-0.22	30	23.13	15	-0.04	70	-14.94	90	-0.0002	60
258	41112952	116.45	0.05	50	3.82	60	0.00	15	5.54	20	-0.0016	95
259	22119013	116.44	-0.03	45	8.60	45	-0.02	45	2.22	30	-0.0005	75
260	15217683	116.35	0.29	70	14.16	25	-0.06	80	-0.33	45	-0.0001	60
261	41120270	116.17	-0.11	35	9.80	40	-0.03	50	0.89	40	-0.0008	85
262	22121035	116.11	0.39	75	8.92	40	0.03	5	3.35	60	0.0005	35
263	41418181	116.04	-0.07	40	7.57	45	-0.04	60	4.74	20	0.0003	40
264	22218009	115.96	0.01	45	8.67	45	-0.02	40	1.45	35	0.0001	50
265	65320248 41120248	115.95	-0.09	40	4.48	60	0.01	15	3.77	25	-0.0010	85
266	41117944	115.43	-0.01	45	17.58	20	-0.01	35	-11.17	85	0.0005	35
267	22216117	115.38	0.06	50	10.13	40	-0.03	55	0.58	40	0.0000	55
268	41418182	115.33	-0.02	45	12.08	30	-0.02	40	-3.32	60	-0.0003	70
269	13219937	115.26	0.30	70	8.54	45	-0.03	55	3.45	25	-0.0003	70
270	15618929	115.23	-0.06	40	10.62	35	-0.02	40	-1.53	50	-0.0009	85
271	15218709	115.07	-0.01	45	9.65	40	-0.03	55	0.72	40	0.0009	20
272	41415196	114.96	-0.09	40	8.25	45	-0.03	55	2.32	30	0.0000	50
273	22218117	114.94	-0.04	45	7.10	50	-0.03	55	3.95	25	0.0002	45
274	41120242	114.93	-0.29	25	-0.43	75	-0.01	30	11.03	10	0.0003	45
275	15218720	114.90	-0.07	40	8.98	40	-0.02	40	0.03	45	0.0000	55
276	65318914 41118914	114.87	0.44	80	-0.52	75	-0.04	65	16.11	5	-0.0002	65
277	41121294	114.87	-0.34	25	5.10	55	0.01	15	1.29	35	0.0007	25
278	41115274	114.74	0.03	50	7.59	45	-0.01	30	0.96	40	0.0001	50
279	41418145	114.69	0.13	60	7.86	45	-0.03	55	3.40	25	0.0003	40

（续）

排名	牛号	GCBI	产犊难易度		断奶重 （kg）		育肥期日增重 （kg/d）		胴体重 （kg）		屠宰率 （%）	
			GEBV	Rank （%）	GEBV	Rank （%）	GEBV	Rank （%）	GEBV	Rank （%）	GEBV	Rank （%）
280	41120204	114.44	0.31	70	12.88	30	0.00	15	-7.01	75	0.0002	45
281	22217103	114.35	-0.05	40	11.74	35	-0.04	65	-1.41	50	0.0001	50
282	15619126	114.12	0.00	45	16.63	20	-0.06	80	-5.43	70	0.0011	20
283	11121306	114.12	-0.27	25	9.21	40	-0.01	25	-2.62	60	-0.0003	65
284	13319107	114.02	-0.25	25	10.60	35	-0.04	70	-0.43	45	0.0001	50
285	13319110	113.94	-0.26	25	8.85	45	-0.02	40	-0.65	50	-0.0007	80
286	41219518	113.70	0.66	90	6.88	50	-0.07	85	10.46	10	-0.0003	70
287	41414153	113.68	-0.18	30	7.73	45	-0.03	50	1.77	35	0.0002	45
288	41220100	113.64	0.32	70	-0.52	75	-0.03	50	13.38	10	0.0007	25
289	22218107	113.63	0.35	75	4.49	60	-0.04	70	9.04	10	-0.0008	85
290	15216748	113.54	-0.32	25	9.24	40	-0.02	35	-1.82	55	-0.0013	90
291	15217259	113.51	0.24	65	10.84	35	0.01	15	-5.89	70	-0.0005	75
292	41115266	113.47	-0.09	40	5.96	55	-0.02	35	2.75	30	0.0000	55
293	11121314	113.45	-0.34	25	13.52	30	-0.02	35	-7.55	75	0.0002	45
294	11116912*	113.44	-0.68	15	15.61	25	-0.03	60	-9.30	80	-0.0004	70
295	22118035	113.34	0.05	50	5.96	55	-0.02	40	3.14	30	0.0008	25
296	22116019	113.26	0.31	70	12.00	30	-0.01	25	-5.18	70	-0.0007	80
297	41115298	113.16	-0.12	35	5.81	55	-0.01	30	2.21	30	-0.0003	65
298	15216116	113.12	-0.02	45	5.03	55	-0.02	40	4.08	25	0.0001	50
299	41418101	113.00	-0.02	45	10.84	35	-0.05	80	0.63	40	0.0005	35
300	22218905	112.98	0.17	60	6.05	55	-0.04	65	5.68	20	0.0000	50
301	37318103	112.86	0.27	70	-4.41	85	-0.01	30	16.03	5	-0.0016	95
302	15215509	112.85	0.32	70	3.45	65	-0.03	55	8.21	15	0.0003	40
303	22218315	112.68	0.14	60	8.73	45	-0.02	50	0.29	45	0.0004	40
304	15219415	112.67	0.05	50	3.79	60	0.02	10	1.65	35	-0.0004	70
305	65118573	112.53	0.30	70	14.74	25	-0.05	75	-4.67	65	0.0002	45
306	41117910	112.52	0.47	85	-7.29	85	0.00	20	18.75	5	-0.0007	80
307	15220277	112.51	-0.13	35	13.74	30	0.01	15	-11.39	85	-0.0001	60
308	22218371	112.44	0.00	45	5.86	55	-0.03	50	3.73	25	0.0000	55
309	22217029	112.41	0.39	75	5.70	55	0.02	10	-0.44	45	0.0005	35

（续）

排名	牛号	GCBI	产犊难易度		断奶重（kg）		育肥期日增重（kg/d）		胴体重（kg）		屠宰率（%）	
			GEBV	Rank（%）	GEBV	Rank（%）	GEBV	Rank（%）	GEBV	Rank（%）	GEBV	Rank（%）
310	13317105	112.26	0.10	55	5.23	55	-0.01	35	3.13	30	0.0013	15
311	22215117	112.16	-0.05	40	3.99	60	-0.03	55	6.13	20	-0.0001	60
312	15218718	112.15	0.10	55	10.24	40	-0.03	60	-1.10	50	0.0004	40
313	22118015	112.04	-0.01	45	6.64	50	-0.01	30	0.80	40	-0.0003	65
314	21219011	111.97	-0.36	25	9.46	40	0.01	15	-6.01	70	-0.0007	80
315	41415194	111.84	0.04	50	9.29	40	-0.03	50	-1.23	50	0.0005	35
316	41118904	111.80	0.18	60	-2.54	80	-0.03	50	14.60	5	-0.0010	85
317	14120539	111.71	0.14	60	-0.38	75	-0.07	85	16.65	5	-0.0005	70
318	11121320	111.66	-0.21	30	12.85	30	-0.02	40	-7.32	75	-0.0001	55
319	22118077	111.56	-0.07	40	8.10	45	-0.02	45	-0.32	45	-0.0004	70
320	41119274*	111.45	-0.12	35	6.51	50	0.04	65	3.16	30	-0.0009	85
321	22217131	111.44	0.12	55	8.07	45	-0.02	40	-0.33	45	0.0003	40
322	41117210	111.34	-0.01	45	7.13	50	-0.04	60	2.27	30	0.0016	10
323	41118210	111.34	-0.12	35	5.67	55	-0.01	35	1.47	35	0.0005	35
324	41417129	111.33	-0.04	45	6.63	50	-0.02	40	0.83	40	0.0008	25
325	41120250	111.22	-0.28	25	3.97	60	-0.02	40	3.81	25	-0.0010	90
326	14118313	111.21	-0.36	20	10.35	35	-0.01	30	-5.43	70	-0.0003	65
327	37114661	111.04	0.01	50	10.35	35	-0.01	25	-5.57	70	0.0018	10
328	22217101	111.02	0.01	50	5.47	55	-0.03	55	3.62	25	0.0003	40
329	15218713	111.01	-0.04	45	8.56	45	-0.02	35	-2.09	55	-0.0001	60
330	22217329	110.95	0.11	55	4.93	55	-0.02	45	3.71	25	-0.0003	65
331	15218465	110.67	0.03	50	5.73	55	-0.04	65	3.89	25	0.0002	45
332	22217423	110.64	0.99	99	4.51	60	-0.04	65	8.31	15	-0.0007	80
333	15618079*	110.55	-0.39	20	-3.00	80	0.01	15	8.64	10	-0.0007	80
334	15620125	110.52	-0.16	30	17.45	20	-0.02	45	-13.42	90	0.0015	15
335	41114212	110.52	-0.01	45	6.54	50	-0.02	35	0.29	45	0.0006	30
336	41120930	110.51	-0.04	45	13.14	30	-0.02	35	-8.54	80	0.0023	5
337	41418183	110.44	-0.10	35	7.80	45	-0.01	25	-2.62	60	0.0007	30
338	41114264	110.40	0.02	50	5.73	55	-0.02	40	1.80	35	-0.0009	85
339	15218469	110.25	-0.02	45	6.27	50	-0.01	30	-0.37	45	0.0000	55

（续）

排名	牛号	GCBI	产犊难易度 GEBV	Rank（%）	断奶重（kg） GEBV	Rank（%）	育肥期日增重（kg/d） GEBV	Rank（%）	胴体重（kg） GEBV	Rank（%）	屠宰率（%） GEBV	Rank（%）
340	14119605	110.22	0.16	60	3.94	60	-0.07	85	10.28	10	-0.0001	60
341	37114662	110.12	0.30	70	25.53	10	-0.03	60	-21.60	99	0.0005	30
342	41420165	110.07	0.36	75	17.35	20	-0.01	35	-13.26	90	0.0000	55
343	22218053	110.06	0.01	50	3.09	65	0.01	15	1.94	35	0.0008	25
344	41121278	110.06	0.06	50	6.51	50	-0.05	80	4.60	20	-0.0004	70
345	65319272 41119272	109.87	-0.14	35	4.83	60	-0.02	45	2.40	30	-0.0004	70
346	22219631	109.71	0.28	70	2.73	65	-0.01	30	4.68	20	0.0014	15
347	11119978	109.36	0.14	60	2.47	65	0.03	5	-0.70	50	0.0001	50
348	11119977*	109.32	0.14	60	2.46	65	0.03	5	-0.77	50	0.0001	50
349	41418133	109.30	-0.16	30	7.70	45	-0.04	70	0.51	40	0.0003	40
350	22217233	109.22	-0.05	40	6.61	50	-0.04	65	1.91	35	0.0000	55
351	41115282	109.18	-0.07	40	2.93	65	-0.01	25	2.80	30	0.0005	35
352	41120240	109.17	-0.30	25	7.66	45	-0.02	40	-2.25	55	-0.0009	85
353	22217521	109.10	0.17	60	6.54	50	-0.04	65	2.61	30	-0.0006	80
354	15216118*	108.84	-0.02	45	10.58	35	-0.01	35	-6.25	75	-0.0004	70
355	15216224	108.79	-0.11	35	9.39	40	0.02	10	-8.97	80	-0.0010	85
356	14120358	108.77	0.32	70	-7.25	85	-0.04	70	20.76	5	-0.0006	75
357	41120244	108.76	-0.36	25	6.86	50	-0.03	50	-0.97	50	0.0002	45
358	15218719	108.70	-0.08	40	6.32	50	-0.03	55	0.73	40	0.0002	45
359	65116520	108.56	-0.31	25	-10.14	90	-0.02	35	19.90	5	-0.0010	85
360	15218464	108.50	-0.15	35	5.16	55	-0.04	65	3.18	30	0.0005	35
361	22219125	108.47	-0.68	15	13.24	30	-0.02	40	-10.89	85	0.0002	45
362	15218466	108.43	-0.04	45	6.79	50	-0.03	60	0.55	40	0.0003	40
363	15619085*	108.40	-0.33	25	5.91	55	-0.04	70	1.82	35	-0.0004	70
364	22218803	108.37	0.09	55	7.53	50	-0.04	70	0.71	40	0.0006	30
365	13319108	108.37	-0.13	35	4.85	60	-0.02	45	1.44	35	-0.0004	70
366	41117268*	108.31	0.01	50	8.96	40	-0.03	55	-2.72	60	-0.0002	60
367	41117260	108.18	-0.04	45	7.20	50	-0.02	40	-1.91	55	-0.0008	85
368	41117916	108.12	0.05	50	16.95	20	-0.02	45	-13.67	90	0.0000	50

（续）

排名	牛号	GCBI	产犊难易度		断奶重（kg）		育肥期日增重（kg/d）		胴体重（kg）		屠宰率（%）	
			GEBV	Rank（%）	GEBV	Rank（%）	GEBV	Rank（%）	GEBV	Rank（%）	GEBV	Rank（%）
369	41219562	108. 10	0. 40	75	10. 60	35	-0. 04	70	-2. 68	60	0. 0004	35
370	15218716	107. 97	-0. 05	40	6. 51	50	-0. 02	40	-1. 18	50	0. 0006	30
371	15218665	107. 71	-0. 08	40	4. 99	55	-0. 03	60	2. 29	30	0. 0012	15
372	22118027	107. 70	0. 04	50	2. 01	70	-0. 02	45	5. 37	20	-0. 0002	65
373	22218405	107. 69	-0. 03	45	6. 10	55	-0. 04	65	1. 70	35	-0. 0003	65
374	52218832	107. 64	-0. 16	30	7. 83	45	-0. 03	60	-1. 62	55	0. 0009	20
	41218832											
375	41116220	107. 44	-0. 06	40	8. 83	45	-0. 02	40	-4. 44	65	0. 0005	35
376	41220110	107. 27	0. 18	60	-3. 28	80	-0. 04	65	14. 06	5	0. 0003	45
377	15218467	107. 26	0. 10	55	3. 80	60	-0. 03	60	4. 06	25	0. 0001	50
370	22210105	107. 10	-0. 05	40	6. 82	50	-0. 04	65	0. 02	45	0. 0014	15
379	15214813	106. 97	-0. 26	25	7. 57	45	-0. 03	55	-2. 38	55	0. 0001	50
380	15213327	106. 95	-0. 27	25	1. 29	70	0. 06	5	-4. 42	65	-0. 0031	99
381	22218525	106. 94	0. 00	45	4. 40	60	-0. 01	30	0. 29	45	0. 0006	30
382	15617973	106. 90	0. 21	65	23. 56	10	-0. 04	70	-20. 74	95	0. 0009	25
	22217703											
383	41220115	106. 90	0. 56	90	1. 50	70	-0. 05	75	10. 24	10	-0. 0002	65
384	41114204*	106. 87	0. 04	50	6. 14	50	-0. 01	30	-1. 99	55	0. 0003	40
385	22215317	106. 76	-0. 04	45	2. 70	65	-0. 02	45	3. 75	25	-0. 0003	70
386	15218723	106. 55	-0. 08	40	6. 74	50	-0. 04	70	0. 20	45	0. 0002	45
387	41416120	106. 46	-0. 04	40	5. 95	55	-0. 02	45	-0. 85	50	0. 0001	50
388	13218225	106. 46	0. 23	65	-4. 61	85	-0. 02	45	13. 65	10	-0. 0006	80
389	22216421	106. 43	-0. 02	45	3. 81	60	-0. 03	60	3. 11	30	0. 0000	55
390	37318102	106. 42	-0. 07	40	10. 80	35	-0. 03	60	-6. 22	75	0. 0016	10
391	22218013	106. 37	0. 18	60	8. 01	45	-0. 03	55	-2. 33	55	0. 0004	40
392	41413185	106. 22	0. 11	55	7. 26	50	-0. 03	55	-1. 39	50	0. 0000	55
393	22215147	106. 18	-0. 08	40	7. 76	45	-0. 04	70	-1. 32	50	-0. 0010	90
394	41413186	106. 18	-0. 15	35	5. 56	55	-0. 03	55	-0. 13	45	0. 0004	35
395	15418514	106. 15	-0. 50	20	10. 77	35	0. 03	5	-15. 09	90	-0. 0002	65
396	41114252	106. 05	-0. 02	45	3. 72	60	-0. 02	40	1. 39	35	-0. 0011	90

（续）

排名	牛号	GCBI	产犊难易度		断奶重（kg）		育肥期日增重（kg/d）		胴体重（kg）		屠宰率（%）	
			GEBV	Rank（%）	GEBV	Rank（%）	GEBV	Rank（%）	GEBV	Rank（%）	GEBV	Rank（%）
397	11120911	106.02	-0.41	20	5.59	55	0.00	20	-3.99	65	-0.0001	60
398	22218005	105.97	-0.18	30	2.96	65	-0.03	50	2.75	30	-0.0007	80
399	22114009	105.89	-0.06	40	6.74	50	-0.03	50	-1.87	55	0.0002	45
400	21218026	105.75	-0.44	20	-3.39	80	-0.01	30	8.45	15	-0.0008	85
401	22215529	105.73	-0.09	40	5.96	55	-0.01	30	-2.82	60	-0.0003	65
402	11116910*	105.65	-0.50	20	2.46	65	-0.02	40	1.46	35	0.0001	50
403	41419139	105.62	0.05	50	5.49	55	-0.03	55	0.17	45	-0.0008	85
404	14119612	105.62	0.05	50	4.83	60	-0.08	85	6.49	15	0.0002	45
405	22120125	105.41	0.35	75	-4.06	80	-0.01	25	10.40	10	0.0012	15
406	52218168 41218168	105.33	-0.12	35	4.99	55	-0.03	50	-0.14	45	-0.0001	60
407	41112234*	105.33	-0.16	35	2.02	70	-0.01	30	1.93	35	0.0005	35
408	15213428*	105.32	-0.21	30	15.44	25	-0.04	65	-12.61	90	0.0022	10
409	15218468	105.22	-0.05	40	4.88	55	-0.03	55	0.71	40	-0.0009	85
410	41417171	105.18	-0.02	45	2.15	70	-0.02	40	2.65	30	-0.0004	70
411	52218114 41218114	105.10	-0.22	30	1.11	70	-0.03	50	4.58	20	0.0008	25
412	22219677	105.05	0.12	55	0.47	75	-0.03	60	6.85	15	0.0009	25
413	14119604	105.04	0.49	85	0.19	75	-0.04	70	9.23	10	-0.0001	55
414	41119914	104.98	0.02	50	2.91	65	0.00	25	-0.07	45	-0.0003	65
415	41415160	104.98	0.05	50	6.13	55	-0.03	50	-1.30	50	0.0000	55
416	41418134	104.91	-0.11	35	4.64	60	-0.04	65	1.19	35	0.0002	45
417	15618415	104.89	0.06	50	6.38	50	-0.07	85	2.94	30	0.0007	30
418	41221019	104.77	-0.08	40	1.26	70	0.01	15	0.46	40	-0.0011	90
419	41116912	104.75	0.46	80	-5.37	85	-0.03	60	15.31	5	0.0002	45
420	22217331	104.74	-0.07	40	5.76	55	-0.02	45	-2.00	55	-0.0004	70
421	65319204 41119204	104.66	-0.11	35	5.08	55	-0.03	50	-0.43	45	-0.0008	85
422	22218819	104.51	-0.11	35	4.90	55	-0.03	55	-0.18	45	0.0000	55
423	22215151	104.32	-0.04	45	3.27	65	-0.02	40	0.59	40	-0.0006	80

（续）

排名	牛号	GCBI	产犊难易度		断奶重（kg）		育肥期日增重（kg/d）		胴体重（kg）		屠宰率（%）	
			GEBV	Rank（%）	GEBV	Rank（%）	GEBV	Rank（%）	GEBV	Rank（%）	GEBV	Rank（%）
424	65118580	104.27	-0.13	35	4.85	60	-0.03	55	-0.42	45	0.0008	25
425	15217512	104.21	-0.05	40	3.12	65	-0.02	35	0.42	40	0.0000	55
426	41117230	104.11	-0.27	25	-0.60	75	-0.03	50	6.11	20	-0.0002	60
427	41118924	104.06	-0.28	25	7.27	50	-0.07	85	0.28	45	0.0004	35
428	41418130	104.01	-0.02	45	4.29	60	-0.02	45	-0.42	45	-0.0002	65
429	15620025	103.84	0.36	75	7.46	50	-0.05	80	0.25	45	0.0002	45
430	11119980	103.81	0.24	65	6.55	50	0.03	5	-8.74	80	0.0007	25
431	13319111	103.80	-0.01	45	2.16	70	-0.02	35	1.66	35	0.0000	55
432	22219227	103.70	0.71	95	-0.26	75	-0.02	50	7.48	15	0.0003	40
433	41120928	103.51	0.00	45	9.93	40	-0.01	25	-9.98	85	0.0023	5
134	15217172	103.48	0.48	85	2.81	65	-0.01	25	0.68	40	0.0005	35
435	41115288	103.48	-0.10	35	2.83	65	-0.01	30	-0.48	45	0.0006	30
436	15215308*	103.44	0.07	55	7.69	45	0.00	20	-7.40	75	0.0001	50
437	41116212	103.27	0.07	55	3.39	65	-0.01	35	-0.41	45	0.0003	40
438	22120067	103.18	0.21	65	0.12	75	0.01	10	0.83	40	-0.0003	65
439	11119901	103.14	-0.74	15	13.00	30	-0.01	25	-15.71	95	0.0002	45
440	41419112	103.14	-0.01	45	1.74	70	-0.02	40	2.16	30	-0.0003	70
441	65119600	103.09	0.14	60	8.96	40	-0.03	55	-5.56	70	-0.0006	80
442	41419146	102.94	-0.68	15	3.49	65	0.01	15	-5.61	70	-0.0020	95
443	15220408	102.93	0.19	60	-3.98	80	-0.04	70	12.30	10	0.0012	15
444	65120609	102.84	0.11	55	12.12	30	-0.02	45	-10.87	85	0.0006	30
445	22219685	102.83	0.31	70	-7.19	85	-0.06	80	18.76	5	-0.0004	70
446	22215139	102.80	-0.01	45	3.76	60	-0.03	60	0.81	40	0.0007	30
447	41416123	102.67	-0.05	40	5.53	55	-0.03	55	-1.88	55	-0.0002	60
448	41218483	102.64	-0.02	45	1.61	70	-0.02	40	1.83	35	-0.0004	70
449	41419127	102.63	-0.19	30	4.38	60	-0.02	45	-2.00	55	0.0005	35
450	22118111	102.57	-0.16	30	4.46	60	-0.01	30	-3.08	60	-0.0006	75
451	15214503	102.57	-0.26	25	13.32	30	-0.05	80	-10.00	85	0.0016	10
452	22219637	102.53	0.57	90	2.29	70	-0.07	85	7.98	15	0.0005	35
453	41218488	102.48	-0.71	15	3.38	65	-0.02	45	-1.61	55	-0.0009	85

（续）

排名	牛号	GCBI	产犊难易度		断奶重（kg）		育肥期日增重（kg/d）		胴体重（kg）		屠宰率（%）	
			GEBV	Rank（%）	GEBV	Rank（%）	GEBV	Rank（%）	GEBV	Rank（%）	GEBV	Rank（%）
454	52218894	102.45	-0.03	45	5.22	55	-0.03	60	-1.29	50	0.0005	35
	41218894											
455	22218929	102.36	-0.09	40	6.87	50	-0.04	70	-2.67	60	-0.0002	60
456	22215553	102.28	0.13	60	3.95	60	-0.02	40	-0.93	50	-0.0004	70
457	41119262	102.26	-0.43	20	2.65	65	-0.03	50	0.24	45	-0.0001	55
458	41120926	102.23	0.18	60	7.39	50	-0.02	40	-5.46	70	0.0015	10
459	15218710	102.22	-0.06	40	6.27	50	-0.02	45	-4.04	65	0.0006	30
460	52218846	102.09	-0.14	35	5.12	55	-0.03	50	-2.34	55	0.0002	45
	41218846											
461	15212133*	102.06	-0.06	40	5.81	55	-0.02	40	-3.92	65	0.0002	45
462	41120254	102.02	-0.40	20	3.13	65	-0.03	50	-0.73	50	0.0001	50
463	15218714	101.96	0.00	45	5.75	55	-0.03	50	-2.87	60	0.0000	50
464	41220555	101.80	0.23	65	-2.49	80	-0.04	65	9.65	10	-0.0003	70
465	22218325	101.74	-0.04	40	3.31	65	-0.04	65	1.00	40	-0.0001	60
466	65318944	101.69	0.39	75	9.63	40	-0.04	70	-5.71	70	0.0009	20
	41118944											
467	65118575	101.69	0.32	70	12.93	30	-0.04	70	-10.00	85	0.0001	50
468	13219066	101.67	0.34	75	-3.47	80	-0.06	85	14.02	5	0.0002	45
469	41117924	101.55	0.25	65	-4.05	80	-0.03	55	10.31	10	0.0001	50
470	41417175	101.51	0.07	55	4.78	60	-0.04	70	-0.27	45	0.0002	45
471	65118599	101.39	0.41	80	2.15	70	-0.02	45	1.89	35	0.0014	15
472	15216631	101.29	0.17	60	10.66	35	-0.06	80	-5.36	70	0.0029	5
473	13319122	101.18	-0.04	40	7.15	50	-0.02	45	-6.08	70	0.0004	40
474	22218003	101.07	0.00	45	4.46	60	-0.02	40	-3.02	60	0.0008	25
475	22217769	100.99	0.10	55	5.02	55	-0.04	65	-1.28	50	-0.0001	60
476	41118912	100.82	0.47	80	-5.35	85	-0.01	30	10.03	10	-0.0013	95
477	65116517	100.81	0.06	50	-8.43	90	-0.02	45	14.46	5	-0.0003	70
478	22215301	100.74	0.01	50	0.29	75	-0.01	30	1.25	35	-0.0003	70
479	41218489	100.72	-0.13	35	3.25	65	-0.03	50	-0.77	50	0.0004	35
480	41219560	100.68	-0.03	45	3.63	60	-0.02	40	-2.14	55	-0.0002	60

（续）

排名	牛号	GCBI	产犊难易度		断奶重（kg）		育肥期日增重（kg/d）		胴体重（kg）		屠宰率（%）	
			GEBV	Rank（%）	GEBV	Rank（%）	GEBV	Rank（%）	GEBV	Rank（%）	GEBV	Rank（%）
481	41415163	100.64	-0.01	45	1.45	70	-0.02	40	0.78	40	0.0004	40
482	13319109	100.58	-0.12	35	2.31	70	-0.01	30	-1.55	55	0.0007	25
483	41117234*	100.43	-0.60	15	2.22	70	-0.04	65	0.28	45	0.0005	35
484	15214811*	100.40	0.14	60	5.26	55	-0.01	30	-4.93	70	0.0017	10
485	22217115	100.32	-0.12	35	5.51	55	-0.02	50	-4.32	65	0.0000	55
486	22218717	100.29	0.15	60	2.83	65	-0.03	55	0.29	45	-0.0005	75
487	22217825	100.29	-0.12	35	5.05	55	-0.03	55	-3.11	60	0.0003	40
488	41113272	100.27	-0.03	45	3.84	60	-0.03	55	-1.42	50	0.0001	50
489	13320118	100.26	0.17	60	11.49	35	-0.04	65	-9.78	80	-0.0002	60
490	41118242	100.23	-0.01	45	5.17	55	-0.03	55	-2.97	60	0.0001	45
491	41113954	100.22	0.16	60	8.31	45	-0.06	80	-3.64	65	0.0011	20
492	41419161	100.18	0.04	50	4.16	60	-0.04	65	-0.79	50	0.0008	25
493	22218627	100.17	0.13	60	2.33	70	-0.03	50	0.69	40	0.0005	35
494	65319208 41119208	100.15	-0.05	40	4.66	60	-0.03	60	-2.24	55	0.0004	35
495	41116218	100.13	0.11	55	4.15	60	-0.04	65	-0.65	50	0.0000	55
496	15214507	100.05	-0.13	35	11.19	35	-0.02	40	-12.50	90	0.0008	25
497	41418187	100.00	-0.04	40	3.75	60	-0.04	60	-0.84	50	0.0008	25
498	22218903	99.90	-0.03	45	4.09	60	-0.03	60	-1.68	55	0.0001	50
499	65318297 41118297	99.87	-0.12	35	0.55	75	-0.02	40	1.03	40	0.0002	45
500	41115278	99.87	-0.06	40	-0.37	75	-0.02	40	2.45	30	0.0002	45
501	41113250*	99.74	0.05	50	5.18	55	-0.01	25	-5.93	70	-0.0003	70
502	41115268	99.69	-0.06	40	2.63	65	-0.01	35	-2.09	55	0.0002	45
503	22217417	99.48	-0.09	40	3.65	60	-0.04	70	-0.09	45	0.0004	35
504	41119910	99.42	0.12	55	15.84	25	-0.03	55	-16.94	95	0.0001	50
505	22216609*	99.32	0.00	45	2.98	65	-0.02	40	-2.17	55	0.0004	35
506	15216632	99.27	0.15	60	5.98	55	-0.09	90	2.22	30	0.0033	5
507	65317270 41117270	99.22	-0.04	40	2.78	65	-0.02	45	-1.38	50	-0.0002	60

（续）

排名	牛号	GCBI	产犊难易度		断奶重（kg）		育肥期日增重（kg/d）		胴体重（kg）		屠宰率（%）	
			GEBV	Rank（%）	GEBV	Rank（%）	GEBV	Rank（%）	GEBV	Rank（%）	GEBV	Rank（%）
508	65320272	99.15	-0.01	45	0.94	70	-0.04	65	2.50	30	0.0002	45
	41120272											
509	14116407	98.99	0.19	60	3.01	65	-0.02	35	-2.23	55	0.0009	20
510	65318266	98.95	-0.03	45	1.99	70	-0.04	60	0.86	40	-0.0001	60
	41118266											
511	22215311	98.87	0.14	60	3.72	60	-0.04	70	-0.15	45	0.0009	25
512	41419110	98.82	-0.08	40	2.26	70	-0.01	35	-2.21	55	0.0008	25
513	22218109	98.74	0.06	50	1.64	70	-0.03	60	0.96	40	0.0002	45
514	65118576	98.74	0.47	80	6.81	50	0.02	10	-10.49	85	-0.0002	65
515	41417124	98.68	-0.04	45	1.82	70	-0.03	50	-0.02	45	-0.0006	75
516	41121204	98.65	-0.58	15	-3.19	80	0.00	25	2.18	30	0.0003	40
517	51120053	98.65	-0.12	35	9.70	40	-0.01	30	-12.49	90	0.0001	50
518	13219061	98.63	-0.30	25	23.87	10	-0.04	70	-27.93	99	0.0013	15
519	15217891	98.50	0.00	45	2.93	65	-0.03	55	-1.08	50	-0.0003	70
520	41418142*	98.44	0.08	55	5.23	55	-0.04	65	-3.15	60	-0.0004	70
521	15218717	98.42	-0.10	35	1.77	70	-0.02	40	-1.19	50	0.0002	45
522	11120916	98.26	-0.49	20	13.50	30	-0.04	70	-15.07	90	0.0023	5
523	52218871	98.16	-0.12	35	3.56	65	-0.05	75	-0.02	45	-0.0002	60
	41218871											
524	15619337	98.15	0.28	70	-1.91	80	-0.01	30	3.23	25	0.0000	55
525	41114250	97.99	-0.04	40	0.33	75	-0.02	45	0.75	40	-0.0005	75
526	22220101	97.82	0.16	60	0.47	75	-0.03	60	2.43	30	0.0013	15
527	15217458*	97.63	-0.13	35	0.95	70	-0.03	50	-0.12	45	0.0001	50
528	41419111	97.53	-0.06	40	0.59	75	-0.03	55	0.76	40	0.0010	20
529	52218149	97.40	-0.19	30	0.63	75	-0.03	50	0.18	45	-0.0003	65
	41218149											
530	14120929	97.36	0.10	55	1.19	70	-0.05	75	2.97	30	0.0001	50
531	15621025	97.17	0.39	75	8.70	45	-0.07	85	-3.97	65	0.0011	20
532	15217894	97.04	-0.85	10	-4.59	85	0.00	15	1.48	35	-0.0010	90
	41117224											

（续）

排名	牛号	GCBI	产犊难易度		断奶重（kg）		育肥期日增重（kg/d）		胴体重（kg）		屠宰率（%）	
			GEBV	Rank（%）	GEBV	Rank（%）	GEBV	Rank（%）	GEBV	Rank（%）	GEBV	Rank（%）
533	41418173	97.03	-0.01	45	4.10	60	-0.04	70	-1.94	55	0.0003	40
534	41119254	96.94	-0.15	35	4.00	60	-0.04	65	-2.94	60	-0.0005	75
535	41419159	96.91	0.07	55	0.58	75	-0.02	40	-0.25	45	0.0000	55
536	65320256	96.87	-0.16	30	-1.80	80	0.03	10	-3.17	60	0.0008	25
	41120256											
537	65118574	96.84	0.28	70	8.14	45	-0.03	55	-8.33	80	0.0001	50
538	41418184	96.79	-0.09	40	1.36	70	-0.01	25	-3.16	60	0.0010	20
539	41417176	96.75	0.10	55	0.43	75	-0.03	60	1.45	35	0.0000	55
540	41114210*	96.74	-0.10	35	2.93	65	-0.02	45	-3.71	65	0.0003	40
541	15218712	96.58	-0.04	45	1.98	70	-0.03	50	-1.87	55	0.0005	35
542	65116511	96.57	-0.70	15	-5.39	85	-0.01	35	4.76	20	-0.0002	60
543	41114218*	96.48	-0.34	25	2.41	65	-0.02	45	-3.55	65	0.0001	50
544	65317948	96.43	-0.13	35	-2.19	80	0.00	20	0.41	40	0.0003	40
	41117948											
545	22117019*	96.10	0.14	60	4.74	60	-0.04	70	-3.39	60	0.0006	30
546	41118940	96.01	0.31	70	0.99	70	-0.06	80	3.58	25	-0.0008	85
547	22218615	95.95	0.01	50	1.73	70	-0.03	55	-1.41	50	-0.0004	70
548	11121346	95.92	-0.41	20	7.19	50	0.01	15	-14.09	90	0.0006	30
549	41120266	95.88	0.21	65	11.21	35	-0.05	80	-10.36	85	-0.0004	70
550	65121606	95.82	0.27	70	-4.43	85	-0.03	55	7.30	15	0.0001	50
551	15218706	95.71	-0.02	45	3.09	65	-0.02	45	-4.19	65	0.0002	45
552	13320112	95.64	-0.08	40	3.89	60	-0.03	60	-4.03	65	-0.0004	70
553	22117037	95.58	0.08	55	1.57	70	-0.04	65	-0.19	45	-0.0003	70
554	11121361	95.55	-0.35	25	-1.45	80	-0.01	30	-0.79	50	0.0006	30
555	21220023	95.50	-0.52	20	-9.90	90	0.00	25	9.10	10	0.0006	30
556	52218896	95.48	-0.19	30	2.44	65	-0.04	70	-1.64	55	0.0000	55
	41218896											
557	41119240	95.43	0.15	60	0.61	75	-0.02	35	-1.55	55	0.0003	40
558	65118540	95.29	-0.25	25	-2.25	80	-0.02	45	1.75	35	-0.0005	75
559	41419177	95.03	0.10	55	3.94	60	-0.04	70	-3.31	60	0.0014	15

（续）

排名	牛号	GCBI	产犊难易度		断奶重（kg）		育肥期日增重（kg/d）		胴体重（kg）		屠宰率（%）	
			GEBV	Rank（%）	GEBV	Rank（%）	GEBV	Rank（%）	GEBV	Rank（%）	GEBV	Rank（%）
560	37115670	94.94	0.23	65	21.85	15	-0.03	60	-27.37	99	0.0018	10
561	41118244	94.93	0.05	50	4.34	60	-0.03	60	-4.87	70	0.0001	50
562	65318218	94.79	-0.09	40	0.98	70	-0.02	50	-2.01	55	0.0000	55
	41118218											
563	14120938	94.76	0.10	55	-5.46	85	-0.02	40	6.40	15	-0.0010	90
564	15519809*	94.66	0.09	55	-2.44	80	-0.01	25	0.75	40	0.0002	45
565	15620231	94.49	0.42	80	-3.15	80	-0.08	90	10.92	10	-0.0006	75
566	15620531	94.14	0.46	80	10.77	35	-0.04	70	-11.40	85	-0.0002	60
567	65318936	94.03	0.08	55	2.78	65	-0.04	70	-2.51	60	0.0012	20
	41118936											
568	65117533	94.01	-0.01	45	9.16	40	-0.03	60	-11.95	85	0.0002	45
569	11117950	93.98	-0.24	30	0.53	75	-0.03	50	-2.18	55	-0.0009	85
570	22219623	93.95	0.44	80	2.39	65	-0.07	85	2.10	35	-0.0004	70
571	13219115	93.94	-0.34	25	21.28	15	0.00	20	-32.50	99	0.0007	25
572	15418513	93.87	-0.11	35	6.67	50	-0.03	60	-9.15	80	0.0002	45
573	65318916	93.77	0.00	45	0.57	75	-0.02	40	-2.59	60	0.0009	20
	41118916											
574	22218901	93.76	0.05	50	-0.39	75	-0.03	60	0.30	40	0.0004	35
575	51119036	93.75	0.03	50	8.62	45	-0.03	50	-11.97	85	0.0004	35
576	65321202	93.68	-0.52	15	-7.10	85	-0.01	25	4.43	25	0.0003	40
	41121202											
577	22219689	93.68	0.34	75	-2.64	80	-0.03	55	3.72	25	0.0012	15
578	52218763	93.62	0.10	55	3.81	60	-0.03	60	-4.93	70	0.0002	45
	41218763											
579	15218842	93.52	-0.45	20	-4.09	80	-0.01	30	1.14	35	0.0003	40
580	11120913	93.34	-0.37	20	8.16	45	0.02	10	-18.19	95	0.0008	25
581	41117240	93.16	-0.44	20	-4.24	85	-0.01	30	1.11	40	0.0003	40
582	41117926	93.03	0.58	90	-13.66	95	-0.05	75	20.60	5	0.0000	55
583	21220016	92.93	-0.17	30	-2.27	80	-0.01	25	-1.43	50	-0.0001	60
584	22120129	92.93	-0.25	25	8.38	45	0.04	5	-20.28	95	-0.0009	85

（续）

排名	牛号	GCBI	产犊难易度		断奶重（kg）		育肥期日增重（kg/d）		胴体重（kg）		屠宰率（%）	
			GEBV	Rank（%）	GEBV	Rank（%）	GEBV	Rank（%）	GEBV	Rank（%）	GEBV	Rank（%）
585	41219999	92.91	0.07	55	2.61	65	-0.04	70	-2.67	60	-0.0004	70
586	22215031	92.77	-0.02	45	-2.63	80	-0.03	50	1.74	35	0.0004	35
587	65317954	92.73	-0.02	45	14.02	25	-0.07	85	-14.40	90	0.0010	20
	41117954											
588	41415158	92.70	-0.15	35	2.18	70	-0.04	70	-3.12	60	0.0001	50
589	22218007	92.63	0.04	50	-1.35	80	-0.02	45	-0.29	45	-0.0001	60
590	41117902	92.63	0.37	75	-13.31	95	-0.02	35	15.26	5	-0.0011	90
591	14118102	92.58	-0.08	40	4.77	60	-0.07	85	-3.51	65	0.0013	15
592	11120912	92.41	-0.28	25	3.31	65	-0.02	45	-7.35	75	0.0003	45
593	65317934	92.34	-0.01	45	12.49	30	-0.04	65	-16.69	95	0.0007	30
	41117934											
594	11121308	92.15	-0.10	35	6.42	50	-0.03	55	-10.38	85	0.0012	15
595	65120611	92.10	0.08	55	1.23	70	-0.04	65	-2.13	55	0.0006	30
596	15217892	91.99	-0.14	35	-0.81	75	-0.04	65	-0.12	45	-0.0004	70
597	13219043	91.79	0.43	80	-4.29	85	-0.06	80	8.54	15	0.0007	25
598	41419147	91.78	-0.20	30	4.87	60	-0.04	70	-7.47	75	0.0005	35
599	15417502	91.77	0.50	85	8.09	45	-0.06	80	-8.06	80	0.0002	45
600	41116922	91.67	0.58	90	-9.66	90	-0.05	75	14.22	5	-0.0005	75
601	15614999	91.54	-0.12	35	-0.67	75	0.02	10	-7.37	75	-0.0013	95
	22214339											
602	11120910	91.35	-0.63	15	3.92	60	0.00	20	-12.53	90	0.0008	25
603	65117547	91.10	0.15	60	2.60	65	-0.04	70	-4.05	65	0.0002	45
604	41118926	91.02	-0.14	35	5.04	55	-0.04	65	-8.30	80	0.0013	15
605	41115290	90.47	-0.26	25	-6.34	85	-0.04	60	5.48	20	0.0005	35
606	65120602	89.69	0.11	55	8.16	45	-0.02	45	-14.26	90	-0.0004	70
607	41118268	89.63	0.20	65	2.18	70	-0.02	40	-6.84	75	0.0008	25
608	37118417	89.57	-0.88	10	-0.85	75	-0.04	65	-3.51	65	-0.0001	60
609	41120916	89.47	0.34	75	6.50	50	-0.02	35	-12.57	90	0.0001	50
610	11119903	89.21	-0.22	30	-1.50	80	-0.03	60	-1.93	55	0.0002	45
611	65117543	89.10	0.42	80	2.42	65	-0.01	30	-7.82	80	-0.0011	90

（续）

排名	牛号	GCBI	产犊难易度		断奶重（kg）		育肥期日增重（kg/d）		胴体重（kg）		屠宰率（%）	
			GEBV	Rank（%）	GEBV	Rank（%）	GEBV	Rank（%）	GEBV	Rank（%）	GEBV	Rank（%）
612	51119038	88.29	0.26	65	10.13	40	-0.04	70	-15.12	90	0.0003	45
613	41413103	88.20	0.13	55	-0.46	75	-0.06	80	0.14	45	-0.0002	65
614	41120922	88.07	-0.21	30	3.58	65	-0.02	40	-10.89	85	0.0010	20
615	41118296	87.97	0.53	85	-0.04	75	-0.04	65	-1.93	55	-0.0008	85
616	14120954	87.81	0.25	65	4.06	60	-0.05	75	-6.54	75	-0.0002	60
617	41116928	87.81	0.41	80	-10.22	90	-0.04	65	10.90	10	-0.0004	70
618	41419148	87.61	-0.74	15	-4.04	80	-0.05	75	1.02	40	0.0008	25
619	41220030	87.37	0.20	65	-0.72	75	-0.01	30	-5.73	70	-0.0006	80
620	41116934	87.34	0.09	55	21.99	15	-0.03	50	-33.61	99	0.0006	30
621	41116918	87.15	0.34	75	-1.28	80	-0.07	85	1.91	35	0.0001	50
622	41119908	87.07	0.06	55	9.68	40	-0.02	45	-18.38	95	0.0014	15
623	15212132	86.88	-0.18	30	2.76	65	-0.07	85	-4.66	65	0.0019	10
624	41219561	86.74	0.11	55	0.71	75	-0.04	65	-4.64	65	0.0002	45
625	65120610	86.70	0.10	55	4.77	60	-0.06	80	-7.88	80	0.0010	20
626	15217715	86.68	-0.02	45	20.00	15	-0.05	80	-28.58	99	0.0014	15
627	14120630	86.52	0.23	65	-9.10	90	-0.06	80	10.91	10	-0.0008	85
628	41120264	86.37	0.30	70	0.33	75	-0.08	90	0.65	40	-0.0005	75
629	41415156	85.68	0.05	50	-0.40	75	-0.04	65	-4.22	65	-0.0003	65
630	37115675	85.42	-0.19	30	19.31	15	-0.06	80	-28.05	99	0.0022	10
631	41116908*	85.37	0.13	60	-2.19	80	-0.03	55	-2.78	60	-0.0012	90
632	41118934	85.24	0.16	60	2.29	70	-0.01	30	-11.07	85	0.0005	35
633	41117952	85.03	0.40	75	4.27	60	-0.05	75	-8.88	80	0.0007	30
634	41219556	84.95	0.18	60	-3.83	80	-0.01	25	-3.49	60	0.0007	30
635	41120268	84.92	0.66	95	7.74	45	-0.07	85	-10.49	85	0.0000	55
636	14120316	84.82	0.23	65	-6.36	85	-0.08	90	8.98	10	-0.0002	60
637	11117956	84.68	-0.33	25	-8.25	90	-0.01	25	0.69	40	-0.0007	80
638	41121206	84.64	-0.57	15	-7.59	85	-0.02	45	1.00	40	0.0008	25
639	41118922	84.61	0.33	75	-0.14	75	-0.03	55	-5.36	70	-0.0003	65
640	15618322	84.54	0.18	60	6.46	50	-0.07	85	-9.61	80	0.0006	30
641	65116513	84.21	-0.80	10	-8.73	90	-0.01	25	-0.24	45	0.0001	50

（续）

排名	牛号	GCBI	产犊难易度		断奶重（kg）		育肥期日增重（kg/d）		胴体重（kg）		屠宰率（%）	
			GEBV	Rank（%）	GEBV	Rank（%）	GEBV	Rank（%）	GEBV	Rank（%）	GEBV	Rank（%）
642	41220117	84.19	0.17	60	6.10	55	-0.05	75	-12.08	90	0.0011	20
643	41416121	83.44	0.02	50	-3.71	80	-0.04	65	-1.70	55	0.0008	25
644	11121327	83.42	-0.08	40	-0.40	75	0.00	25	-10.17	85	0.0008	25
645	65120608	83.42	0.22	65	3.75	60	-0.04	65	-10.74	85	0.0020	10
646	41220097	83.24	0.42	80	-3.25	80	-0.06	85	1.82	35	0.0004	40
647	41116904	83.21	0.19	60	-2.23	80	-0.04	70	-2.35	55	0.0001	50
648	41420166	83.16	0.58	90	1.22	70	-0.06	80	-4.51	65	0.0000	55
649	11118962	82.58	-0.21	30	-9.16	90	-0.01	25	0.78	40	-0.0007	80
650	14117363	82.45	-0.33	25	8.00	45	-0.06	80	-16.34	95	0.0028	5
651	22120055	82.40	0.10	55	-15.96	95	-0.03	55	13.19	10	-0.0011	90
652	15518X23	82.17	-0.57	15	-8.56	90	-0.02	35	-0.14	45	-0.0005	75
653	41220114	81.96	-0.49	20	-9.60	90	-0.02	50	2.32	30	-0.0005	75
654	65118597	81.85	0.34	75	-6.06	85	-0.04	70	1.99	35	-0.0002	60
655	41120222	81.71	0.00	45	-8.68	90	-0.06	80	6.08	20	0.0002	45
656	41120920	81.49	0.01	50	3.14	65	-0.03	50	-13.25	90	0.0015	15
657	22219557	81.48	0.89	99	-2.79	80	-0.03	50	-3.09	60	-0.0008	85
658	41117940*	81.27	-0.57	15	-15.03	95	0.00	25	6.19	20	0.0004	40
659	41117918	80.73	0.41	80	-2.35	80	-0.05	75	-2.42	55	0.0005	30
660	11117937	80.72	-0.23	30	-15.30	95	-0.01	25	7.29	15	-0.0006	80
661	15216733	80.49	-0.21	30	-11.59	90	0.00	20	1.84	35	0.0002	45
662	15214516*	80.26	0.04	50	5.71	55	-0.04	65	-15.80	95	0.0008	25
663	11117933*	80.26	-0.05	40	-7.87	90	-0.04	70	2.07	35	-0.0008	85
664	15619712	79.68	0.52	85	-4.85	85	-0.03	50	-2.50	60	0.0002	45
665	37114663	79.54	-0.02	45	10.64	35	-0.03	60	-23.43	99	-0.0002	65
666	65117535	78.94	-0.11	35	-1.59	80	-0.04	70	-6.94	75	0.0012	15
667	15213106	78.70	0.11	55	-2.04	80	-0.06	80	-4.11	65	0.0017	10
668	15620203	78.64	-0.37	20	1.44	70	-0.03	50	-13.55	90	-0.0005	75
669	41117942	78.62	-0.48	20	-14.50	95	-0.01	30	5.04	20	-0.0002	65
670	41420106	78.61	0.30	70	0.60	75	-0.02	40	-12.06	85	0.0020	10
671	65120603	78.57	-0.44	20	-16.04	95	0.00	25	6.17	20	-0.0003	65

（续）

排名	牛号	GCBI	产犊难易度		断奶重（kg）		育肥期日增重（kg/d）		胴体重（kg）		屠宰率（%）	
			GEBV	Rank（%）	GEBV	Rank（%）	GEBV	Rank（%）	GEBV	Rank（%）	GEBV	Rank（%）
672	22214331	78.21	0.01	50	-9.58	90	-0.02	50	1.12	40	-0.0005	75
673	22213001*	78.00	0.38	75	-18.66	95	-0.01	30	11.84	10	-0.0001	55
674	15214515	77.08	0.37	75	-12.67	95	-0.02	35	4.22	25	0.0018	10
675	21219301	76.79	0.02	50	3.42	65	-0.03	55	-16.15	95	0.0009	25
676	15417501	76.74	0.20	65	-3.33	80	-0.04	65	-6.24	75	0.0008	25
677	15217737	76.58	-0.60	15	-11.68	90	-0.04	65	2.89	30	-0.0011	90
678	11121322	76.17	-0.07	40	-5.38	85	0.00	20	-9.15	80	0.0008	25
679	15215606	75.83	0.21	65	-1.91	80	-0.06	80	-5.71	70	0.0014	15
680	11121950	75.50	-0.17	30	-5.63	85	-0.01	35	-7.43	75	0.0003	40
681	11117939*	75.36	-0.30	25	-11.03	90	-0.04	65	1.77	35	-0.0012	90
682	65111558	75.01	0.09	55	-10.20	90	-0.03	55	0.44	40	-0.0003	65
683	37117678	74.93	-0.20	30	18.06	20	-0.04	70	-35.63	99	0.0023	5
684	41213426*	74.75	0.04	50	1.32	70	-0.02	35	-16.42	95	0.0013	15
685	41116902	74.69	0.17	60	-11.53	90	-0.03	55	2.36	30	0.0001	50
686	14120317	74.40	0.30	70	-11.71	90	-0.07	85	7.54	15	-0.0009	85
687	22215511	74.40	0.06	50	-10.30	90	0.00	20	-3.20	60	-0.0010	85
688	13218239	74.39	0.17	60	-0.70	75	-0.05	75	-9.35	80	0.0002	45
689	15215324	73.51	-0.05	40	-4.71	85	0.01	15	-12.45	90	0.0002	45
690	11117952*	73.50	-0.43	20	-18.11	95	-0.02	50	7.93	15	0.0002	45
691	21219039	73.17	-0.10	35	24.61	10	-0.04	70	-45.02	100	0.0026	5
692	21220006	73.12	-0.27	25	-9.82	90	-0.02	40	-3.17	60	0.0004	40
693	15620131	72.80	0.13	60	5.43	55	-0.08	85	-15.60	95	0.0013	15
694	37117681	72.74	-0.04	40	8.00	45	-0.04	70	-23.31	99	0.0022	10
695	22219805	72.73	-1.01	10	-10.54	90	-0.01	30	-5.26	70	-0.0014	95
696	14121281	72.38	0.07	55	-5.81	85	-0.04	65	-6.05	70	0.0011	20
697	22219635	71.96	0.30	70	-10.35	90	-0.10	90	7.13	15	0.0006	30
698	11117935*	71.92	-0.22	30	-14.44	95	-0.02	40	2.20	30	-0.0011	90
699	41118920	71.90	-0.03	45	-0.36	75	-0.01	30	-16.87	95	0.0002	45
700	41118928	71.89	0.17	60	-4.41	85	-0.04	70	-7.44	75	0.0001	50
701	65117530	71.61	0.11	55	-9.88	90	-0.02	45	-2.90	60	0.0001	50

（续）

排名	牛号	GCBI	产犊难易度		断奶重（kg）		育肥期日增重（kg/d）		胴体重（kg）		屠宰率（%）	
			GEBV	Rank（%）	GEBV	Rank（%）	GEBV	Rank（%）	GEBV	Rank（%）	GEBV	Rank（%）
702	51119039	70.80	-0.16	30	3.49	65	-0.02	40	-21.87	99	0.0010	20
703	21219023	70.59	0.00	45	-9.80	90	-0.05	75	-1.25	50	0.0009	25
704	15215616	70.34	0.11	55	-7.68	90	-0.08	90	0.50	40	0.0014	15
705	11120926	70.03	-0.05	40	-2.91	80	-0.03	50	-12.81	90	-0.0002	60
706	65118542	69.98	-0.06	40	-14.56	95	-0.04	70	3.99	25	-0.0008	85
707	15415308	69.92	-0.08	40	-5.75	85	-0.03	60	-8.78	80	0.0016	10
708	51120051	69.80	0.03	50	3.67	60	-0.05	75	-19.00	95	0.0007	30
709	15217932*	69.75	-0.71	15	-17.64	95	-0.01	30	2.36	30	-0.0004	70
710	14120828	69.63	0.18	60	-4.90	85	-0.05	80	-6.84	75	0.0013	15
711	11117953	69.53	-0.58	15	-12.57	95	-0.05	75	0.49	40	0.0002	45
712	15215403	69.53	0.52	85	-11.04	90	-0.04	70	0.38	40	0.0014	15
713	65121605	69.43	0.02	50	-0.14	75	-0.05	75	-13.96	90	0.0013	15
714	15417507	69.16	0.63	90	-19.53	99	-0.03	60	10.90	10	-0.0006	80
715	65115503	68.91	0.03	50	-10.75	90	-0.02	40	-4.40	65	0.0015	15
716	15620213	68.90	-0.39	20	1.29	70	-0.03	60	-18.96	95	0.0011	20
717	11117951*	68.90	-0.42	20	-16.85	95	-0.05	80	6.69	15	-0.0004	70
718	37117680	68.74	0.16	60	1.66	70	-0.08	85	-13.52	90	0.0027	5
719	11116918*	68.66	-0.26	25	-17.25	95	0.00	15	0.67	40	0.0002	45
720	15620209	68.39	-0.28	25	-0.78	75	-0.04	65	-16.28	95	0.0015	15
721	11120915	68.37	-0.22	30	-6.52	85	-0.02	40	-10.69	85	0.0006	30
722	15620139	68.14	0.16	60	5.83	55	-0.04	70	-23.06	99	0.0023	5
723	15620205	67.71	-0.25	25	-5.77	85	-0.04	65	-9.77	80	0.0004	35
724	15215422	67.52	0.59	90	-13.62	95	-0.06	80	5.13	20	-0.0015	95
725	21218028	67.10	-0.10	35	-18.77	95	-0.01	30	3.99	25	-0.0010	90
726	11117955*	67.00	-0.10	35	-16.86	95	-0.03	60	3.75	25	0.0003	40
727	65319912 41119912	66.45	0.01	50	-0.25	75	-0.04	70	-16.93	95	0.0010	20
728	65113594	66.19	0.28	70	-15.41	95	-0.05	80	5.05	20	-0.0007	80

（续）

排名	牛号	GCBI	产犊难易度		断奶重（kg）		育肥期日增重（kg/d）		胴体重（kg）		屠宰率（%）	
			GEBV	Rank（%）	GEBV	Rank（%）	GEBV	Rank（%）	GEBV	Rank（%）	GEBV	Rank（%）
729	41116926	65.99	0.33	75	-22.51	99	-0.05	80	14.07	5	0.0002	45
730	65319906	65.95	0.02	50	3.17	65	-0.06	80	-19.23	95	0.0009	20
	41119906											
731	15217921*	65.93	-0.67	15	-14.80	95	-0.02	40	-2.73	60	-0.0004	70
732	15217561*	65.68	-0.03	45	11.11	35	-0.06	80	-30.53	99	0.0021	10
733	41220104	65.45	0.30	70	-14.86	95	-0.02	50	0.23	45	0.0010	20
734	15216721*	65.21	0.19	60	-24.65	99	0.02	10	7.58	15	-0.0009	85
735	11121311	65.10	-0.23	30	-15.36	95	-0.02	45	-0.93	50	0.0010	20
736	65318942	64.85	0.06	55	-4.50	85	-0.05	75	-11.11	85	0.0009	20
	41118942											
737	15620229	64.69	-0.04	40	-0.10	75	-0.04	70	-18.07	95	0.0010	20
738	15215618*	64.16	-0.18	30	-9.01	90	-0.02	45	-9.80	85	0.0008	25
739	21220007	63.89	-0.20	30	1.71	70	-0.06	80	-19.61	95	0.0030	5
740	65121607	63.59	-0.16	30	-5.60	85	0.00	20	-17.39	95	0.0016	10
741	65120612	63.53	0.08	55	-6.07	85	-0.08	90	-6.03	70	0.0017	10
742	15214328	63.44	0.11	55	-2.10	80	-0.06	80	-14.55	90	0.0020	10
743	15217922*	63.08	-0.96	10	-16.76	95	-0.05	75	0.81	40	0.0016	10
744	15518X22	63.03	-0.03	45	-19.84	99	-0.02	35	3.31	25	-0.0008	85
745	22219697	62.81	0.23	65	-5.23	85	-0.04	65	-12.49	90	0.0003	40
746	65118538	62.81	-0.14	35	-17.31	95	-0.04	70	2.81	30	-0.0007	80
747	65115505	62.78	0.01	50	-10.96	90	-0.06	80	-3.54	65	0.0008	25
748	15620123	62.67	-0.25	25	5.04	55	-0.04	65	-27.09	99	0.0019	10
749	11121313	62.61	-0.24	30	-9.84	90	-0.02	50	-9.59	80	0.0019	10
750	41420108	62.60	-0.01	45	1.06	70	-0.03	60	-21.94	99	0.0010	20
751	65119601	62.43	0.24	65	-14.40	95	-0.05	75	0.65	40	0.0004	40
752	21220181	61.10	-0.03	45	-1.10	75	-0.02	45	-21.43	99	0.0012	15
753	15620218	61.04	0.15	60	-5.68	85	-0.04	60	-13.71	90	0.0019	10
754	22219619	60.74	0.17	60	-18.48	95	-0.04	70	3.44	25	0.0017	10

（续）

排名	牛号	GCBI	产犊难易度		断奶重（kg）		育肥期日增重（kg/d）		胴体重（kg）		屠宰率（%）	
			GEBV	Rank（%）	GEBV	Rank（%）	GEBV	Rank（%）	GEBV	Rank（%）	GEBV	Rank（%）
755	15620215	59.92	0.15	60	-5.45	85	-0.07	85	-10.67	85	0.0014	15
756	65117532	59.64	0.09	55	-7.70	90	-0.01	30	-15.09	90	0.0006	30
757	41220090	59.60	0.39	75	-16.85	95	-0.02	45	-0.99	50	0.0001	50
758	15213313*	59.56	0.00	45	-4.45	85	-0.02	40	-18.60	95	0.0006	30
759	65118598	59.56	0.34	75	-18.81	95	-0.06	80	5.76	20	-0.0006	75
760	65114501	58.88	0.56	85	-26.25	99	-0.02	40	10.69	10	-0.0005	75
761	15417506	58.39	0.05	50	-7.22	85	-0.04	70	-12.89	90	0.0024	5
762	41120932	57.76	0.00	45	-10.77	90	-0.02	35	-11.94	85	0.0014	15
763	41215411	57.59	0.61	90	-10.66	90	-0.04	70	-7.66	75	-0.0002	60
764	15416315	57.51	-0.02	45	7.12	50	-0.04	70	-32.52	99	0.0025	5
765	15215608	57.50	-0.01	45	-15.97	95	-0.01	25	-6.37	75	0.0000	55
766	15620221	57.32	-0.11	35	-4.80	85	-0.02	45	-19.47	95	0.0016	10
767	21218021	57.11	-0.18	30	-19.94	99	-0.04	65	1.61	35	-0.0008	85
768	21220179	56.88	-0.01	45	-2.28	80	-0.02	45	-22.55	99	0.0011	20
769	21220139	56.50	0.16	60	2.83	65	-0.04	65	-27.28	99	0.0016	10
770	65118536	56.10	-0.46	20	-25.72	99	0.00	15	3.00	30	-0.0008	85
771	52217462 41217462	55.20	-0.21	30	-18.03	95	-0.02	45	-3.76	65	0.0004	35
772	65319902 41119902	55.13	-0.04	45	-10.85	90	0.00	25	-15.06	90	0.0009	25
773	15216702	54.67	0.12	55	-12.26	95	-0.05	75	-7.47	75	0.0018	10
774	65117528	53.34	-0.07	40	-8.60	90	-0.04	65	-15.52	95	0.0017	10
775	15214107	52.98	0.11	55	-8.10	90	-0.03	50	-17.07	95	0.0011	20
776	15212134	52.20	-0.19	30	-3.19	80	-0.02	35	-25.92	99	0.0006	30
777	41120260	52.09	0.19	60	-1.28	80	-0.06	80	-22.78	99	0.0035	5
778	21220012	51.91	-0.30	25	-2.97	80	-0.08	90	-19.33	95	0.0034	5
779	15519808*	51.24	0.03	50	-20.04	99	-0.03	55	-2.30	55	-0.0011	90
780	41118938	50.80	0.42	80	-11.65	90	-0.05	80	-9.67	80	0.0002	45

（续）

排名	牛号	GCBI	产犊难易度		断奶重（kg）		育肥期日增重（kg/d）		胴体重（kg）		屠宰率（%）	
			GEBV	Rank（%）	GEBV	Rank（%）	GEBV	Rank（%）	GEBV	Rank（%）	GEBV	Rank（%）
781	15216701	47.22	-0.01	45	-13.32	95	-0.04	70	-12.63	90	0.0013	15
782	41220001	46.25	-0.63	15	-24.72	99	-0.05	75	0.66	40	-0.0004	70
783	11121358	45.76	-0.25	25	-16.44	95	-0.05	75	-8.98	80	0.0012	20
784	65121604	44.50	0.16	60	-12.55	95	-0.03	60	-15.76	95	0.0007	25
785	14117227	43.97	0.15	60	-15.43	95	-0.03	60	-12.45	90	0.0017	10
786	65117534	43.63	0.11	55	-14.29	95	-0.05	75	-12.59	90	-0.0009	85
787	21220011	43.56	-0.29	25	-6.98	85	-0.02	40	-26.47	99	0.0021	10
788	13320126	43.15	-0.13	35	-7.35	85	-0.04	70	-23.27	99	0.0029	5
789	41117938	42.91	-0.09	40	-14.68	95	-0.04	65	-14.44	90	0.0009	20
790	11118988	41.87	0.11	55	-13.71	95	-0.04	70	-14.85	90	0.0017	10
791	37114617	40.86	-0.14	35	0.96	70	-0.02	45	-37.94	99	0.0026	5
792	65117552	40.25	0.15	60	-15.75	95	-0.03	55	-14.72	90	0.0011	20
793	15620239	39.48	0.03	50	-17.12	95	-0.01	30	-16.22	95	0.0006	30
794	41215403	39.31	0.31	70	-12.70	95	-0.04	70	-17.81	95	0.0007	30
795	15620201	37.55	-0.22	30	-26.57	99	0.02	10	-9.39	80	0.0002	45
796	11121319	37.38	-0.22	30	-15.22	95	-0.03	60	-17.91	95	0.0000	55
797	15418512	36.28	0.51	85	-20.13	99	-0.03	50	-11.25	85	0.0011	20
798	41118932	35.71	-0.06	40	-15.30	95	-0.05	75	-16.76	95	0.0001	50
799	15620223	34.02	-0.40	20	-21.93	99	-0.01	30	-14.65	90	0.0013	15
800	15216704	33.42	-0.21	30	-12.96	95	-0.02	45	-24.95	99	0.0012	15
801	15217137	31.81	-0.74	15	-38.31	100	-0.01	25	3.97	25	0.0008	25
802	65117557	29.34	-0.03	45	-12.51	95	-0.01	30	-28.93	99	0.0016	10
803	15620227	28.43	-0.33	25	-23.44	99	-0.01	30	-16.19	95	0.0008	25
804	65117560	27.09	0.09	55	-11.97	90	-0.04	70	-27.03	99	0.0013	15
805	41120902	21.23	0.06	50	-31.52	99	-0.01	30	-9.27	80	0.0006	30
806	15620127	21.10	0.33	75	-26.23	99	-0.03	60	-13.00	90	0.0018	10
807	21219069	17.96	0.00	45	-29.90	99	-0.04	70	-9.93	85	0.0008	25
808	13218195	17.74	0.09	55	-14.41	95	-0.04	65	-30.66	99	0.0038	5

（续）

排名	牛号	GCBI	产犊难易度		断奶重（kg）		育肥期日增重（kg/d）		胴体重（kg）		屠宰率（%）	
			GEBV	Rank（%）	GEBV	Rank（%）	GEBV	Rank（%）	GEBV	Rank（%）	GEBV	Rank（%）
809	13218431	14.24	0.17	60	-26.14	99	-0.04	70	-17.18	95	0.0023	5
810	14117208	12.13	-0.02	45	-32.51	99	-0.03	50	-12.45	90	0.0018	10
811	41414150	10.14	0.03	50	5.01	55	-0.08	90	-55.52	100	-0.0024	99
812	37117682	6.16	-0.11	35	-30.46	99	-0.03	55	-18.78	95	0.0017	10
813	41420107	5.43	-0.34	25	-29.68	99	-0.01	30	-22.99	99	0.0015	10
814	15619101	4.43	-0.14	35	-13.39	95	-0.04	70	-40.94	100	0.0040	5
815	21219181	-9.24	-0.02	45	-19.79	99	-0.03	50	-43.10	100	0.0039	5
816	15620137	-15.50	0.08	55	-38.70	100	-0.06	80	-18.60	95	0.0029	5
817	37117683	-48.61	-0.05	40	-37.50	100	-0.04	70	-44.25	100	0.0045	1
818	37117679	-51.46	-0.16	30	-36.69	100	-0.02	40	-50.27	100	0.0060	1

注：＊表示该牛已经不在群，但有库存冻精。

4.2　华西牛

表4-2-1　华西牛估计育种值

序号	牛号	CBI	体型外貌评分		初生重		6月龄体重		18月龄体重		6~12月龄日增重		13~18月龄日增重		19~24月龄日增重	
			EBV	r^2(%)	EBV	r^2(%)	EBV	r^2(%)	EBV	r^2(%)	EBV	r^2(%)	EBV	r^2(%)	EBV	r^2(%)
1	65319238	247.87	1.00	45	1.30	44	47.22	43	58.82	37	0.06	43	0.12	38	-0.08	47
	41119238															
2	15620109	238.49	1.36	50	2.73	50	42.59	49	52.29	44	0.02	50	-0.17	45	-0.34	53
3	41120238	233.33	0.03	44	0.92	45	47.29	44	49.79	37	0.12	44	-0.04	38	0.00	1
4	41218481	228.21	0.63	47	1.05	47	42.08	46	50.36	41	0.07	46	-0.01	42	-0.01	50
5	41218480	227.35	0.58	45	0.24	44	49.60	43	40.18	37	0.07	44	0.01	38	0.05	47
6	41217475	222.28	0.25	46	1.66	45	49.26	44	33.80	39	0.00	44	-0.06	39	0.00	49
7	15217191	221.32	1.46	46	5.15	45	39.27	44	35.09	38	0.00	1	0.09	39	-0.02	49
8	22218119	218.96	2.00	46	1.74	45	34.34	44	46.60	38	0.21	45	-0.28	39	-0.14	48
9	41119202	216.40	0.62	44	-2.01	44	33.98	44	59.18	37	0.15	45	0.03	38	0.06	48
10	15618201*	193.94	0.28	45	2.83	45	46.09	44	9.22	2	0.19	45	-0.01	2	0.00	3
11	15620128	176.72	1.15	50	3.94	50	26.40	49	17.26	44	-0.15	50	-0.10	45	-0.42	53
12	65318294	172.01	0.53	45	-0.99	45	20.07	44	36.89	37	0.16	44	-0.04	38	0.00	47
	41118294															
13	15620112	165.98	1.71	46	0.85	46	24.68	45	15.16	39	0.05	46	-0.22	40	-0.31	49
14	15620122	165.89	1.02	49	2.32	49	25.60	48	12.78	42	-0.01	49	-0.21	43	-0.37	51
15	15217923	160.10	2.01	48	0.01	47	4.98	47	40.74	41	0.18	47	0.02	42	-0.04	51
16	15217181	158.89	0.52	46	2.56	45	10.14	44	31.30	38	0.00	1	0.11	39	-0.03	49
17	15620132	158.00	0.77	50	4.15	50	7.81	49	29.22	44	0.16	50	-0.20	45	-0.40	53
18	15217182	155.44	0.51	46	2.64	45	6.50	44	33.50	38	0.00	1	0.15	39	-0.02	49
19	65318238	153.72	0.41	45	0.44	44	-7.57	43	59.17	37	0.01	3	0.12	38	-0.30	47
	41118238															
20	65319230	152.54	1.28	45	-0.49	44	-0.17	43	45.61	37	0.02	44	0.22	38	-0.10	48
	41119230															
21	15620126	149.33	1.02	49	0.16	49	29.00	48	-2.68	42	-0.13	49	-0.21	43	-0.27	51
22	41118282	144.85	0.55	47	-0.34	48	2.57	47	36.68	41	0.10	48	0.01	42	-0.07	50
23	41121290	143.89	-0.11	43	0.36	46	-2.41	45	44.28	36	0.05	46	0.03	37	0.00	1
24	15219173	142.50	-0.40	45	-0.60	44	1.33	43	40.69	38	0.09	45	0.06	39	0.04	48
25	52217472	139.04	0.46	44	3.05	42	15.23	42	3.98	38	-0.03	6	-0.05	36	-0.10	47
	41217472															

（续）

序号	牛号	CBI	体型外貌评分		初生重		6月龄体重		18月龄体重		6~12月龄日增重		13~18月龄日增重		19~24月龄日增重	
			EBV	r²(%)	EBV	r²(%)	EBV	r²(%)	EBV	r²(%)	EBV	r²(%)	EBV	r²(%)	EBV	r²(%)
26	15219174	137.07	0.47	45	1.63	44	-7.16	43	39.87	38	0.17	45	0.05	39	-0.01	48
27	65319264	136.94	0.46	45	0.32	44	-10.28	43	47.74	37	-0.02	44	0.37	38	0.00	48
	41119264															
28	65318272	135.13	-0.14	44	-0.60	43	-2.78	42	39.10	37	0.07	43	0.08	38	0.00	47
	41118272															
29	41121292	133.45	0.11	45	-0.36	45	21.36	44	-1.03	4	0.10	45	-0.01	4	-0.03	5
30	22218017	132.85	0.78	45	4.38	44	-11.42	44	34.60	37	0.24	45	-0.01	38	-0.01	48
31	65319252	132.73	1.15	44	1.63	43	1.66	42	19.65	37	0.00	44	0.08	38	0.04	47
	41119252															
32	65319206	128.90	0.30	45	-0.71	44	-7.45	43	38.99	38	0.27	43	-0.04	39	-0.14	48
	41119206															
33	65320234	127.96	1.51	46	-0.80	46	19.64	45	-7.88	39	-0.21	46	0.01	40	0.08	49
	41120234															
34	41218482	127.47	0.01	47	-5.65	47	7.03	46	28.54	41	0.09	46	-0.01	42	0.05	50
35	65318262	125.83	0.26	46	-0.66	45	-13.65	45	45.66	39	-0.02	6	0.07	40	-0.07	49
	41118262															
36	65318280	125.00	-0.30	48	-0.85	47	5.98	46	17.42	41	0.06	47	-0.04	42	-0.14	50
	41118280															
37	22220111	123.13	-0.35	45	-1.43	44	7.15	44	15.48	38	-0.13	45	0.17	39	0.07	3
38	15219145	122.42	0.01	44	0.90	44	-11.97	43	37.09	37	0.00	1	0.21	38	-0.07	48
39	22219807	122.19	-0.23	7	-2.11	45	34.25	45	-25.77	39	-0.20	46	-0.13	40	-0.04	48
40	65319266	120.72	0.37	44	-0.86	43	0.95	42	18.56	37	0.12	43	0.02	38	-0.02	47
	41119266															
41	15618075	117.80	0.08	44	-0.10	43	-4.68	43	23.75	37	0.08	44	0.06	38	-0.14	47
42	41118226	114.25	-0.53	45	0.54	44	3.52	43	8.67	38	0.06	45	-0.07	39	-0.06	48
43	41118222	112.09	-0.75	46	1.99	45	-8.15	44	21.88	39	0.10	45	0.01	39	0.01	49
44	65320228	110.49	-0.21	45	-1.79	44	1.67	43	12.39	3	0.08	44	0.06	4	0.03	4
	41120228															
45	41218484	110.12	-1.09	44	-1.96	43	3.52	42	13.03	37	0.04	43	-0.01	38	0.07	47
46	41121252	109.43	-1.29	45	0.50	45	8.89	45	-1.03	4	0.12	46	-0.01	4	-0.03	5

（续）

序号	牛号	CBI	体型外貌评分		初生重		6 月龄体重		18 月龄体重		6～12 月龄日增重		13～18 月龄日增重		19～24 月龄日增重	
			EBV	r^2 (%)	EBV	r^2 (%)	EBV	r^2 (%)	EBV	r^2 (%)	EBV	r^2 (%)	EBV	r^2 (%)	EBV	r^2 (%)
47	41217476	109.35	0.22	45	1.28	44	5.27	44	-3.29	38	-0.05	44	-0.01	39	0.06	48
48	41217470	107.45	-0.01	46	0.71	45	8.73	44	-8.10	39	-0.07	44	-0.05	39	0.00	49
49	22219817	107.4	0.39	44	2.05	44	24.13	43	-36.55	37	-0.19	44	-0.17	38	-0.44	48
50	65318274	106.98	0.57	45	-1.56	44	-22.35	43	42.36	38	0.09	5	0.06	39	-0.13	48
	41118274															
51	41217474	106.57	0.13	44	-0.65	43	1.21	42	5.36	37	0.03	43	-0.03	38	0.04	47
52	41218487	106.44	-0.14	47	-6.20	47	-0.73	46	22.69	41	0.10	46	-0.02	42	0.02	50
53	41217469	104.55	0.43	48	1.25	47	4.17	46	-6.83	41	-0.14	47	0.03	41	0.05	47
54	41217479	104.30	0.77	47	-3.01	47	-0.01	46	8.34	41	0.01	46	-0.02	42	0.04	50
55	65320230	103.95	2.10	46	-0.82	46	12.81	45	-22.09	40	-0.11	46	-0.13	40	0.06	49
	41120230															
56	65319250	103.24	-0.70	46	0.92	46	1.55	45	1.14	39	-0.15	45	0.05	40	-0.01	49
	41119250															
57	41217478	100.56	-0.39	46	-1.71	45	9.10	44	-7.78	39	-0.09	44	-0.04	39	0.01	49
58	41217471	98.85	0.18	47	-1.01	47	-4.09	46	6.94	41	0.04	46	-0.03	41	0.01	50
59	65320236	94.35	0.73	46	-1.86	46	12.13	45	-22.20	40	-0.21	46	-0.02	40	0.06	11
	41120236															
60	41218485	92.78	-0.57	45	1.18	44	-4.16	44	-1.02	38	0.00	44	0.00	39	0.07	48
61	65318236	92.59	-0.23	46	-0.55	45	-20.03	44	26.00	39	-0.02	5	0.05	39	-0.20	48
	41118236															
62	41118292	90.62	-0.76	44	2.33	43	-16.07	43	13.17	37	0.05	44	-0.04	38	-0.12	47
63	65318270	90.52	-0.57	46	-0.35	45	-15.88	45	18.54	39	-0.02	5	-0.02	40	-0.07	49
	41118270															
64	41118298	88.91	-0.26	45	2.50	44	-15.40	43	8.20	38	0.01	44	0.01	38	0.04	48
65	15218841*	88.10	-0.95	44	2.46	43	-8.74	43	0.00	1	0.10	44	0.00	1	0.00	1
	41118220															
66	22220781	87.72	-0.04	44	-1.81	43	-9.27	43	7.27	37	-0.18	44	0.34	38	0.00	1
67	41119222	86.75	-0.28	47	0.18	47	-16.05	46	12.87	40	0.09	45	-0.03	41	-0.10	50
68	41218486	86.49	-1.21	46	-0.62	46	-1.29	45	-4.47	38	0.02	45	0.03	39	0.04	49
69	41118286	84.66	-1.60	45	-2.33	45	-3.80	44	3.32	38	0.00	45	-0.02	38	-0.08	48

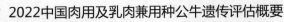

（续）

序号	牛号	CBI	体型外貌评分		初生重		6月龄体重		18月龄体重		6~12月龄日增重		13~18月龄日增重		19~24月龄日增重	
			EBV	r²(%)	EBV	r²(%)	EBV	r²(%)	EBV	r²(%)	EBV	r²(%)	EBV	r²(%)	EBV	r²(%)
70	41120232	83.44	1.09	47	-0.82	46	10.01	46	-33.06	40	-0.27	46	-0.04	41	0.15	49
71	15219122	81.95	-0.44	44	-3.24	44	-2.73	43	-3.14	37	0.00	1	-0.05	38	0.18	48
72	22219383	80.97	-0.22	44	-0.06	43	-9.22	43	-2.66	37	0.00	44	0.04	38	-0.36	47
73	22220119	73.12	-0.92	45	-3.45	44	-13.63	43	7.68	37	-0.09	44	0.18	38	0.00	1
74	22217617	72.87	-0.64	45	-7.18	45	15.25	44	-28.89	38	-0.16	45	-0.12	39	-0.01	48
75	22220729	71.31	-0.61	46	1.25	45	-5.44	45	-19.14	39	-0.24	46	0.07	40	0.05	5
76	22218127	70.80	-0.12	46	2.90	46	-9.00	45	-20.05	39	-0.06	46	0.09	39	-0.26	49
77	22219003	63.93	0.58	48	0.96	47	-9.59	47	-23.58	41	0.01	48	-0.08	42	-0.13	51
78	22220019	62.06	-0.53	50	-1.90	49	-21.29	48	3.82	43	-0.02	50	0.12	43	0.00	1
79	22220073	59.10	-1.08	48	-2.04	48	-10.78	47	-12.59	40	-0.27	48	0.22	41	0.01	1
80	41217473	58.62	0.11	45	-0.95	44	-16.92	44	-10.87	38	0.08	44	-0.03	39	0.07	48
81	22219919	58.18	0.00	1	-4.35	44	-12.90	43	-8.79	37	0.01	44	0.10	38	0.25	40
82	41118288	57.78	-0.17	45	1.75	44	-23.16	43	-7.54	38	-0.02	44	-0.01	38	0.04	48
83	22218601	57.35	0.70	45	0.94	45	-21.91	44	-11.26	5	0.12	45	-0.07	5	-0.07	6
84	22219829	57.31	-0.61	46	1.31	46	18.10	45	-68.47	39	-0.33	46	-0.22	40	0.29	48
85	22220783	55.80	-0.26	48	-1.36	47	-22.49	46	-2.54	41	-0.16	47	0.17	41	0.03	12
86	65319226	53.43	-0.12	44	-2.67	43	-15.51	42	-12.83	37	-0.14	43	0.12	38	0.15	47
	41119226															
87	41118276	53.06	-0.89	45	-4.19	45	-14.24	44	-8.46	38	-0.04	45	-0.02	38	-0.08	48
88	22220013	50.58	-0.51	45	-0.22	1	-32.40	43	5.98	37	0.04	44	0.12	38	0.00	1
89	22218621	46.64	0.56	45	-4.53	44	-12.17	43	-22.43	38	-0.09	45	0.02	39	0.28	48
90	22220785	46.46	-0.96	45	-3.03	44	-18.78	43	-10.21	38	-0.17	44	0.15	39	-0.02	3
91	22220069	44.64	-3.24	47	-0.89	47	-22.96	47	-1.85	39	-0.16	47	0.23	40	0.01	1
92	65318284	43.92	-0.29	44	-0.16	43	-19.19	42	-21.49	37	-0.06	43	0.07	38	-0.02	47
	41118284															
93	22219207	43.75	-0.09	44	-0.38	44	-15.79	43	-27.11	37	0.11	44	-0.09	38	-0.07	48
94	22220329	40.12	1.62	45	-1.14	44	-0.40	43	-58.88	38	-0.12	44	-0.23	38	0.31	48
95	15219124	37.74	0.03	44	-0.71	44	-4.60	43	-49.55	37	0.00	1	-0.25	38	0.26	48
96	22219929	37.38	-0.02	44	1.61	44	-16.26	43	-37.43	37	0.02	44	-0.07	38	-0.32	48
97	22220501	33.70	-0.19	45	5.81	44	-10.48	43	-59.24	37	-0.23	44	-0.11	38	0.51	48

（续）

序号	牛号	CBI	体型外貌评分		初生重		6月龄体重		18月龄体重		6~12月龄日增重		13~18月龄日增重		19~24月龄日增重	
			EBV	r^2 (%)	EBV	r^2 (%)	EBV	r^2 (%)	EBV	r^2 (%)	EBV	r^2 (%)	EBV	r^2 (%)	EBV	r^2 (%)
98	22220307	30.98	0.20	45	-8.95	44	-6.59	43	-33.53	37	-0.07	44	-0.10	38	0.16	48
99	22219405	30.08	0.00	1	-1.98	44	-29.62	43	-15.16	37	0.13	44	0.02	38	0.03	48
100	22220107	25.31	0.78	44	-1.90	44	-8.38	43	-55.39	37	0.00	1	-0.02	38	0.28	48
101	22219727	25.22	0.09	1	-1.98	44	-5.99	43	-56.28	37	-0.04	44	-0.25	38	0.08	48
102	22219307	24.25	-2.73	47	0.98	47	-16.30	46	-37.62	39	-0.18	47	0.07	40	-0.06	49
103	22220071	23.35	-1.07	48	-2.38	48	-25.57	47	-22.55	10	-0.29	48	0.09	10	0.01	1
104	22219389	20.38	-0.61	45	-3.04	44	-15.10	43	-41.56	38	-0.04	3	-0.11	39	-0.07	47
105	22220619	14.64	0.12	47	4.37	47	-20.82	46	-58.92	39	-0.14	47	-0.13	40	0.00	1
106	22219801	12.38	0.13	3	-1.59	44	0.71	44	-79.65	37	-0.29	45	-0.25	38	-0.27	48
107	22220521	-11.12	-0.07	45	-0.38	45	-22.82	44	-67.70	38	-0.12	45	-0.22	38	0.49	48
108	22220617	-12.48	-0.70	46	-0.42	46	-10.68	45	-85.05	40	-0.22	47	-0.25	41	0.04	8
109	22220607	-15.67	-0.53	47	-0.87	47	-16.82	46	-78.18	39	-0.30	47	-0.14	40	0.02	1
110	22220525	-27.26	-0.62	45	-4.33	44	-23.76	43	-69.66	37	-0.01	44	-0.32	38	0.66	48

注：肉用型西门塔尔牛、兼用型西门塔尔牛和华西牛体重及日增重性状同组评估。

＊　表示该牛已经不在群，但有库存冻精。

表4-2-2　华西牛基因组估计育种值（GCBI排名）

排名	牛号	GCBI	产犊难易度		断奶重（kg）		育肥期日增重（kg/d）		胴体重（kg）		屠宰率（%）	
			GEBV	Rank（%）	GEBV	Rank（%）	GEBV	Rank（%）	GEBV	Rank（%）	GEBV	Rank（%）
1	15217181	218.23	0.23	65	39.89	5	0.05	5	20.57	5	0.0008	25
2	22218119	210.10	-0.01	45	58.23	1	-0.03	60	0.43	40	0.0001	50
3	15217182	196.18	-0.13	35	27.79	10	0.04	5	21.62	5	0.0004	40
4	15219124	190.69	-0.52	20	31.62	10	0.00	15	16.64	5	-0.0008	85
5	22219405	179.25	-0.07	40	38.04	5	0.00	15	1.99	35	-0.0003	65
6	41121290	162.72	0.00	45	35.82	5	-0.01	25	-4.22	65	-0.0012	90
7	15620112	160.22	-0.56	15	18.51	20	-0.02	35	15.98	5	-0.0007	80
8	15219174	154.57	0.47	80	24.57	10	0.00	15	4.57	20	0.0001	50
9	15217191	152.58	0.10	55	33.98	5	-0.06	80	-2.11	55	-0.0006	75
10	22220501	152.04	0.39	75	18.04	20	0.05	5	5.49	20	-0.0002	60
11	15620128	149.71	0.10	55	25.20	10	0.01	10	-1.41	50	-0.0007	80
12	15620126	149.19	-0.02	45	7.28	50	0.02	10	20.40	5	-0.0003	65
13	22217617	142.90	0.25	65	33.55	5	-0.04	70	-9.78	80	0.0010	20
14	41218482	141.50	-1.24	5	8.91	40	-0.01	30	13.57	10	0.0006	30
15	15620122	141.28	0.27	70	28.94	10	0.00	20	-9.87	85	-0.0004	70
16	22219207	140.94	0.02	50	18.30	20	0.02	10	1.13	35	0.0003	40
17	15219122	137.91	-0.83	10	22.96	15	0.00	20	-6.84	75	-0.0013	95
18	22220107	135.59	-0.28	25	22.65	15	-0.05	75	-0.55	50	0.0005	35
19	22219929	134.37	0.22	65	21.77	15	-0.04	65	-0.50	45	0.0003	45
20	41217470	133.30	-0.15	35	2.83	65	0.02	10	14.86	5	-0.0004	70
21	41121252	130.65	-0.57	15	12.30	30	0.01	15	1.99	35	0.0009	25
22	15220402	125.61	-0.04	45	15.92	25	-0.06	80	3.23	25	0.0003	40
23	41120238	125.58	-0.01	45	15.04	25	-0.01	25	-1.78	55	-0.0006	75
24	65320228 41120228	125.09	-0.57	15	1.17	70	-0.05	75	19.05	5	0.0019	10
25	41218487	122.06	-0.52	15	7.02	50	-0.02	40	6.39	15	-0.0004	70
26	15620132	119.78	-0.48	20	19.00	20	-0.03	55	-9.46	80	-0.0010	85
27	22220329	119.15	0.16	60	14.78	25	-0.02	45	-3.69	65	-0.0008	85

（续）

排名	牛号	GCBI	产犊难易度		断奶重（kg）		育肥期日增重（kg/d）		胴体重（kg）		屠宰率（%）	
			GEBV	Rank（%）	GEBV	Rank（%）	GEBV	Rank（%）	GEBV	Rank（%）	GEBV	Rank（%）
28	65320236	117.48	0.25	65	12.35	30	-0.02	45	-1.01	50	-0.0008	85
	41120236											
29	22219307	115.33	-0.86	10	10.65	35	-0.02	45	-3.14	60	-0.0005	75
30	22220521	114.26	0.24	65	7.53	50	-0.01	35	1.77	35	0.0015	10
31	22220071	114.02	0.35	75	4.68	60	-0.04	65	8.23	15	0.0002	45
32	15620109	113.85	-0.13	35	9.75	40	-0.01	25	-3.01	60	-0.0016	95
33	22218601	112.49	-0.04	40	7.80	45	-0.03	60	1.73	35	0.0005	35
34	41121292	112.12	-0.15	35	7.48	50	-0.01	30	-0.95	50	0.0006	30
35	22218017	110.91	0.06	50	5.88	55	-0.03	55	3.15	30	0.0016	10
36	65318236	110.77	-0.09	40	7.99	45	-0.02	45	-0.99	50	0.0004	40
	41118236											
37	41218480	109.86	-0.18	30	7.40	50	-0.03	60	0.20	45	-0.0003	65
38	41118222	109.74	-0.24	25	1.67	70	0.00	25	4.19	25	-0.0020	95
39	22219829	108.29	-0.41	20	4.10	60	-0.03	55	2.78	30	0.0002	45
40	22219807	107.39	-0.10	35	4.98	55	-0.02	40	0.52	40	-0.0004	70
41	65319226	107.11	-0.29	25	4.91	55	-0.02	45	0.09	45	0.0004	40
	41119226											
42	22219727	107.04	0.18	60	8.04	45	-0.04	65	-1.02	50	-0.0002	65
43	65318270	106.94	-0.08	40	5.55	55	-0.02	45	-0.10	45	-0.0003	65
	41118270											
44	65319206	106.50	0.04	50	5.37	55	-0.02	40	-0.18	45	0.0002	45
	41119206											
45	41218486	106.13	-0.15	35	5.93	55	-0.04	65	0.69	40	-0.0004	70
46	65319250	105.18	-0.06	40	5.59	55	-0.03	60	-0.04	45	-0.0001	55
	41119250											
47	65318274	103.59	0.03	50	5.43	55	-0.03	50	-1.52	50	0.0005	35
	41118274											
48	22218621	102.86	-0.03	45	3.69	60	-0.03	55	0.41	40	0.0002	45
49	41119222	102.71	-0.04	40	1.92	70	-0.02	45	1.74	35	-0.0005	75
50	41218485	102.68	-0.10	35	1.73	70	-0.04	65	3.73	25	-0.0003	65

（续）

排名	牛号	GCBI	产犊难易度		断奶重（kg）		育肥期日增重（kg/d）		胴体重（kg）		屠宰率（%）	
			GEBV	Rank（%）	GEBV	Rank（%）	GEBV	Rank（%）	GEBV	Rank（%）	GEBV	Rank（%）
51	65319238	102.38	-0.17	30	3.04	65	-0.03	50	0.48	40	-0.0001	60
	41119238											
52	65318262	102.17	-0.10	35	6.31	50	-0.02	40	-4.81	70	-0.0002	60
	41118262											
53	41118226	100.62	0.48	85	2.74	65	-0.02	45	0.47	40	0.0006	30
54	65319252	100.13	-0.31	25	4.80	60	-0.02	45	-4.38	65	0.0011	20
	41119252											
55	41218481	100.05	-0.65	15	-1.61	80	-0.02	45	3.36	25	-0.0004	70
56	22220785	99.82	0.33	75	0.96	70	-0.02	40	1.88	35	-0.0008	85
57	15219145	99.65	-0.14	35	0.13	75	0.04	5	-4.80	70	-0.0018	95
58	65318238	99.61	-0.04	45	1.07	70	-0.01	30	-0.47	45	-0.0003	70
	41118238											
59	22219003	98.96	-0.83	10	-4.48	85	-0.01	25	3.78	25	0.0000	55
60	22220073	98.93	0.29	70	-2.62	80	-0.03	55	6.90	15	0.0013	15
61	65318272	96.48	-0.12	35	1.49	70	-0.03	60	-0.72	50	0.0003	45
	41118272											
62	65319264	95.20	-0.03	45	-0.94	75	0.01	10	-3.61	65	-0.0010	90
	41119264											
63	41118298	95.15	-0.47	20	-3.54	80	0.00	25	0.56	40	0.0004	40
64	41118286	93.96	-0.25	25	-6.93	85	0.00	20	4.16	25	0.0000	50
65	22220307	93.50	-0.06	40	-2.80	80	-0.02	40	1.67	35	-0.0008	85
66	15218841*	93.41	0.07	55	-0.22	75	-0.03	60	0.32	40	0.0001	50
67	65319266	93.14	-0.24	30	0.56	75	-0.03	55	-2.45	60	-0.0001	60
	41119266											
68	65318284	89.52	0.23	65	0.57	75	-0.07	85	1.63	35	0.0008	25
	41118284											
69	22219817	88.34	0.08	55	-2.64	80	-0.02	35	-2.07	55	0.0008	25
70	65318280	85.19	-0.52	20	-12.21	90	0.01	15	3.86	25	-0.0001	60
	41118280											
71	22219919	81.70	0.04	50	-9.81	90	-0.02	45	3.29	25	0.0007	25

（续）

排名	牛号	GCBI	产犊难易度		断奶重（kg）		育肥期日增重（kg/d）		胴体重（kg）		屠宰率（%）	
			GEBV	Rank（%）	GEBV	Rank（%）	GEBV	Rank（%）	GEBV	Rank（%）	GEBV	Rank（%）
72	22219389	79.72	0.51	85	3.98	60	-0.06	80	-9.88	85	0.0006	30
73	15217923	79.08	-0.43	20	-7.85	90	-0.04	65	-0.12	45	0.0012	20
74	65320230	78.78	0.43	80	3.41	65	-0.04	65	-12.59	90	0.0007	30
	41120230											
75	41217476	78.52	0.19	60	2.61	65	-0.05	75	-10.87	85	0.0002	45
76	41218484	77.02	-1.08	10	-2.75	80	-0.04	70	-9.19	80	0.0008	25
77	65318294	73.25	-0.51	20	-11.19	90	-0.01	25	-3.56	65	-0.0003	70
	41118294											
78	22219801	73.16	-0.30	25	-4.27	85	-0.04	70	-7.91	80	-0.0002	65
79	65319230	72.67	0.16	60	1.39	70	-0.01	35	-17.79	95	0.0022	10
	41119230											
80	65320234	71.52	0.02	50	7.75	45	-0.03	60	-24.87	99	0.0001	50
	41120234											
81	22218127	68.97	-1.13	10	-12.80	95	-0.01	25	-5.63	70	-0.0004	70
82	41118282	66.54	-0.69	15	-20.55	99	-0.02	50	5.91	20	-0.0003	65
83	41118288	60.93	-0.43	20	-17.85	95	-0.04	65	0.71	40	0.0003	40
84	41119202	58.59	-0.03	45	-6.11	85	-0.04	65	-15.08	90	0.0029	5
85	41217469	50.91	-1.09	10	-19.94	99	-0.03	60	-5.10	70	0.0007	30

注：＊表示该牛已经不在群，但有库存冻精。

4.3 三河牛

表4-3 三河牛估计育种值

序号	牛号	CBI	TPI	体型外貌评分		初生重		6月龄体重		18月龄体重		6~12月龄日增重		13~18月龄日增重		19~24月龄日增重		4%乳脂率校正奶量	
				EBV	r²(%)	EBV	r²(%)	EBV	r²(%)	EBV	r²(%)	EBV	r²(%)	EBV	r²(%)	EBV	r²(%)	EBV	r²(%)
1	15317509	140.85	125.68	-0.60	47	0.67	48	17.64	48	11.84	43	-0.06	49	0.02	44	0.06	52	42.00	1
2	15317105	137.25	121.14	0.10	46	3.56	52	10.32	52	10.00	45	0.01	52	-0.04	46	-0.03	53	-43.63	11
3	15316709*	131.18	118.98	-0.60	47	0.20	49	1.32	49	28.96	44	0.02	50	0.08	45	0.04	53	9.80	1
4	15316259	131.80	118.16	0.55	49	-2.40	55	17.49	51	6.59	46	-0.30	52	0.18	47	0.02	55	-33.07	1
5	15317563	128.15	117.58	0.37	47	-0.80	51	12.65	51	7.42	47	0.00	52	-0.03	47	0.00	55	24.85	12
6	15316831	121.58	116.43	1.43	49	1.33	51	8.75	51	-2.00	46	-0.12	52	0.06	47	-0.01	54	125.32	12
7	15316547	128.58	112.95	1.91	47	1.61	48	8.11	48	2.99	42	-0.10	49	0.06	43	-0.04	52	-151.18	8
8	15313875	110.36	111.57	2.01	47	1.16	59	13.17	58	10.29	47	0.24	57	-0.07	47	-0.04	55	193.03	38
9	15318343	129.21	111.27	0.42	16	-0.18	23	-6.37	25	35.88	24	0.09	25	0.11	24	0.14	25	-225.41	8
10	15318111	113.55	108.95	0.53	17	0.65	24	4.35	25	2.37	24	0.01	25	0.01	24	-0.07	25	29.47	11
11	15315314	105.00	104.40	0.56	43	2.00	47	-4.10	46	3.95	41	-0.12	47	0.15	41	-0.08	51	50.62	1
12	15319187	107.53	102.68	0.45	17	-0.26	32	2.58	33	1.97	30	0.03	33	0.01	31	-0.06	33	-66.30	18
13	15315421	98.12	99.36	0.47	45	-1.25	50	1.12	50	-2.27	41	-0.12	48	0.09	42	-0.08	51	17.56	1
14	15319413	95.93	99.35	1.03	16	-0.94	32	-0.34	31	-5.00	28	-0.09	31	0.04	28	0.02	23	64.42	4
15	15317607	86.17	95.18	0.79	49	-1.19	51	-5.04	51	-5.38	46	-0.09	52	0.09	47	0.04	54	125.32	12
16	15319129	85.68	91.55	0.68	16	0.09	22	-12.85	27	3.46	25	0.19	27	-0.10	25	0.21	29	5.16	1
17	15314224	64.13	78.25	0.91	45	-1.40	81	-12.01	76	-15.25	67	-0.23	73	0.12	67	-0.28	59	-8.11	1
18	15312615	63.53	78.12	1.22	42	1.22	50	-7.01	50	-31.02	41	-0.11	47	-0.09	42	-0.09	47	0.00	1
19	15312171	82.25	77.99	1.98	46	-0.12	51	-2.59	50	-20.00	42	0.03	51	-0.09	43	-0.19	51	-409.30	34
20	15319137	61.77	77.54	0.41	16	-1.19	28	-10.59	28	-18.21	25	0.01	28	-0.05	25	0.13	29	17.30	4
21	15314037	16.51	60.52	1.49	44	-8.18	75	-52.33	71	16.21	44	0.53	59	-0.03	44	0.24	53	382.38	34
22	15316643	32.54	57.04	0.18	46	3.38	82	-34.50	81	-19.05	60	0.10	71	-0.20	61	-0.20	63	-89.55	1

注：＊表示该牛已经不在群，但有库存冻精。

4.4 瑞士褐牛

表4-4 瑞士褐牛估计育种值

序号	牛号	CBI	TPI	体型外貌评分		初生重		6月龄体重		18月龄体重		6~12月龄日增重		13~18月龄日增重		19~24月龄日增重		4%乳脂率校正奶量	
				EBV	r^2(%)	EBV	r^2(%)	EBV	r^2(%)	EBV	r^2(%)	EBV	r^2(%)	EBV	r^2(%)	EBV	r^2(%)	EBV	r^2(%)
1	11101934*	108.81	105.29	0.00	1	0.30	1	4.90	1	0.00	1	-0.03	1	0.00	1	0.00	1	0.00	1
2	11103630*	219.06	173.88	-0.03	26	1.79	40	60.24	39	14.73	25	-0.15	35	0.00	25	-0.06	24	88.17	21
3	21219020	112.67	213.85	0.16	30	0.24	35	0.14	34	10.43	30	0.02	6	0.13	30	-0.02	38	3828.10	47
4	21219025	96.92	210.41	-1.40	29	0.42	35	0.68	34	0.48	30	0.02	6	0.10	31	0.02	38	4044.75	48
5	21219026	92.31	207.65	0.07	29	-0.43	35	-3.55	34	-0.98	30	0.02	6	0.11	31	-0.02	38	4044.75	48
6	21219022	92.02	207.47	0.23	29	0.15	35	0.59	34	3.90	30	0.02	6	0.13	31	-0.02	38	4044.75	48
7	11119206	139.75	189.95	-1.63	34	1.71	42	5.87	41	30.33	35	0.05	37	0.15	36	-0.18	42	2381.55	10
8	11119207	131.95	185.27	-1.32	34	0.86	42	5.50	41	24.46	35	0.04	37	0.13	36	-0.15	42	2381.55	10
9	65108826*	78.71	126.67	-0.46	36	-0.35	39	-6.96	38	-6.60	34	0.00	2	-0.01	2	0.13	43	1421.02	39
10	65108831*	118.84	113.58	-0.19	3	1.13	39	2.56	38	11.69	33	0.00	2	0.00	3	0.18	42	82.04	39
11	21211103*	106.90	113.36	-0.69	37	-0.59	39	4.88	38	3.07	33	-0.03	30	-0.01	33	-0.03	42	332.12	54
12	65117823*	122.37	109.29	1.32	37	-1.05	39	13.02	39	-1.62	34	0.00	1	-0.02	33	-0.02	43	-148.81	2
13	21219002	127.52	96.73	-0.77	34	0.96	37	10.93	37	9.63	33	0.02	7	0.10	33	-0.10	40	-712.72	55
14	21211102*	117.52	96.22	-0.22	42	-0.19	43	2.12	42	14.44	38	0.06	36	-0.01	38	-0.01	46	-514.78	59
15	11118205	117.39	95.08	0.26	33	2.24	38	6.82	37	-0.63	31	0.29	34	-0.20	31	0.21	38	-553.04	12
16	11119208	97.86	93.81	-0.93	34	-0.27	37	-6.95	36	12.91	30	0.10	33	0.06	31	-0.15	36	-176.62	11
17	21209004*	81.40	90.57	-0.15	29	-1.20	28	-4.42	28	-7.13	24	-0.04	28	0.00	25	-0.02	31	62.31	43
18	21218040*	96.11	80.35	-0.40	35	-0.95	36	-4.65	36	7.34	32	0.01	33	-0.03	32	0.09	39	-623.88	53
19	11119209	74.58	79.85	2.40	34	0.39	37	-17.80	36	-6.71	30	0.11	33	-0.02	31	-0.26	36	-176.62	11
20	65116843*	43.69	77.66	-0.13	36	-1.58	41	-19.15	40	-18.95	36	0.04	1	0.00	34	-0.04	44	412.25	42
21	21208021*	115.54	71.07	0.22	25	0.85	25	2.81	24	7.31	21	0.05	25	-0.02	21	0.05	27	-1378.25	52
22	21218015*	92.10	69.40	0.52	34	-1.41	35	-5.59	34	2.58	30	0.07	32	-0.07	30	0.07	38	-931.86	53
23	11115203*	85.16	68.50	0.24	41	3.43	42	-10.04	41	-7.71	35	0.17	16	-0.05	36	-0.01	42	-814.28	37
24	21208020*	104.80	68.20	-0.21	25	0.48	25	0.99	24	2.62	21	-0.01	25	0.01	21	0.02	27	-1249.36	52

（续）

序号	牛号	CBI	TPI	体型外貌评分		初生重		6月龄体重		18月龄体重		6~12月龄日增重		13~18月龄日增重		19~24月龄日增重		4%乳脂率校正奶量	
				EBV	r²(%)	EBV	r²(%)	EBV	r²(%)	EBV	r²(%)	EBV	r²(%)	EBV	r²(%)	EBV	r²(%)	EBV	r²(%)
25	21220005	135.57	64.61	-0.56	20	2.61	31	17.25	30	2.66	26	-0.01	6	-0.03	27	-0.09	33	-2044.06	38
26	21218039	95.40	62.88	0.50	30	-0.67	31	-8.25	30	8.03	27	0.01	27	-0.03	27	-0.01	34	-1237.90	53
27	65113821*	69.54	62.75	-0.08	35	-1.18	37	-14.93	37	-2.42	32	0.00	1	0.10	31	-0.06	41	-683.57	38
28	21218036	95.07	62.68	0.79	30	-0.38	31	-7.37	30	4.55	27	-0.05	27	0.00	27	0.00	34	-1237.90	53
29	21218037	92.52	61.15	0.50	30	-0.10	31	-6.04	30	0.57	27	-0.04	27	-0.04	27	0.07	34	-1237.90	53
30	11115202*	-11.39	52.48	-0.32	35	-1.31	38	-48.28	37	-25.70	32	-0.03	5	0.00	32	0.14	39	696.00	37
31	21214008	119.70	49.64	0.19	33	1.15	36	3.85	36	8.99	29	-0.02	33	0.00	30	0.02	37	-2240.20	58
32	21214007*	102.63	45.37	-0.02	33	0.05	34	1.15	33	0.65	28	-0.04	32	-0.01	29	0.02	36	-2025.22	55
33	11115201	-24.20	44.80	-0.62	35	-2.44	38	-47.37	37	-35.17	32	-0.03	5	-0.05	32	0.03	39	696.00	37
34	21216034*	99.16	42.35	0.35	32	-0.77	32	1.13	31	-2.01	27	-0.01	31	-0.04	27	0.02	34	-2058.78	54
35	21216053	106.24	33.12	0.34	29	0.25	30	1.91	29	0.98	25	0.11	29	-0.09	25	-0.07	32	-2544.45	55
36	21214005*	101.19	31.54	0.41	28	-0.91	31	-1.98	30	4.76	24	-0.01	30	0.02	25	0.00	31	-2492.36	55
37	21216050*	68.26	10.34	0.04	29	-0.04	30	-8.21	29	-17.14	25	0.01	29	-0.07	25	-0.02	32	-2544.45	55
38	11114201	-33.56	7.52	1.35	35	-6.66	41	-53.26	40	-32.31	34	0.08	3	-0.04	34	0.19	41	-444.80	39

注：*表示该牛已经不在群，但有库存冻精。

4.5 新疆褐牛

表4-5 新疆褐牛估计育种值

序号	牛号	CBI	TPI	体型外貌评分		初生重		6月龄体重		18月龄体重		6~12月龄日增重		13~18月龄日增重		19~24月龄日增重		4%乳脂率校正奶量	
				EBV	r^2(%)	EBV	r^2(%)	EBV	r^2(%)	EBV	r^2(%)	EBV	r^2(%)	EBV	r^2(%)	EBV	r^2(%)	EBV	r^2(%)
1	65119868	241.00	184.86	0.23	49	2.92	50	41.80	49	59.78	43	0.01	46	0.02	44	0.11	52	9.27	2
2	65119867	221.36	182.78	0.83	51	-0.17	51	31.99	50	61.62	45	0.01	47	0.15	46	-0.11	54	358.85	14
3	65118872	217.30	174.88	0.98	50	3.38	51	36.09	50	42.36	45	0.00	48	0.01	45	0.02	53	161.97	8
4	65118871	214.50	166.37	1.03	48	2.12	48	41.69	48	34.02	42	-0.05	47	-0.01	43	0.05	14	-83.93	1
5	65118873	195.09	155.66	1.24	45	6.00	45	36.90	44	12.98	4	0.06	44	-0.02	4	0.04	5	-50.14	1
6	65118865	187.09	155.13	-0.86	40	5.72	42	27.66	42	28.49	37	-0.03	40	0.09	37	-0.01	47	103.60	2
7	65117857*	149.51	132.23	0.45	45	-1.24	47	29.52	46	2.28	41	-0.02	39	-0.02	42	0.17	50	91.08	13
8	65117805*	135.19	126.3	1.12	44	3.93	45	3.69	44	13.39	39	-0.01	3	0.01	40	-0.01	49	186.76	9
9	65117851*	114.00	119.95	0.63	44	2.30	47	-4.81	47	12.46	40	-0.01	3	0.04	41	0.03	49	416.17	16
10	65117859*	132.49	118.93	-1.47	44	-0.06	45	30.41	44	-10.41	39	-0.03	39	-0.08	40	0.15	49	-20.15	7
11	65113820*	115.82	117.64	0.48	43	0.09	49	6.23	48	3.16	44	-0.01	18	0.04	45	0.02	52	293.65	41
12	65117855	122.08	113.87	-1.30	44	1.10	29	9.03	45	9.17	40	-0.01	6	-0.04	40	0.15	49	22.44	8
13	65116850	93.64	113.84	-0.62	44	0.48	45	-19.77	45	25.60	40	-0.01	1	0.17	40	0.01	49	636.06	42
14	65112819*	113.31	112.87	-0.04	42	-0.08	51	-9.59	51	27.49	43	-0.01	18	0.15	44	0.00	51	176.08	41
15	65117802*	109.36	108.66	0.89	44	1.09	45	1.67	44	0.11	39	0.00	4	-0.01	40	-0.02	49	109.74	8
16	65117801*	116.42	107.87	0.68	44	1.00	29	1.03	44	8.72	39	0.00	6	0.00	40	0.07	48	-71.52	7
17	65114812*	99.87	105.54	-0.03	12	-2.21	45	-12.32	45	24.23	40	-0.01	1	0.14	40	0.03	49	202.46	42
18	65117818	98.46	103.94	-1.43	45	0.51	45	-10.67	45	19.22	40	-0.01	3	0.10	41	-0.06	49	175.21	10
19	65113807*	115.00	98.71	-0.70	42	2.91	43	-4.89	43	17.19	37	-0.01	1	-0.03	38	0.03	47	-370.71	40
20	65113809*	87.93	85.82	-0.31	44	2.12	45	-22.36	44	19.07	39	0.00	1	0.11	40	-0.07	49	-250.13	42
21	65114811*	66.05	83.84	-0.22	44	-0.32	46	-17.58	46	-3.16	40	0.00	4	0.09	41	0.07	50	151.70	42
22	65116836	94.67	83.19	-1.82	43	1.80	45	-6.15	44	7.14	39	0.00	6	0.11	40	0.05	49	-490.39	41
23	65114831*	71.16	69.82	1.68	45	-1.96	83	11.62	84	-46.54	79	-0.34	79	-0.01	79	-0.04	82	-463.83	40
24	65113808*	29.67	55.09	-0.78	43	-0.22	44	-24.05	43	-25.32	38	-0.01	1	0.00	39	0.07	48	-97.88	41
25	65114832*	22.27	41.67	2.02	42	-1.73	83	-17.63	85	-49.27	79	-0.20	79	0.04	79	-0.01	82	-421.11	41

注：＊表示该牛已经不在群，但有库存冻精。

4.6 摩拉水牛

表4-6 摩拉水牛估计育种值

序号	牛号	CBI	TPI	体型外貌评分		初生重		6月龄体重		18月龄体重		6~12月龄日增重		13~18月龄日增重		19~24月龄日增重		4%乳脂率校正奶量	
				EBV	r^2(%)	EBV	r^2(%)	EBV	r^2(%)	EBV	r^2(%)	EBV	r^2(%)	EBV	r^2(%)	EBV	r^2(%)	EBV	r^2(%)
1	42108127*	162.56	134.94	0.69	37	2.23	41	20.57	40	18.88	35	0.04	41	-0.01	35	-0.10	44	-93.57	2
2	43112074*	150.88	129.79	-0.73	40	0.58	39	15.89	38	24.62	33	0.00	39	0.05	34	0.01	42	-26.46	1
3	53212136	123.11	129.50	-0.38	39	2.44	42	-1.19	42	18.99	36	0.07	42	0.07	37	-0.21	45	563.29	33
4	42111237	147.28	125.59	0.49	33	0.72	42	15.04	41	17.50	35	0.00	41	0.06	36	-0.12	44	-100.03	3
5	43111072	142.33	124.66	-0.67	35	1.20	38	13.81	37	18.09	32	-0.02	38	0.05	33	0.07	41	-26.46	1
6	53114322	132.82	123.67	-0.91	39	0.31	41	3.28	38	28.42	35	0.09	39	-0.01	35	0.05	45	143.18	1
7	53110217	129.57	117.73	0.56	37	0.47	38	21.79	34	-9.07	33	-0.32	35	0.01	32	0.06	41	-0.57	1
8	42111230*	122.04	110.95	0.00	34	0.11	41	7.85	40	8.30	35	0.04	41	0.00	35	-0.17	44	-81.88	2
9	53114316*	112.36	109.38	0.48	39	0.58	41	-2.43	41	12.02	35	0.02	39	-0.01	35	0.09	45	70.76	1
10	53114315*	120.32	107.74	1.78	39	1.64	41	-0.44	5	8.81	35	-0.01	2	0.00	35	0.08	45	-160.24	1
11	42110221	116.58	106.03	0.92	38	0.11	43	10.93	42	-5.09	36	-0.01	42	-0.05	36	-0.16	45	-141.26	3
12	42111081*	114.52	105.93	-0.20	34	1.81	41	10.06	40	-5.46	35	-0.01	41	-0.05	35	-0.09	43	-100.32	2
13	45112163	110.20	105.39	0.00	45	-0.62	10	0.70	10	9.96	9	0.04	10	0.01	9	0.07	11	-26.46	6
14	42116397	107.87	103.99	1.03	44	-1.45	44	-4.35	44	13.55	38	0.10	45	-0.02	39	0.12	47	-26.46	6
15	53217218	99.82	103.71	0.22	17	0.33	46	26.28	45	-42.11	40	-0.28	46	-0.07	39	-0.12	48	137.73	7
16	53217216	100.15	102.69	0.14	15	0.53	46	31.84	45	-50.50	39	-0.31	45	-0.12	39	-0.06	47	93.75	3
17	53215190	100.59	100.23	0.09	1	0.08	42	9.49	41	-14.54	36	-0.05	42	-0.06	36	0.12	45	-4.54	1
18	53217219	98.97	99.21	0.33	5	0.10	4	5.44	5	-10.82	5	-0.04	4	-0.04	5	0.03	6	-6.14	2
19	45108131	99.43	98.92	-0.36	43	-0.20	4	-0.13	4	1.54	3	0.02	4	0.00	3	0.04	4	-26.46	1
20	42116063	97.74	98.46	0.65	39	-0.21	40	-7.15	39	6.84	34	-0.01	40	0.07	35	0.14	43	-6.62	1
21	36108123	97.51	98.41	0.94	36	-0.28	36	-1.32	35	-3.27	31	0.02	36	0.01	31	0.14	39	-3.31	1
22	45120807	96.44	97.97	0.76	20	0.52	57	-4.55	56	-0.57	51	-0.07	55	0.04	51	0.03	57	3.68	13
23	45120811	105.23	97.85	1.59	19	1.87	57	-4.49	56	1.09	50	-0.04	55	-0.02	50	0.10	57	-190.70	12
24	53217217	90.74	97.05	0.19	14	0.94	45	25.72	45	-51.10	39	-0.22	45	-0.17	38	-0.06	47	93.75	3
25	45120789	109.38	96.86	1.58	19	0.18	56	-1.95	56	5.20	50	-0.08	55	0.02	51	0.06	32	-315.87	12
26	53215187	94.90	96.81	0.04	1	1.99	42	7.68	41	-21.51	36	-0.02	42	-0.13	36	0.06	45	-4.54	1

（续）

序号	牛号	CBI	TPI	体型外貌评分		初生重		6月龄体重		18月龄体重		6~12月龄日增重		13~18月龄日增重		19~24月龄日增重		4%乳脂率校正奶量	
				EBV	r²(%)	EBV	r²(%)	EBV	r²(%)	EBV	r²(%)	EBV	r²(%)	EBV	r²(%)	EBV	r²(%)	EBV	r²(%)
27	45120753	97.02	95.75	0.01	1	-1.23	11	3.32	8	-4.92	9	-0.01	7	-0.04	9	0.06	10	-88.53	3
28	45112294	94.43	92.25	-0.12	42	-0.84	7	-3.51	7	2.67	6	0.02	7	0.00	6	0.03	7	-158.78	1
29	45120759	76.24	92.15	-1.94	10	-5.17	58	-1.12	57	-0.46	51	-0.13	55	-0.03	52	0.05	27	230.73	8
30	42116057	87.40	91.30	-0.47	38	0.33	40	-13.39	39	9.77	34	-0.11	40	0.21	35	0.07	43	-40.94	1
31	53109230*	90.52	88.71	0.64	40	0.38	51	7.08	27	-23.11	45	-0.08	27	-0.05	24	0.06	53	-201.98	12
32	53215186	85.45	88.60	0.01	5	0.54	43	5.15	42	-22.84	37	0.00	43	-0.16	37	0.10	45	-96.37	2
33	43110067	83.71	88.39	0.01	40	0.10	39	-8.64	38	-2.26	33	0.01	39	0.01	34	0.07	42	-66.16	1
34	45120803	102.49	87.35	-1.84	22	-1.85	56	-1.71	56	16.57	50	0.20	55	-0.12	51	0.30	57	-509.54	12
35	42116413	81.58	87.30	-0.07	40	-0.85	42	-9.35	41	-0.56	36	-0.05	42	0.02	36	0.04	45	-59.54	1
36	53214182	77.26	85.09	-0.02	2	0.41	41	2.69	39	-26.30	35	0.02	40	-0.12	35	0.05	44	-45.68	1
37	45112770	87.24	84.82	0.32	44	-0.56	8	-4.47	8	-4.96	8	-0.01	8	-0.01	8	-0.01	8	-271.25	7
38	45103951	73.39	83.30	0.15	42	-0.37	7	-8.29	7	-11.85	6	-0.01	7	-0.03	7	0.02	8	-26.46	1
39	45119751	95.32	82.78	-0.90	22	-3.60	56	-5.21	55	15.81	50	0.08	54	-0.13	50	0.44	57	-519.13	5
40	45112273	73.63	80.87	-0.13	44	-1.01	7	-7.31	7	-10.50	6	-0.02	7	-0.01	6	0.00	7	-119.09	1
41	45108929	69.00	78.09	0.02	43	-1.19	7	-9.00	7	-12.38	6	-0.02	7	-0.02	6	0.00	7	-119.09	1
42	36108137	60.34	72.90	0.01	39	-0.70	38	-7.74	37	-23.55	33	-0.14	38	0.02	34	-0.02	41	-119.09	1
43	42116457	53.40	69.65	0.91	40	-4.13	43	-14.26	42	-15.23	36	-0.08	43	-0.02	37	0.12	45	-86.01	1
44	42116399	46.02	65.22	0.52	41	-1.60	43	-25.32	42	-9.78	36	0.11	43	-0.07	37	-0.07	45	-86.01	1

注：＊表示该牛已经不在群，但有库存冻精。

（续）

4.7 尼里-拉菲水牛

表4-7 尼里-拉菲水牛估计育种值

序号	牛号	CBI	TPI	体型外貌评分		初生重		6月龄体重		18月龄体重		6~12月龄日增重		13~18月龄日增重		19~24月龄日增重		4%乳脂率校正奶量	
				EBV	r²(%)	EBV	r²(%)	EBV	r²(%)	EBV	r²(%)	EBV	r²(%)	EBV	r²(%)	EBV	r²(%)	EBV	r²(%)
1	42115015	186.00	151.60	0.20	22	-1.69	32	27.80	31	41.09	27	0.03	31	0.04	27	0.16	33	0.00	1
2	42117096*	171.23	142.74	-0.01	34	3.30	42	13.99	41	37.19	36	0.08	41	0.08	34	-0.01	44	0.00	1
3	42107714*	168.40	137.79	-0.07	37	2.78	41	21.35	40	24.75	35	0.06	41	-0.03	36	-0.12	44	-117.01	1
4	42115317*	123.03	113.82	0.19	19	-2.63	30	0.88	29	25.81	25	0.11	29	0.02	25	0.02	31	0.00	1
5	53110244*	105.84	111.25	0.50	41	2.53	45	-0.85	13	-1.30	38	-0.04	12	-0.02	38	-0.09	47	279.07	1
6	42116023	116.22	109.73	0.03	42	0.76	42	0.57	41	12.33	36	0.05	42	-0.03	37	0.21	45	0.00	3
7	45112904	113.38	108.03	0.79	41	-0.29	2	1.79	3	7.41	2	0.03	2	0.02	2	0.02	2	0.00	1
8	45108935	110.19	106.11	-0.93	43	-0.42	4	2.60	4	10.16	3	0.03	4	0.02	3	0.06	4	0.00	1
9	45112165	106.29	103.77	1.05	42	-0.15	3	0.37	3	1.61	3	0.02	3	0.00	3	0.01	4	0.00	1
10	45119258	102.59	103.53	-0.10	2	-0.26	29	3.78	29	-2.37	25	-0.01	27	0.04	24	0.09	24	71.37	21
11	45103572	105.20	103.12	-0.13	40	-0.27	1	1.07	1	4.38	1	0.01	1	0.01	1	0.02	1	0.00	1
12	45112153	105.04	103.02	0.06	42	-0.22	2	1.94	2	2.04	2	0.01	2	-0.01	1	0.04	2	0.00	1
13	45111872	104.73	102.84	0.37	36	-0.53	4	0.54	4	3.44	3	0.02	3	0.01	3	0.03	4	0.00	3
14	45112936	116.70	102.38	0.59	22	-2.05	56	-7.71	55	30.10	50	0.11	54	0.00	50	0.40	58	-275.16	5
15	45108744	102.04	101.22	-0.27	43	-0.21	1	0.97	1	1.97	1	0.02	1	0.00	1	0.04	1	0.00	1
16	45110852	101.55	100.93	-0.12	41	-0.79	3	0.36	2	3.27	2	0.02	2	0.01	2	0.04	2	0.00	2
17	42117065	83.86	90.25	0.01	31	-1.33	39	-11.72	38	6.06	33	0.03	39	0.19	33	0.03	41	-2.24	1
18	42116069	83.81	89.64	0.11	37	1.41	39	-14.65	38	3.49	33	-0.07	39	0.15	34	0.13	42	-23.45	1
19	53110243*	80.45	85.89	-0.38	41	0.42	41	1.86	1	-20.67	35	-0.01	1	-0.05	34	-0.13	44	-85.73	1
20	53109240	86.41	85.74	0.70	39	0.20	42	-0.57	6	-15.02	36	-0.01	6	-0.03	5	-0.04	45	-219.96	3
21	53215193	73.40	84.04	0.08	1	3.60	2	3.45	41	-39.18	36	-0.06	42	-0.20	36	0.31	45	0.00	1
22	42116064	72.84	83.70	0.05	40	1.76	42	-11.63	41	-12.01	35	0.01	42	-0.04	36	0.11	44	0.00	1
23	53105176*	63.95	64.71	1.35	31	-2.69	44	-1.02	20	-30.85	37	0.01	19	-0.05	17	-0.08	45	-492.03	7

注：＊表示该牛已经不在群，但有库存冻精。

4.8　地中海水牛

表4-8　地中海水牛估计育种值

序号	牛号	CBI	TPI	体型外貌评分		初生重		6月龄体重		18月龄体重		6~12月龄日增重		13~18月龄日增重		19~24月龄日增重		4%乳脂率校正奶量	
				EBV	r²(%)	EBV	r²(%)	EBV	r²(%)	EBV	r²(%)	EBV	r²(%)	EBV	r²(%)	EBV	r²(%)	EBV	r²(%)
1	45116D15	160.68	136.41	0.20	37	-0.98	41	20.38	40	27.06	33	0.00	41	-0.01	34	0.08	40	0.00	1
2	45116D17	159.26	135.56	-0.07	37	0.41	40	16.16	40	29.90	33	0.05	41	-0.01	34	-0.15	42	0.00	1
3	45116D13	152.67	131.60	-0.01	36	-1.68	41	17.14	40	27.07	33	0.00	41	0.01	34	0.12	40	0.00	1
4	42114023*	110.96	114.48	0.17	36	0.83	36	3.15	35	2.75	31	0.00	36	0.00	32	0.05	39	284.67	34
5	45116D09	123.27	113.96	-0.35	35	1.68	42	8.59	41	5.88	2	0.09	42	0.00	2	-0.02	3	0.00	1
6	42114027*	101.87	113.16	1.88	35	-1.96	35	0.03	35	-0.83	31	0.01	36	0.00	31	0.09	39	433.80	34
7	45116D03	121.57	112.94	0.08	5	-0.28	41	6.02	40	11.28	3	0.10	41	0.00	3	0.03	4	0.00	1
8	45116021	120.69	112.41	-0.21	4	-2.36	41	3.11	40	21.11	34	0.08	41	0.00	34	-0.06	42	0.00	1
9	45116D11	119.98	111.99	-0.85	35	0.50	41	10.19	40	5.14	4	0.09	41	-0.01	4	0.01	5	0.00	1
10	42114003	115.83	111.85	0.11	35	-0.21	35	4.95	34	7.29	29	0.01	35	0.01	30	0.02	37	84.85	33
11	42114031	105.66	106.93	-0.02	37	1.79	36	-0.12	35	1.22	6	-0.01	36	0.00	6	0.05	7	127.39	35
12	42114025	112.13	105.84	-0.16	37	2.24	36	2.01	35	3.46	31	0.01	36	0.00	32	0.09	39	-51.72	35
13	42114037	95.25	103.62	-0.42	36	-1.41	35	0.97	35	-0.89	30	-0.02	36	0.00	31	0.06	39	233.14	34
14	45117069	104.54	102.72	0.00	1	0.58	41	3.57	40	-2.64	33	-0.11	41	0.08	33	0.00	41	0.00	1
15	42114001	115.07	101.98	0.46	37	2.37	36	1.55	35	4.19	31	0.03	37	0.00	31	-0.01	39	-254.52	35
16	45113F41	102.58	101.55	0.02	34	0.27	2	1.31	2	-0.33	1	0.01	2	0.00	1	0.01	1	0.00	1
17	45118073	98.37	99.02	0.00	1	0.68	40	4.03	39	-9.33	32	-0.12	39	0.02	32	0.01	26	0.00	1
18	45116D05	97.95	98.77	-0.22	35	-2.86	41	0.08	40	5.73	2	0.06	41	0.00	2	-0.01	3	0.00	1
19	42114007	90.21	98.11	-0.12	35	-0.91	34	-1.83	33	-3.68	28	0.00	34	-0.01	29	-0.02	37	143.47	32
20	42114019	91.14	95.55	-0.39	35	-0.92	34	-1.11	34	-2.84	29	-0.01	35	0.00	30	-0.05	37	31.10	33
21	45118079	92.25	95.35	-0.04	1	-0.08	40	2.17	39	-10.21	32	-0.14	39	0.04	32	-0.02	26	0.00	1
22	45117049	92.00	95.20	-0.19	3	-0.46	41	1.93	40	-8.59	33	-0.02	40	-0.01	33	0.14	40	0.00	1
23	42114005	100.98	92.78	-0.98	34	0.79	34	0.82	33	1.54	28	0.01	34	0.00	29	-0.09	37	-281.28	32
24	42114039	70.29	82.17	0.02	1	1.89	41	-6.46	40	-22.52	33	-0.09	40	0.00	32	0.14	39	0.00	1

（续）

序号	牛号	CBI	TPI	体型外貌评分		初生重		6月龄体重		18月龄体重		6~12月龄日增重		13~18月龄日增重		19~24月龄日增重		4%乳脂率校正奶量	
				EBV	r²(%)	EBV	r²(%)	EBV	r²(%)	EBV	r²(%)	EBV	r²(%)	EBV	r²(%)	EBV	r²(%)	EBV	r²(%)
25	45117039	70.29	82.17	0.02	1	1.89	41	-6.46	40	-22.52	33	-0.09	40	0.00	32	0.14	39	0.00	1
26	42114017	76.02	77.38	-0.87	36	-2.61	35	-4.71	35	-5.51	30	-0.01	36	0.00	31	-0.04	38	-296.69	34
27	45112E61	91.93	72.08	0.02	4	-0.81	35	3.62	33	-11.23	26	-0.01	27	-0.04	24	-0.05	22	-831.60	16
28	45112E13	79.99	71.33	-0.03	1	-2.56	33	3.61	25	-17.94	40	-0.01	19	-0.04	18	0.01	43	-600.27	18
29	45117067	86.46	68.47	0.05	2	-1.23	29	1.04	26	-11.46	21	-0.01	21	-0.05	20	-0.05	17	-843.46	12
30	45118077	58.53	61.17	-0.80	25	-0.72	54	-10.75	54	-17.43	49	0.00	25	-0.03	50	0.10	56	-502.72	44
31	45116035	32.65	59.59	0.00	1	-1.10	41	-37.92	40	-2.18	34	0.19	41	-0.02	34	-0.11	42	0.00	1
32	45118075	53.15	54.58	-0.37	52	0.26	54	-5.68	53	-34.29	48	0.00	22	-0.08	49	0.06	56	-623.75	45

注：＊表示该牛已经不在群，但有库存冻精。

4.9 夏洛来牛

表4-9 夏洛来牛估计育种值

序号	牛号	CBI	体型外貌评分 EBV	体型外貌评分 r^2(%)	初生重 EBV	初生重 r^2(%)	6月龄体重 EBV	6月龄体重 r^2(%)	18月龄体重 EBV	18月龄体重 r^2(%)	6~12月龄日增重 EBV	6~12月龄日增重 r^2(%)	13~18月龄日增重 EBV	13~18月龄日增重 r^2(%)	19~24月龄日增重 EBV	19~24月龄日增重 r^2(%)
1	62113081	265.56	-0.21	35	-1.33	37	65.34	36	58.62	31	-0.18	35	0.23	32	0.11	38
2	22117221	246.29	0.40	52	1.23	55	25.50	55	93.16	49	0.13	54	0.17	50	-0.09	29
3	15618217*	209.67	0.22	8	4.33	46	19.82	46	60.80	41	0.14	42	0.10	41	-0.13	49
4	15619121*	205.12	0.17	16	1.29	40	17.59	41	67.52	36	-0.01	30	0.56	37	-0.11	21
5	14112062*	184.76	-0.05	2	1.82	44	26.77	44	33.98	38	0.04	39	0.00	39	-0.05	11
6	41417041*	179.55	-0.15	46	-1.31	47	31.10	46	30.43	42	-0.02	3	0.12	42	-0.05	50
7	41419055	176.41	0.15	3	-0.24	44	3.09	44	67.85	38	0.01	1	0.11	39	-0.06	48
8	14112060*	163.08	0.26	40	5.93	43	21.09	43	11.28	20	0.03	34	0.14	21	-0.11	21
9	41412009*	154.98	0.99	44	-5.27	40	27.48	38	18.19	37	0.00	5	-0.04	36	0.09	47
10	41415034	149.98	0.41	10	5.06	45	-1.76	44	35.59	36	0.01	9	0.14	36	-0.03	40
11	41112124*	149.31	0.05	47	3.59	48	4.39	48	30.48	42	0.00	7	0.12	43	0.05	51
12	42113083	147.91	1.44	39	4.49	42	5.98	41	19.18	40	-0.01	2	0.01	41	-0.06	49
13	41214101	147.87	-0.26	42	0.59	14	6.19	40	34.84	32	0.02	5	0.07	33	0.01	41
14	22215921	146.76	0.43	43	1.18	39	7.02	36	28.43	36	-0.09	36	0.08	34	-0.01	45
15	41113136	145.98	-0.05	46	3.15	47	3.44	47	30.28	42	-0.01	7	0.11	42	0.01	50
16	22113027*	145.77	0.15	46	2.55	48	9.53	47	21.42	42	-0.03	6	0.10	42	0.01	50
17	14114721	145.30	-0.08	42	-0.93	44	2.06	43	41.75	37	0.15	41	0.05	38	-0.11	47
18	15615101	139.76	0.20	47	3.47	48	0.20	48	27.69	42	0.02	7	0.18	43	-0.05	51
19	15214501	139.53	-0.22	41	1.54	43	-3.45	43	39.37	37	0.14	42	-0.06	38	-0.03	47
20	41215106*	136.09	0.45	43	-0.18	44	12.62	44	13.08	38	-0.13	41	0.19	39	-0.07	48
21	42109102	135.42	-0.63	48	5.18	49	14.28	49	1.12	44	-0.03	10	0.10	45	0.10	53
22	41113152	135.10	-0.08	44	-0.65	39	-0.51	3	35.48	37	-0.01	5	0.03	34	-0.11	46
23	41115154	131.30	0.00	1	0.83	47	-0.65	48	28.25	42	0.14	43	-0.02	43	-0.12	50
24	42113088	130.23	0.19	41	3.55	45	11.09	45	1.93	37	-0.01	9	-0.01	38	-0.06	43
25	15616083*	129.50	1.06	42	-0.25	1	-1.07	1	25.72	35	0.00	1	0.00	1	-0.11	45
	22116083															

（续）

序号	牛号	CBI	体型外貌评分 EBV	r²(%)	初生重 EBV	r²(%)	6月龄体重 EBV	r²(%)	18月龄体重 EBV	r²(%)	6~12月龄日增重 EBV	r²(%)	13~18月龄日增重 EBV	r²(%)	19~24月龄日增重 EBV	r²(%)
26	22212809	128.84	-0.20	36	-2.19	41	0.77	40	31.85	34	0.10	38	0.04	35	-0.09	42
27	41214102*	127.79	0.02	47	1.57	48	10.58	48	5.88	43	-0.02	11	-0.02	44	0.02	52
28	11114305*	127.42	-0.08	32	1.46	35	21.16	34	-10.03	30	-0.09	34	-0.12	30	0.09	38
29	41115150*	126.16	0.67	45	-0.23	45	6.37	45	12.65	40	-0.02	43	0.07	40	0.14	49
30	41414024*	125.89	0.09	1	-0.87	44	11.28	43	8.67	36	0.02	12	0.03	37	0.05	11
31	14114627	125.56	0.73	46	1.99	40	10.28	43	0.49	38	-0.03	7	-0.02	38	-0.10	46
32	36115203	124.22	0.00	1	1.11	48	1.08	48	18.30	43	0.07	17	-0.04	43	0.21	50
33	14118426	123.55	-0.64	45	1.32	47	16.50	46	-4.00	40	-0.15	45	-0.03	41	-0.01	49
34	22315075	123.55	0.00	45	1.81	47	1.76	46	14.94	41	-0.03	7	0.00	41	-0.14	49
35	41415030	123.23	-0.13	36	5.08	37	-11.15	35	27.02	34	0.10	33	-0.09	32	-0.05	43
36	41415029	123.08	-0.18	3	0.35	44	3.72	42	15.72	37	0.01	38	0.06	38	-0.12	46
37	41115152	122.23	1.43	49	4.69	43	6.43	42	-5.96	43	0.01	3	0.08	38	0.25	52
38	41417040*	122.19	0.89	43	1.80	42	2.74	41	8.74	32	0.01	41	0.03	33	-0.09	42
39	21112501*	121.75	-0.71	40	0.94	42	20.23	42	-10.21	38	-0.10	39	-0.09	38	0.12	45
40	41416035	120.60	0.31	46	0.57	46	2.19	44	13.32	41	0.06	3	0.06	41	-0.01	50
41	21116506*	120.04	0.51	30	-2.07	30	-3.49	29	27.12	25	0.09	30	0.05	26	0.09	33
	22117201															
42	14115126*	119.78	1.03	48	-2.33	47	10.98	46	3.31	37	-0.08	44	0.02	37	-0.07	46
43	41414026*	118.56	0.16	44	-0.37	39	-2.52	2	21.49	36	-0.01	2	0.08	34	-0.11	46
44	41214011	118.38	-0.27	6	0.18	45	-9.83	45	32.86	39	-0.01	4	-0.02	40	0.08	49
45	14116204*	117.44	0.55	43	-1.23	42	2.11	41	13.92	36	0.11	41	-0.05	37	-0.03	46
46	41111122*	116.92	-0.89	43	1.53	43	9.61	42	0.83	4	-0.21	41	-0.02	4	0.01	5
47	11107045*	116.14	-0.11	2	-0.05	44	8.46	44	2.66	39	0.02	41	-0.05	39	-0.05	47
48	11108019*	116.14	0.22	10	-0.51	47	4.41	46	8.71	40	0.00	41	0.00	40	0.09	49
49	14112059*	115.01	-0.25	44	2.33	43	-0.61	43	10.30	38	-0.09	3	0.04	38	-0.04	47
50	14112058*	114.27	1.53	45	4.24	47	-9.02	46	10.98	41	0.01	2	0.00	41	0.21	50
51	65117701*	113.13	-0.10	35	-0.83	42	13.58	42	-6.15	34	0.03	4	-0.06	35	0.04	39
52	41411004*	112.41	0.60	8	1.10	32	13.21	37	-13.64	32	0.01	2	-0.06	32	-0.06	40

（续）

序号	牛号	CBI	体型外貌评分		初生重		6 月龄体重		18 月龄体重		6~12 月龄日增重		13~18 月龄日增重		19~24 月龄日增重	
			EBV	r²(%)	EBV	r²(%)	EBV	r²(%)	EBV	r²(%)	EBV	r²(%)	EBV	r²(%)	EBV	r²(%)
53	42113086	112.22	0.36	44	-0.46	43	4.39	42	4.41	38	-0.02	4	0.09	39	0.00	48
54	11116308*	112.16	-1.24	38	6.02	40	1.12	39	-0.12	32	0.09	38	-0.01	33	0.16	41
55	41416038	112.14	-0.27	3	-3.12	30	5.94	30	10.84	26	0.04	30	-0.03	26	-0.04	25
56	21115505*	111.47	0.44	44	0.55	43	0.12	42	7.50	37	0.15	41	-0.13	38	0.00	47
57	36115205	111.00	0.09	41	-0.97	41	-4.24	40	18.78	35	-0.09	40	0.18	36	0.09	45
58	11108016*	110.15	-0.07	43	2.93	44	5.52	43	-5.79	39	0.04	2	-0.06	40	-0.12	49
59	22211123*	109.82	-0.29	3	1.63	47	-13.97	46	27.78	40	-0.03	12	0.19	41	-0.07	50
60	41412056*	108.22	-1.12	44	1.38	44	7.89	43	-3.42	38	-0.23	41	-0.02	39	-0.10	48
61	41417042	107.48	1.18	46	-4.90	45	6.43	44	4.42	40	-0.01	43	0.05	40	0.19	49
62	41417039*	107.12	0.55	44	-1.37	44	0.81	43	6.60	38	0.02	3	0.00	39	-0.03	48
63	42113078	105.60	2.51	43	4.78	42	-11.05	41	0.89	36	0.15	41	-0.10	37	0.24	46
64	15214623*	104.67	0.29	45	3.77	46	-9.90	46	9.30	40	-0.01	2	0.03	41	0.06	50
65	22211099*	104.58	-0.35	34	1.86	37	10.00	37	-14.20	32	0.01	35	-0.06	32	0.16	40
66	11114306*	104.18	1.01	41	0.00	1	0.00	1	0.00	1	0.00	1	0.00	1	0.00	1
67	41118110	104.09	0.09	46	-0.72	45	3.12	44	0.43	40	0.04	43	-0.01	39	0.27	50
68	41115156*	104.08	0.27	43	2.98	43	-4.38	42	2.27	37	-0.21	42	0.21	38	0.00	46
69	21117507	103.11	-0.40	41	-0.48	2	-0.87	2	6.95	2	0.00	2	0.02	2	0.03	2
70	41115160	102.41	-1.08	43	-3.77	46	2.87	45	11.16	39	-0.12	43	0.09	40	-0.28	49
71	41115158	102.36	0.14	46	-0.81	46	-1.44	44	5.83	41	-0.02	4	0.08	42	-0.06	50
72	14114728*	101.82	-0.70	38	1.49	41	-15.99	40	25.32	35	0.13	39	0.11	35	-0.02	42
73	41119110	101.32	-0.33	43	2.96	43	-4.83	42	2.75	37	-0.13	42	0.15	38	0.24	47
74	22212801*	100.87	0.21	42	0.00	1	0.00	1	0.00	1	0.00	1	0.00	1	0.00	1
75	22216199	100.80	-0.58	40	-0.22	42	-1.05	41	5.14	36	0.06	41	-0.02	37	0.21	46
76	22210090*	99.63	-0.09	42	0.00	1	0.00	1	0.00	1	0.00	1	0.00	1	0.00	1
77	41412007*	98.84	0.06	31	-1.53	30	-8.47	30	15.37	26	0.09	30	0.01	26	0.11	33
78	65110719*	98.54	1.32	43	-2.52	42	6.69	42	-10.63	36	-0.07	40	-0.05	36	-0.01	45
79	65110720*	98.46	0.25	44	-0.49	43	-3.08	42	3.50	37	0.00	43	-0.02	38	0.12	47
80	41415032	97.07	1.25	48	2.12	13	3.59	12	-18.21	41	0.01	3	0.03	11	0.28	50

（续）

序号	牛号	CBI	体型外貌评分		初生重		6月龄体重		18月龄体重		6~12月龄日增重		13~18月龄日增重		19~24月龄日增重	
			EBV	r²(%)	EBV	r²(%)	EBV	r²(%)	EBV	r²(%)	EBV	r²(%)	EBV	r²(%)	EBV	r²(%)
81	41319102	96.00	0.34	44	-0.31	48	1.04	47	-5.90	41	0.03	5	-0.08	42	-0.10	51
82	41115148*	95.50	-0.66	43	-1.37	38	-11.90	36	19.91	36	0.05	36	0.01	34	0.09	45
83	41413075*	93.96	-1.25	38	-3.56	39	0.18	38	7.53	3	-0.05	35	0.03	3	0.04	3
84	65110712*	93.25	-1.19	43	-3.22	39	-3.74	3	11.82	36	0.02	3	-0.05	34	-0.08	46
85	65117704	93.10	0.31	41	-1.61	44	2.39	44	-7.42	38	0.10	41	-0.21	39	-0.03	48
86	22210101*	92.08	0.00	1	-0.14	46	-15.61	46	16.87	41	0.10	42	-0.03	42	0.02	50
87	41116152*	91.88	0.63	41	-2.69	45	-4.10	44	2.77	39	-0.01	1	0.03	40	-0.11	48
88	41113154*	90.33	0.20	48	0.65	47	-7.81	47	0.59	42	0.01	1	0.01	43	0.05	51
89	65110717*	90.07	0.39	41	0.43	42	-6.30	41	-2.17	39	0.04	1	-0.04	40	0.08	48
90	11111301*	89.91	-0.03	39	0.20	40	-16.81	39	15.97	34	0.20	37	-0.01	35	-0.02	44
91	65116704*	89.24	0.74	42	-2.54	38	-10.87	36	9.89	35	-0.04	35	0.10	34	-0.06	45
92	65112701*	88.72	1.08	44	-0.55	1	-2.33	1	-9.82	38	0.01	1	-0.01	1	0.25	47
93	41419052	88.23	0.65	46	-0.68	45	-6.36	45	-2.12	40	0.01	1	0.03	41	0.02	49
94	41115146*	87.87	-0.74	39	-2.86	39	-20.79	40	30.32	35	0.25	35	-0.05	35	0.41	41
95	62110047	87.85	0.15	42	-0.35	45	-2.69	45	-6.97	40	0.09	43	-0.18	40	-0.08	49
96	11116307	86.24	0.41	44	-0.55	1	-2.33	1	-9.55	38	0.01	1	-0.01	1	0.30	47
97	65114702*	84.04	0.15	44	1.06	46	-10.46	45	-2.03	40	-0.06	10	0.03	41	0.00	49
98	41118104*	83.29	-0.98	42	5.85	42	-12.65	41	-6.59	36	-0.01	40	-0.01	37	0.22	46
99	65114703*	83.08	0.94	49	1.63	51	-20.20	50	7.57	43	-0.06	45	0.11	44	0.09	53
100	41118102*	82.95	1.34	44	1.33	5	0.82	5	-25.60	37	0.01	3	0.01	5	0.29	47
101	15611997*	82.80	1.54	41	-5.03	41	-22.55	40	24.70	35	0.05	40	0.20	36	0.27	45
102	22317061*	80.93	0.83	49	1.71	49	-19.78	49	5.15	43	-0.07	45	0.10	44	0.11	53
103	41420058	79.24	-0.61	41	-2.13	41	-6.52	40	-1.89	34	-0.08	40	0.08	35	-0.03	43
104	41318047	78.20	0.63	47	-3.86	46	-1.97	45	-10.46	40	0.00	13	0.01	41	0.00	50
105	41418046*	78.04	0.77	49	4.17	49	-19.08	48	-4.35	43	-0.04	19	0.05	44	-0.03	52
106	22118231*	76.86	1.15	41	-0.66	41	-3.72	41	-18.78	36	0.10	40	-0.06	36	0.10	45
107	41420061	76.44	-0.35	32	2.64	40	9.59	40	-41.76	34	-0.03	37	-0.18	34	0.04	41
108	41420060	76.25	-1.21	43	-1.84	43	-7.17	42	-2.07	37	-0.01	42	-0.08	38	0.17	47

（续）

序号	牛号	CBI	体型外貌评分		初生重		6 月龄体重		18 月龄体重		6～12 月龄日增重		13～18 月龄日增重		19～24 月龄日增重	
			EBV	r^2 (%)	EBV	r^2 (%)	EBV	r^2 (%)	EBV	r^2 (%)	EBV	r^2 (%)	EBV	r^2 (%)	EBV	r^2 (%)
109	41419054	75.49	-0.23	12	-0.86	45	-1.24	44	-18.04	39	0.04	1	-0.16	40	0.02	49
110	14115322	73.75	-1.12	47	-1.34	49	-12.79	48	2.65	43	0.00	16	-0.03	44	0.01	52
111	14115127	72.60	-0.44	44	-0.25	43	-12.11	43	-4.74	38	0.00	2	0.02	39	0.03	47
112	65319104	71.31	0.12	43	2.18	42	-10.39	41	-16.63	36	-0.08	41	0.00	37	-0.10	46
113	14115129	67.16	-0.38	44	-5.71	44	-10.54	43	0.75	38	0.02	43	0.09	39	0.15	48
114	65319114	65.15	-0.91	35	1.82	46	-4.85	46	-26.02	40	0.19	42	-0.27	40	-0.07	48
115	65318114	65.07	0.03	1	-4.80	40	-22.88	38	13.93	34	0.00	1	0.18	34	0.25	44
116	21109505*	64.59	0.46	35	-3.51	39	-14.97	38	-3.44	33	0.06	7	-0.06	34	-0.19	41
117	65318112	62.57	0.17	11	-0.75	45	-2.72	44	-29.66	39	0.01	1	-0.11	40	-0.08	49
118	22219123	58.36	-1.13	44	-1.71	45	-24.29	44	6.83	39	0.03	5	0.01	40	0.08	49
119	22211101*	56.78	-0.63	12	3.11	47	0.38	47	-46.07	15	-0.12	15	-0.15	15	0.02	16
120	21109503*	39.81	1.18	41	-6.67	41	-29.25	40	0.15	35	0.22	40	-0.07	36	0.17	45
121	22220513	-5.43	-0.81	32	4.69	43	4.35	44	-113.44	37	-0.46	40	-0.20	37	-0.24	46
122	21109501*	-85.19	-0.78	27	1.05	45	-28.96	44	-128.24	37	-0.35	39	-0.20	38	0.58	46

注：＊表示该牛已经不在群，但有库存冻精。

4.10　安格斯牛

表4-10　安格斯牛估计育种值

序号	牛号	CBI	体型外貌评分		初生重		6月龄体重		18月龄体重		6~12月龄日增重		13~18月龄日增重		19~24月龄日增重	
			EBV	r²(%)	EBV	r²(%)	EBV	r²(%)	EBV	r²(%)	EBV	r²(%)	EBV	r²(%)	EBV	r²(%)
1	21214002*	242.25	1.75	48	-0.17	92	36.97	91	69.93	82	-0.12	79	0.04	81	-0.31	82
2	21214004*	241.25	4.94	70	-0.74	92	30.81	92	67.47	85	-0.06	78	0.04	84	-0.27	86
3	22120035	212.81	1.97	44	5.14	45	27.98	43	42.49	41	0.09	41	-0.06	40	-0.04	47
4	13217033	199.58	0.12	39	-2.15	90	34.79	89	44.49	47	0.08	40	0.15	47	-0.11	43
5	15212504*	195.78	0.09	4	2.80	43	25.91	43	42.69	39	0.17	41	0.11	40	-0.05	49
6	13217099	191.76	0.33	36	-2.50	85	40.32	74	28.73	31	0.06	34	0.10	32	-0.09	39
7	43110071	190.21	0.70	36	0.99	39	42.45	38	14.14	33	-0.02	35	-0.21	34	-0.12	43
8	14112053*	185.64	-1.75	41	-0.13	40	28.35	36	43.68	36	-0.36	32	0.13	32	0.00	45
9	41119666	181.00	1.38	44	1.94	44	14.33	43	43.71	38	0.03	40	0.11	39	0.00	47
10	21220025	180.46	-2.44	38	0.08	42	16.52	41	59.14	36	0.00	4	0.15	36	0.01	7
11	21220020	178.93	0.17	38	-0.36	42	30.71	41	26.91	36	0.03	8	0.07	36	-0.06	9
12	21216023	178.35	2.86	46	-1.44	52	14.11	51	44.02	47	0.01	48	0.00	47	-0.14	53
13	65117455	178.24	0.03	46	2.13	46	27.13	45	26.27	40	0.06	23	0.05	41	0.08	50
14	21216024*	175.27	2.06	41	-1.21	49	15.90	49	40.94	43	-0.01	46	-0.02	43	-0.18	50
15	21219028	172.28	-1.81	40	0.35	42	28.10	41	30.65	35	0.06	7	0.00	36	-0.06	44
16	21220001	168.68	0.69	37	0.39	41	25.85	41	20.96	35	-0.01	5	0.04	36	-0.03	44
17	21220021	168.52	0.54	38	-0.11	41	26.52	41	21.57	35	0.05	9	0.05	36	-0.07	10
18	65118472	165.35	0.76	43	0.89	43	16.20	42	31.16	37	-0.04	23	0.09	38	0.05	47
19	15516A01	162.43	-0.18	37	0.82	38	16.07	38	32.46	32	0.09	38	-0.05	33	-0.03	41
20	41420473	162.42	0.21	14	-1.49	43	11.22	42	43.94	37	0.02	31	0.04	37	-0.28	45
21	11111351*	162.30	-0.94	41	-1.02	41	38.82	40	4.83	36	-0.47	38	0.04	36	-0.25	45
22	41417662*	161.35	0.73	49	0.83	51	19.24	50	23.02	46	0.08	22	0.03	46	-0.05	54
23	41215802	158.83	1.59	41	-3.60	40	22.28	40	23.39	35	0.00	1	0.00	36	-0.04	45
24	15516A02	148.89	-0.47	39	-0.44	41	4.06	41	42.35	36	0.06	40	0.16	36	0.01	44
25	41119662	147.04	0.44	44	1.76	44	18.66	43	9.40	38	0.10	41	-0.20	38	0.20	47
26	41420474	146.38	0.21	14	-0.78	43	1.19	42	42.61	37	0.28	31	-0.12	37	-0.30	45

（续）

序号	牛号	CBI	体型外貌评分		初生重		6 月龄体重		18 月龄体重		6～12 月龄日增重		13～18 月龄日增重		19～24 月龄日增重	
			EBV	r²(%)	EBV	r²(%)	EBV	r²(%)	EBV	r²(%)	EBV	r²(%)	EBV	r²(%)	EBV	r²(%)
27	41413619*	141.86	0.16	45	-1.43	44	4.90	44	34.46	42	0.01	11	0.13	42	-0.01	51
28	43117112	139.48	2.07	23	-0.07	51	2.79	52	24.78	44	-0.08	48	0.16	45	0.00	51
29	41417664*	138.17	0.89	13	2.01	47	22.05	47	-6.43	41	0.06	42	-0.13	42	0.03	50
30	21217025	137.73	1.71	43	-0.69	44	2.13	43	27.05	38	0.20	41	-0.02	38	-0.07	46
31	53110265	137.26	0.81	31	1.81	18	6.85	16	16.81	14	0.02	9	0.02	13	-0.09	13
32	41120672	135.03	1.34	37	0.53	48	-15.99	47	50.79	44	0.01	29	0.18	44	-0.04	51
33	15516A03	134.98	-0.88	39	-2.09	41	-2.40	41	44.82	36	0.14	40	0.14	36	-0.05	44
34	41115672*	134.88	0.65	47	0.16	47	2.61	59	25.70	41	0.00	12	-0.01	42	0.06	48
35	21218048	133.86	2.61	41	-1.34	42	3.33	41	29.90	36	0.11	39	0.06	36	-0.22	44
36	22215905	129.88	1.61	37	2.80	44	12.99	43	-4.99	38	0.04	42	-0.12	38	0.02	46
37	41417665*	128.13	-0.02	12	0.55	48	4.40	47	18.30	41	0.04	15	0.04	41	-0.06	49
38	13217068	127.87	-3.20	36	-0.08	36	13.87	34	17.37	32	0.06	33	0.05	31	-0.05	40
39	43117111	124.85	-0.67	23	-0.80	53	-0.23	52	28.11	45	-0.05	49	0.08	46	-0.13	52
40	41215803	124.48	-0.24	41	-4.87	40	13.59	40	14.76	35	0.01	22	0.02	36	-0.02	45
41	41212117*	123.97	1.07	43	2.78	42	9.43	42	-2.92	38	0.01	1	0.02	38	0.13	47
42	22215907*	123.83	1.44	39	2.48	41	10.57	40	-5.51	35	-0.05	40	-0.03	36	-0.01	44
43	41120670	123.83	1.86	37	1.30	49	-14.35	49	33.93	48	0.05	36	0.12	48	0.00	52
44	15216314	123.59	2.97	40	-1.43	26	0.78	1	12.82	35	0.00	1	0.04	36	0.19	45
45	21219015	123.16	0.77	40	2.04	41	22.48	42	-20.73	37	0.03	8	-0.10	38	-0.01	46
46	11111353*	122.09	-1.13	40	-4.30	40	17.59	39	8.46	35	-0.30	38	0.25	36	-0.35	45
47	15618113	121.85	-0.40	31	-0.75	32	2.43	31	20.06	28	0.13	13	-0.03	28	-0.20	31
48	41116602	121.29	0.15	47	0.62	48	9.35	47	3.49	42	-0.05	45	-0.02	43	-0.26	51
49	14118352	121.12	0.40	39	0.11	1	4.48	1	11.06	34	-0.04	1	0.01	1	-0.22	43
50	53116356*	119.66	2.06	37	-1.25	42	6.71	41	3.14	38	-0.04	41	-0.03	38	0.00	45
51	41118602	119.59	-0.98	44	2.69	43	7.11	43	4.70	37	-0.03	40	-0.03	38	-0.07	47
52	21218044*	119.08	1.44	41	-0.81	42	-1.91	41	17.15	36	0.06	40	-0.01	36	0.00	44
53	41112640*	119.01	1.36	46	-0.35	49	13.30	48	-7.04	41	0.02	44	-0.03	42	0.09	50
54	15516A06	118.14	-0.57	37	-1.72	40	-5.91	40	32.42	34	0.16	38	0.06	35	-0.07	43

（续）

序号	牛号	CBI	体型外貌评分		初生重		6月龄体重		18月龄体重		6~12月龄日增重		13~18月龄日增重		19~24月龄日增重	
			EBV	r^2 (%)	EBV	r^2 (%)	EBV	r^2 (%)	EBV	r^2 (%)	EBV	r^2 (%)	EBV	r^2 (%)	EBV	r^2 (%)
55	15518A01	118.10	0.65	7	0.99	41	1.25	40	10.10	36	0.02	40	0.01	36	-0.03	45
56	65117401*	117.90	-1.74	45	1.80	45	6.26	45	9.52	40	-0.02	1	0.04	40	0.05	49
57	15516A05	117.21	-0.05	37	-1.72	40	-8.12	40	32.89	34	0.19	38	0.05	35	-0.02	43
58	22211096*	116.15	0.48	39	-1.18	39	-6.88	39	26.64	35	0.22	39	0.01	35	-0.02	43
59	21217018	115.67	0.80	43	-1.06	44	0.47	43	13.40	38	0.13	42	-0.01	38	-0.11	46
60	52215801	114.92	0.39	3	-0.88	3	5.64	2	5.92	2	0.00	1	0.00	2	-0.01	3
61	21214003*	114.62	-0.26	45	0.08	46	8.18	46	1.94	41	-0.07	45	0.04	41	-0.06	49
62	43117109	112.48	2.10	29	-0.90	50	-8.28	52	18.41	45	0.09	48	-0.01	45	-0.14	52
63	15218016	112.42	3.07	40	1.53	52	-2.54	51	-0.08	43	0.00	1	-0.12	44	0.04	45
64	22120113	111.72	0.85	13	-0.72	32	4.70	29	2.20	25	-0.17	29	0.04	25	0.14	11
65	15516A04	111.31	-1.69	37	-1.44	40	-6.00	40	29.80	34	0.20	38	0.02	35	-0.03	43
66	65117402*	110.85	-1.32	49	-0.59	49	-5.08	49	24.47	44	-0.02	14	0.02	45	0.03	52
67	65113413*	109.34	-1.53	42	2.17	43	1.17	42	7.61	38	0.00	1	-0.01	39	-0.21	48
68	15617123	108.78	-0.98	32	-3.11	32	-6.12	34	28.91	27	0.19	29	0.05	28	-0.03	11
69	41207222*	108.20	1.55	36	1.74	38	0.76	37	-3.71	33	0.00	1	0.08	34	0.10	42
70	22210130*	106.05	-1.02	39	-0.13	40	-9.12	39	23.90	34	0.17	39	0.07	35	0.03	43
71	41416618*	105.96	0.03	43	1.23	47	-9.38	46	16.86	41	0.08	15	0.01	41	-0.20	50
72	21218045	105.63	2.37	40	-0.57	42	-8.08	41	9.85	35	0.05	39	0.00	36	0.10	44
73	22310128*	104.77	0.06	21	0.51	20	0.39	1	2.39	1	0.01	1	0.00	1	-0.01	1
74	41115686*	103.34	0.93	43	-0.69	43	-6.83	42	11.66	36	0.00	1	-0.05	37	-0.16	46
75	11116355*	102.82	0.32	43	2.53	43	-0.06	42	-4.63	39	0.13	42	-0.17	38	0.10	48
76	53116355*	102.59	0.03	34	-0.41	39	1.39	38	1.17	34	-0.01	38	-0.01	34	-0.06	42
77	41212515*	101.33	0.85	43	2.59	42	3.77	41	-14.10	37	0.00	1	0.06	37	0.10	46
78	41119602	99.46	1.03	46	1.58	47	14.72	47	-30.88	40	-0.08	42	-0.23	40	0.00	49
79	22310127*	99.02	-0.38	21	-0.35	21	0.93	2	-0.02	2	0.00	1	-0.01	2	-0.02	2
80	53101143*	98.96	0.07	24	-0.02	1	0.05	1	-1.27	20	0.00	1	0.00	1	0.01	26
81	65116464	98.64	-0.48	45	1.19	46	-9.41	45	12.13	41	0.04	8	0.04	41	-0.02	51
82	41117664*	97.67	-0.89	48	-2.25	47	9.85	85	-8.39	60	-0.19	55	0.01	61	0.06	51

（续）

序号	牛号	CBI	体型外貌评分		初生重		6月龄体重		18月龄体重		6~12月龄日增重		13~18月龄日增重		19~24月龄日增重	
			EBV	r^2(%)	EBV	r^2(%)	EBV	r^2(%)	EBV	r^2(%)	EBV	r^2(%)	EBV	r^2(%)	EBV	r^2(%)
83	22215901*	97.22	1.27	35	0.77	39	2.39	38	-13.04	33	-0.15	38	0.10	33	0.22	41
84	11100061*	96.51	-0.28	22	1.32	22	1.07	22	-7.01	18	-0.06	21	0.01	19	0.00	24
85	21217014*	96.49	-1.04	40	0.70	41	5.16	40	-8.86	35	-0.05	39	0.01	36	-0.04	44
86	21216030	95.94	0.41	42	-0.44	45	-3.46	44	0.99	39	0.10	43	-0.05	39	0.01	46
87	65110410*	94.70	-1.19	45	2.08	44	-0.20	43	-5.07	41	0.00	1	0.01	41	0.23	50
88	22118593*	94.43	1.79	35	0.20	32	-8.26	29	0.04	25	-0.03	29	0.03	25	0.15	32
89	65116463*	93.87	0.38	44	0.37	45	-7.36	45	3.19	44	0.04	8	0.00	40	0.04	52
90	21218049	93.50	1.91	41	-0.61	42	-6.12	41	-2.61	36	0.00	40	0.00	36	-0.07	44
91	11116357*	93.44	-0.91	43	2.94	43	-0.16	42	-9.48	38	0.08	42	-0.15	39	0.15	47
92	41115682*	92.92	0.95	44	-0.82	44	-10.67	43	8.05	37	0.00	1	-0.06	38	-0.15	47
93	41209022*	92.26	1.07	43	2.15	43	-6.14	43	-7.17	38	0.01	1	-0.02	39	0.18	48
94	65116466*	90.48	0.88	45	-0.71	46	-9.47	46	3.93	41	0.03	11	0.06	42	0.07	51
95	43117110	90.08	0.82	23	-0.40	52	-5.27	51	-3.40	44	-0.06	48	-0.05	45	0.13	51
96	65110407*	89.33	-1.20	42	1.05	40	2.69	39	-11.99	37	-0.03	1	0.01	37	0.19	46
97	11117362	88.32	1.54	44	-1.18	46	-12.32	46	4.86	42	0.06	44	0.14	43	0.32	50
98	65116467*	88.03	0.31	11	0.01	47	-6.74	47	-2.08	42	0.01	14	0.04	43	0.09	51
99	22210129*	87.79	-1.84	40	-1.17	42	-12.39	41	17.54	36	0.18	41	0.00	36	-0.06	44
100	65117404*	86.22	-1.14	43	-2.01	46	-3.99	43	2.51	40	-0.01	1	-0.03	41	0.10	50
101	21218025	86.14	1.44	40	-0.44	42	-16.15	41	7.29	36	0.02	39	0.03	37	0.15	45
102	11116359	85.51	-0.23	43	4.64	43	-4.02	42	-17.72	38	0.09	42	-0.18	39	0.09	47
103	65116465	85.01	0.24	47	0.51	47	-6.48	46	-6.24	42	0.04	13	-0.05	43	-0.02	51
104	11118366	84.80	2.73	44	2.15	46	-31.41	46	18.17	42	0.14	44	0.31	42	0.04	50
105	65110403*	84.63	-2.33	73	-1.13	69	-11.30	72	14.71	64	-0.04	55	0.10	65	0.04	67
106	15615911	84.04	0.09	34	2.55	35	5.80	34	-30.33	31	-0.17	30	0.00	31	0.11	32
107	65110405*	83.33	-1.60	42	1.01	40	3.39	39	-17.03	37	-0.01	1	0.06	37	0.19	47
108	65116469*	81.73	-0.43	45	-0.65	45	-12.36	44	5.11	39	0.03	6	0.02	40	0.02	49
109	65116468*	81.67	0.50	8	-0.01	46	-9.06	46	-5.16	41	0.03	11	0.04	42	0.12	50
110	65114414*	80.81	-0.05	14	0.00	46	2.29	45	-21.26	41	0.00	1	-0.08	42	0.04	50

（续）

序号	牛号	CBI	体型外貌评分		初生重		6月龄体重		18月龄体重		6~12月龄日增重		13~18月龄日增重		19~24月龄日增重	
			EBV	r²(%)	EBV	r²(%)	EBV	r²(%)	EBV	r²(%)	EBV	r²(%)	EBV	r²(%)	EBV	r²(%)
111	11100095*	80.25	-0.27	33	-0.32	38	-13.49	37	4.04	34	0.06	22	0.06	34	0.01	36
112	21218032*	79.74	1.51	40	0.64	40	-6.56	39	-16.28	34	-0.10	39	-0.04	35	0.07	44
113	41211419*	79.25	0.67	40	2.05	39	-6.77	38	-16.57	34	0.00	1	0.02	35	0.12	44
114	21216021*	78.36	1.45	43	-2.07	46	-4.47	45	-13.98	40	-0.09	43	-0.10	40	0.06	48
115	41412616*	76.86	-1.53	42	1.39	41	-4.71	40	-11.85	36	0.00	2	0.00	36	0.00	46
116	21218041	76.54	0.56	40	-0.44	42	-13.16	41	-2.86	36	-0.06	39	-0.01	37	0.02	45
117	11116358*	75.35	0.69	44	-1.73	48	-3.22	47	-16.59	43	0.13	42	-0.18	43	0.10	51
118	65115453*	75.28	0.82	45	-1.81	44	1.35	43	-23.97	44	0.00	4	-0.07	40	-0.10	54
119	21217010*	74.34	0.67	45	0.83	45	-6.54	44	-18.56	40	-0.03	42	0.00	40	-0.05	48
120	41209127*	70.78	0.60	39	1.98	39	-7.13	38	-23.50	34	0.00	1	0.03	34	0.07	43
121	65115456	69.29	0.02	48	-2.84	54	-2.49	53	-18.09	50	0.07	12	-0.09	50	-0.07	57
122	11115360*	68.25	2.57	40	-0.45	40	-13.49	39	-17.86	38	0.07	39	-0.10	38	0.04	47
123	53101142*	68.15	0.55	35	-1.78	27	4.13	27	-33.93	38	-0.01	13	-0.05	25	0.04	44
124	21218034	67.82	2.09	38	-0.30	40	-13.93	39	-16.09	34	-0.06	38	-0.06	35	0.00	43
125	11117363*	67.17	1.72	44	-1.47	42	-15.09	46	-10.66	42	-0.05	44	0.13	42	0.26	50
126	11116356*	65.92	-3.04	45	-1.73	48	-4.60	47	-8.85	43	0.12	42	-0.13	43	0.05	51
127	21218035	63.82	0.56	40	0.12	42	-16.45	41	-11.06	36	-0.11	39	0.00	37	-0.05	45
128	65115454*	63.07	1.34	47	-1.36	48	-1.58	47	-34.00	44	-0.01	14	-0.09	44	-0.02	53
129	41118670*	61.66	0.39	42	-0.37	39	-27.10	38	5.09	36	0.00	1	-0.08	35	0.04	45
130	65115451	60.62	0.69	45	-2.48	44	-0.54	43	-32.65	40	0.00	4	-0.06	39	-0.05	50
131	65115452*	57.73	0.94	46	-0.34	47	-1.77	47	-39.62	44	0.00	14	-0.06	43	-0.03	53
132	65319672	57.62	-0.62	26	-1.47	30	-7.33	29	-22.42	26	0.13	30	-0.25	26	0.00	1
133	13316103	55.29	0.21	7	-0.19	7	-0.97	7	-40.66	15	0.01	6	-0.17	15	0.17	16
134	41412615*	54.61	-1.17	41	-0.87	41	-14.14	40	-14.12	36	0.00	1	-0.01	36	0.00	46
135	11115361*	54.37	-2.42	41	1.14	42	-8.96	42	-22.31	42	0.12	40	-0.17	42	0.00	50
136	13209A66	51.74	2.38	44	-0.37	57	-0.81	57	-52.19	68	0.00	53	-0.08	55	0.25	71
137	41409606*	51.23	1.44	38	0.34	39	-26.80	39	-10.90	34	0.00	1	-0.04	35	0.06	44
138	65112411	50.16	-0.52	43	1.53	44	-25.96	43	-8.48	38	-0.01	1	-0.05	39	-0.16	48

（续）

序号	牛号	CBI	体型外貌评分		初生重		6月龄体重		18月龄体重		6~12月龄日增重		13~18月龄日增重		19~24月龄日增重	
			EBV	r²(%)	EBV	r²(%)	EBV	r²(%)	EBV	r²(%)	EBV	r²(%)	EBV	r²(%)	EBV	r²(%)
139	65110408	50.04	-3.26	51	-2.32	57	-16.62	56	-3.00	31	0.00	53	0.07	31	-0.19	34
140	22218655	45.75	0.67	37	-4.53	39	-2.14	38	-39.06	33	-0.04	39	-0.07	34	-0.06	42
141	65320674	37.69	0.75	25	0.99	42	-27.43	41	-21.49	42	-0.07	39	-0.02	42	0.01	23
142	22218699	37.19	-0.21	36	-4.89	39	-4.05	38	-39.86	32	-0.05	39	-0.07	33	-0.08	41
143	65320676	36.01	0.89	25	0.10	39	-30.53	39	-16.70	41	0.05	38	-0.01	41	0.03	21
144	65114416*	32.54	-0.57	46	-0.34	46	-23.94	45	-23.33	41	-0.01	1	-0.09	42	0.14	50
145	37314600*	20.58	-1.04	33	-0.80	37	-11.60	36	-50.50	33	-0.09	34	0.00	33	0.38	40
146	15210316*	18.38	-1.40	39	-2.64	40	-17.06	38	-38.33	34	-0.05	38	-0.18	35	0.29	44
147	13209A90*	-0.21	1.29	36	-3.67	36	-9.49	36	-75.24	35	-0.09	33	-0.25	35	0.10	42

注：＊表示该牛已经不在群，但有库存冻精。

4.11 利木赞牛

表 4-11 利木赞牛估计育种值

序号	牛号	CBI	体型外貌评分		初生重		6月龄体重		18月龄体重		6~12月龄日增重		13~18月龄日增重		19~24月龄日增重	
			EBV	r^2(%)	EBV	r^2(%)	EBV	r^2(%)	EBV	r^2(%)	EBV	r^2(%)	EBV	r^2(%)	EBV	r^2(%)
1	41118314	246.46	-0.06	41	-0.43	43	51.74	43	58.86	38	-0.09	42	0.10	38	-0.26	47
2	37114173	199.03	1.08	38	2.75	39	7.24	39	70.64	34	0.22	39	0.15	34	-0.14	43
3	37115174	180.46	1.33	42	-0.91	43	10.87	42	55.60	37	0.23	42	0.10	38	-0.05	47
4	11111323	178.97	-0.09	43	-2.65	42	32.01	41	31.51	37	-0.21	41	0.28	37	-0.31	46
5	37114171	174.32	-0.50	38	4.52	39	7.53	39	48.93	34	0.10	39	0.15	34	-0.07	43
6	37114172	161.87	0.87	38	3.20	39	0.02	39	46.69	34	0.11	39	0.17	34	-0.09	43
7	22314005	161.21	0.11	44	4.29	47	19.93	45	15.86	42	0.01	18	0.03	42	-0.04	50
8	15613111	156.50	0.75	48	3.05	56	19.10	52	13.25	47	0.01	45	-0.05	48	0.03	55
	22213007															
9	22213501	149.08	-0.42	41	-0.60	41	1.54	40	46.60	35	0.26	40	0.08	36	-0.10	45
10	41213432	146.10	-0.31	43	1.27	41	12.17	41	22.56	36	0.04	1	0.00	36	0.13	45
11	41420202	145.80	0.04	3	1.56	38	8.35	43	26.08	38	0.04	39	0.08	38	-0.06	47
12	22315105	141.52	-0.87	43	4.98	43	18.70	41	1.46	37	-0.03	4	-0.05	37	-0.18	47
13	43115098	137.55	-0.38	36	1.90	35	8.89	35	18.35	30	0.00	35	0.06	31	0.02	39
14	43115097	136.75	0.03	39	2.24	39	13.39	38	8.29	34	-0.01	37	-0.02	34	-0.01	42
15	15619111	135.05	2.04	36	0.67	44	5.43	44	14.92	38	0.09	10	-0.01	38	-0.05	15
16	41315614	134.07	1.89	47	-0.45	46	-1.90	45	28.53	41	0.21	41	-0.05	41	-0.01	50
17	65110904	130.51	-0.28	42	1.44	41	2.96	40	21.58	36	0.00	1	0.07	37	0.00	46
18	22315108	129.43	-0.44	42	3.35	41	16.01	39	-3.44	36	0.00	1	-0.05	35	-0.17	45
19	41115328	128.51	0.27	45	0.30	46	-3.81	45	30.72	39	0.05	44	0.08	40	-0.08	49
20	41215614	127.96	1.86	46	-0.11	15	0.27	15	18.79	14	0.09	6	0.00	14	0.03	16
21	41215613	127.38	-0.74	44	0.95	43	1.97	42	23.14	37	0.03	1	0.03	38	0.02	47
22	41115342	127.28	-1.70	44	0.80	44	11.17	43	13.02	37	0.08	43	0.00	38	-0.34	48
23	41215603	126.60	0.89	46	-0.61	44	0.40	44	22.28	39	0.09	6	0.00	40	0.13	48
24	41215615	126.42	0.57	44	-0.14	43	0.81	42	21.59	38	0.03	1	0.01	39	0.03	47
25	41215617	126.33	1.25	46	-1.32	44	0.23	44	22.62	39	0.05	3	0.02	40	0.00	48

（续）

序号	牛号	CBI	体型外貌评分		初生重		6月龄体重		18月龄体重		6~12月龄日增重		13~18月龄日增重		19~24月龄日增重	
			EBV	r²(%)	EBV	r²(%)	EBV	r²(%)	EBV	r²(%)	EBV	r²(%)	EBV	r²(%)	EBV	r²(%)
26	15616111	126.28	0.10	39	3.01	41	-9.18	40	30.97	35	0.05	37	-0.03	36	0.03	41
27	22119101	125.65	0.30	31	0.60	43	1.06	43	19.74	36	0.10	7	0.04	37	0.01	38
28	41115336	125.09	0.53	46	0.95	47	0.44	46	18.43	40	0.03	45	0.08	41	0.11	50
29	41418205	122.84	0.38	9	-2.34	43	-6.15	43	34.97	38	0.00	1	0.16	39	0.26	47
30	52215620	122.42	0.36	32	0.14	32	2.94	31	14.72	28	0.05	3	0.02	29	-0.02	34
31	41113312	122.02	0.71	45	2.06	44	16.09	43	-11.82	38	-0.02	42	0.00	38	0.11	48
32	65110901	120.20	0.08	43	-0.58	42	0.77	40	18.80	37	0.00	1	-0.02	37	0.02	47
33	43115096	120.16	0.77	38	0.99	37	4.66	36	6.32	32	0.01	36	0.01	32	0.02	40
34	11109011	119.96	-0.11	42	1.01	41	24.28	41	-20.58	35	-0.16	40	-0.11	36	0.04	45
35	43115095	119.70	0.00	37	1.55	36	4.19	35	8.24	31	-0.03	35	0.05	31	0.05	39
36	41118310	119.27	-0.51	41	0.41	46	4.60	46	11.94	39	0.03	42	0.01	39	-0.24	48
37	41115332	119.17	0.70	46	0.47	48	-1.78	48	16.80	40	0.05	45	0.06	41	0.11	50
38	41118304	116.73	-0.84	53	-2.05	54	7.96	53	11.64	48	-0.11	49	0.13	49	0.19	29
39	37112186	116.49	0.38	37	3.40	38	19.13	38	-23.61	33	-0.22	37	-0.08	34	0.11	42
40	11109010	115.78	-0.61	42	1.65	41	25.51	41	-25.99	36	-0.20	39	-0.13	36	0.00	45
41	37113187	112.35	0.12	12	0.66	12	8.39	11	-3.38	10	-0.01	8	0.00	10	-0.05	13
42	41215611	111.53	0.69	47	0.03	47	0.14	46	7.82	41	0.00	1	0.04	40	0.10	50
43	41115334	110.13	-0.20	46	1.88	46	-5.79	45	14.57	40	0.08	44	0.05	40	0.06	50
44	15619301	109.58	0.27	39	-0.38	42	12.43	14	-10.23	19	-0.04	11	-0.06	20	-0.16	23
45	41215612	108.10	1.20	47	0.12	17	-6.23	16	12.19	15	0.10	12	-0.03	15	0.03	17
46	11198045	107.87	0.05	3	0.75	5	0.43	4	4.69	3	0.02	2	0.01	3	-0.01	4
47	41418201	107.85	0.34	8	-2.63	43	-15.54	43	36.21	38	0.00	1	0.18	39	0.20	47
48	41115338	106.69	-0.06	47	0.91	48	-9.47	47	18.80	41	0.09	46	0.09	42	0.11	51
49	21218010	106.24	0.44	22	-0.22	21	1.40	21	2.52	18	0.00	21	0.00	18	0.03	23
50	41413202*	105.53	0.16	47	-2.04	48	-8.41	47	22.38	42	0.00	1	0.12	43	0.10	51
51	21113957	105.42	0.30	41	0.02	1	2.37	1	0.22	1	-0.02	1	0.00	1	-0.01	1
52	41215610*	103.23	0.51	47	-0.33	49	1.75	48	-0.84	43	0.00	1	0.00	44	-0.07	51
53	41215608	101.77	0.50	47	-0.44	46	-1.27	46	2.73	41	0.00	1	0.00	42	0.01	50
54	41416207*	101.07	1.10	47	-2.27	48	-15.76	47	26.40	42	0.00	1	0.13	43	0.05	51
55	11111321*	96.50	0.01	43	0.81	42	7.73	42	-17.12	37	-0.10	41	-0.05	37	0.08	46
56	21116960	94.41	1.18	41	-0.23	35	5.78	38	-18.10	32	0.08	6	-0.14	33	0.06	40
	22116037															

（续）

序号	牛号	CBI	体型外貌评分		初生重		6月龄体重		18月龄体重		6~12月龄日增重		13~18月龄日增重		19~24月龄日增重	
			EBV	r^2 (%)	EBV	r^2 (%)	EBV	r^2 (%)	EBV	r^2 (%)	EBV	r^2 (%)	EBV	r^2 (%)	EBV	r^2 (%)
57	41418204	94.33	0.27	5	-3.73	43	-11.12	42	19.73	37	0.00	1	0.16	38	0.19	47
58	65110903*	93.88	0.11	45	-0.06	44	-5.82	43	2.92	39	-0.03	1	0.19	40	0.00	49
59	21218013	93.76	-0.44	22	0.22	21	-1.40	21	-2.52	18	0.00	21	0.00	18	-0.03	23
60	11108002*	93.19	-0.50	43	-0.43	42	17.97	42	-30.94	37	-0.17	40	-0.11	37	-0.10	46
61	65110907*	92.23	-0.13	46	1.27	48	3.23	47	-14.79	43	0.00	1	0.03	44	-0.08	52
62	65315340	88.81	-0.02	40	1.26	43	-9.01	42	0.38	37	0.04	40	0.03	37	0.20	45
63	22316057	88.62	0.01	40	0.26	40	-0.70	38	-10.23	34	0.04	2	0.09	34	0.09	44
64	65116923*	87.86	0.69	44	-2.10	45	-4.85	44	-1.50	39	-0.02	1	0.05	40	0.02	49
65	22310121	87.65	0.40	40	0.66	40	1.77	1	-17.40	35	-0.01	1	0.02	1	0.02	44
66	65115922*	86.96	0.28	15	3.91	45	-2.39	44	-19.07	40	0.00	1	-0.05	41	-0.11	49
67	52215609	86.60	0.22	31	-0.14	32	-5.37	32	-4.81	29	0.00	1	-0.05	29	0.01	34
68	65110908*	86.06	0.19	49	-1.16	54	-6.10	53	-1.61	48	0.00	1	0.07	48	0.05	55
69	22216111	85.65	-0.94	41	4.25	42	1.53	41	-22.41	35	-0.12	40	-0.20	36	-0.13	45
70	41413237*	85.51	0.50	43	-1.20	42	-7.46	41	-1.14	36	-0.02	1	-0.01	37	-0.05	46
71	41415206*	85.43	0.39	47	-2.66	48	-17.79	47	18.58	42	0.00	1	0.11	43	0.01	51
72	15212424*	84.72	0.09	42	1.16	45	-6.00	44	-8.24	40	0.02	41	-0.01	39	0.01	48
73	22116071*	84.65	0.53	36	-2.48	44	-11.77	43	7.65	36	0.10	7	0.05	37	-0.17	38
74	15212527	75.78	-0.42	38	0.47	44	-9.71	40	-7.27	36	-0.02	39	0.02	36	-0.08	44
75	41105303*	75.67	0.14	40	1.18	42	-5.56	41	-17.62	36	0.00	1	-0.04	36	0.03	46
76	65110902*	74.12	0.58	54	0.70	55	-6.90	54	-17.55	51	0.00	1	-0.05	51	-0.11	58
77	65114912*	67.33	0.11	13	-1.36	45	-5.16	44	-19.76	40	-0.01	1	-0.01	41	-0.11	49
78	41413234	60.27	-0.60	42	-0.49	41	-8.98	41	-19.86	36	-0.03	1	0.01	37	-0.03	46
79	65115921*	56.90	1.31	44	1.52	46	-6.86	44	-38.52	40	0.00	1	-0.10	41	-0.10	49
80	65114915*	50.91	0.08	44	-0.39	45	-6.42	44	-35.41	40	0.00	1	-0.11	41	-0.15	49
81	22218723	50.68	-0.07	42	0.35	45	-2.05	45	-43.54	40	-0.26	42	-0.07	40	-0.18	49
82	65114916	47.49	-0.07	44	-1.13	46	-7.71	44	-34.26	40	0.00	1	-0.10	41	-0.15	49
83	11114325*	36.73	-1.11	45	-1.71	44	-6.45	43	-40.82	38	0.01	42	-0.18	39	0.00	48
84	11114326*	25.45	-1.21	42	-0.70	41	-15.36	41	-39.76	36	0.14	40	-0.20	36	-0.32	45
85	62116113	20.99	-0.93	36	0.47	38	-26.69	37	-30.48	32	-0.10	35	-0.07	32	0.00	5
86	37109183*	13.57	-0.72	37	-3.85	39	-10.59	38	-52.45	33	-0.11	39	-0.15	34	0.06	43

注：＊表示该牛已经不在群，但有库存冻精。

4.12 和牛

表 4-12 和牛估计育种值

序号	牛号	CBI	体型外貌评分 EBV	体型外貌评分 r²(%)	初生重 EBV	初生重 r²(%)	6月龄体重 EBV	6月龄体重 r²(%)	18月龄体重 EBV	18月龄体重 r²(%)	6~12月龄日增重 EBV	6~12月龄日增重 r²(%)	13~18月龄日增重 EBV	13~18月龄日增重 r²(%)	19~24月龄日增重 EBV	19~24月龄日增重 r²(%)
1	23312028*	214.57	0.62	41	1.89	52	26.91	56	58.87	48	0.39	56	-0.14	49	-0.20	57
2	23311102*	196.53	-0.19	46	-0.55	85	11.41	85	74.81	73	0.18	77	0.00	69	-0.06	73
3	23311035*	192.27	0.22	41	-1.15	86	6.44	88	78.31	71	0.29	73	-0.01	70	-0.10	54
4	23310968*	191.90	0.26	41	0.42	64	23.63	65	47.66	60	0.14	63	-0.13	60	-0.11	64
5	23310006*	186.58	0.88	45	-1.34	60	29.30	65	35.85	58	0.12	63	-0.12	58	-0.11	65
6	23311058*	184.52	1.12	42	-0.89	83	10.77	85	60.32	59	0.06	69	-0.02	59	-0.15	65
7	23310864*	182.73	1.60	41	-0.83	53	16.10	58	48.47	51	0.25	56	-0.10	51	-0.11	59
8	23312646*	182.49	1.71	41	0.43	80	3.13	80	64.65	60	0.40	65	-0.07	60	-0.18	62
9	23310034*	182.32	-1.59	42	0.30	56	34.62	61	29.31	54	0.11	61	-0.12	54	-0.12	61
10	23311202*	179.82	0.30	40	-0.37	49	12.17	48	55.69	43	0.24	48	-0.04	43	-0.18	51
11	23310112*	178.22	1.34	43	-0.29	69	22.23	81	34.55	57	0.17	67	-0.19	57	-0.06	64
12	23310047*	174.37	-0.59	40	0.12	73	9.71	81	56.63	51	0.04	59	-0.04	52	-0.14	51
13	23311484*	174.15	-0.83	39	0.22	65	6.01	82	62.78	48	0.30	51	-0.10	48	-0.17	54
14	23310242*	167.93	-1.71	43	-0.89	78	15.98	85	47.78	58	0.24	68	-0.21	58	-0.08	65
15	23312187*	167.80	1.27	40	0.87	51	16.85	57	30.52	46	0.31	55	-0.15	47	-0.18	55
16	23312966*	160.10	0.08	46	-1.86	91	2.05	92	57.23	84	0.22	85	-0.24	80	-0.20	86
17	65117654	156.61	0.76	42	1.55	43	4.58	42	39.20	37	0.19	7	0.08	38	-0.05	46
18	23311706*	154.82	-1.69	47	-0.86	78	8.61	69	46.67	60	0.27	63	-0.14	54	-0.18	66
19	15617117	154.33	-1.48	39	0.59	45	22.58	44	20.47	39	-0.18	35	0.13	39	-0.10	43
	22217017															
20	65117653*	153.18	0.63	43	2.74	46	1.66	45	38.10	40	0.20	11	0.07	41	-0.05	48
21	23310598*	150.96	-0.10	47	-0.14	84	1.17	86	46.57	70	0.16	76	-0.10	69	-0.14	68
22	23312746*	150.34	1.10	51	-0.35	92	-1.63	92	46.15	86	0.26	88	-0.07	85	-0.05	86
23	23310064*	149.81	-0.85	41	-0.33	87	2.39	87	46.99	67	0.10	69	-0.08	67	-0.09	63
24	23311128*	143.33	-0.42	45	-0.90	76	15.39	86	20.71	66	0.23	70	-0.20	66	-0.04	72
25	23310580*	141.24	0.36	48	-0.28	59	15.26	67	14.44	58	0.19	66	-0.22	58	0.02	65

（续）

序号	牛号	CBI	体型外貌评分		初生重		6月龄体重		18月龄体重		6~12月龄日增重		13~18月龄日增重		19~24月龄日增重	
			EBV	r²(%)	EBV	r²(%)	EBV	r²(%)	EBV	r²(%)	EBV	r²(%)	EBV	r²(%)	EBV	r²(%)
26	23310664*	140.62	0.07	51	-0.79	65	10.58	65	23.39	53	0.14	60	-0.14	54	-0.09	61
27	23319197	139.31	0.31	13	-0.41	28	4.94	29	28.95	21	0.02	24	-0.03	21	-0.09	23
28	23311246*	138.61	-1.22	41	-1.97	52	13.31	58	25.18	50	0.17	56	-0.18	50	-0.14	58
29	23310054*	138.45	-0.45	50	-1.57	66	8.83	70	27.95	62	0.19	67	-0.17	63	-0.02	68
30	65116652	134.96	0.30	42	4.27	44	-2.12	43	24.44	38	0.01	5	0.06	39	0.02	47
31	23319073	134.93	-0.01	15	-0.44	29	1.34	30	31.70	47	0.13	27	-0.03	24	0.12	54
32	23319113	134.24	-0.88	14	-0.45	35	15.51	55	12.73	28	0.10	32	-0.12	27	-0.11	32
33	37315103*	131.05	0.86	35	0.64	36	3.44	36	18.87	31	0.05	35	-0.01	32	-0.08	39
34	23312456*	127.47	0.53	46	2.09	65	13.39	79	-1.96	56	0.24	64	-0.34	57	-0.24	62
35	23319211	126.68	0.09	12	-0.94	23	0.26	23	26.45	21	0.09	22	-0.11	20	-0.11	22
36	15217121*	125.99	-0.58	15	0.43	44	3.49	43	20.15	37	-0.09	9	0.20	37	0.01	17
37	23319199	125.64	-0.85	15	-0.46	27	3.60	26	22.86	22	0.14	23	-0.11	20	-0.12	24
38	23311136*	123.89	-0.85	45	-0.50	81	2.90	79	22.39	66	0.14	68	-0.14	60	-0.15	72
39	23311526*	123.86	-0.52	46	1.33	57	8.04	63	8.77	57	0.15	61	-0.15	57	-0.07	64
40	23319235	121.00	0.07	12	-0.96	24	-0.67	24	22.71	22	0.10	23	-0.13	21	-0.09	23
41	23310594*	120.46	-0.54	47	-1.32	57	6.29	58	14.77	53	0.13	58	-0.13	53	-0.12	61
42	23319959	118.14	-0.33	14	-0.62	31	0.51	35	18.94	26	0.15	32	-0.13	24	-0.10	28
43	23320840	116.25	-0.88	16	-1.11	57	10.57	35	5.09	49	0.06	32	-0.14	49	0.05	56
44	23319627	116.20	0.51	15	-0.40	28	-3.18	29	19.02	47	0.12	27	-0.11	24	-0.04	55
45	37315104*	116.14	0.64	35	0.27	35	2.33	34	8.38	30	0.00	34	-0.03	31	-0.07	38
46	23318595	115.97	0.55	13	-0.17	23	-1.31	26	15.23	46	0.10	25	-0.03	24	0.08	53
47	23319249	115.18	0.04	1	0.12	15	-0.78	18	14.96	41	0.02	9	0.15	42	0.17	49
48	23319239	115.06	-0.17	15	-0.45	28	-0.14	28	16.05	24	0.13	25	-0.13	22	-0.09	26
49	23317813*	114.64	-2.49	46	0.53	69	6.10	84	12.69	45	0.08	50	-0.06	44	-0.13	53
50	23319919	113.24	0.73	52	-1.32	82	7.75	79	0.88	60	-0.14	58	-0.03	60	0.04	66
51	23319371	113.15	-0.10	35	-0.83	42	13.58	42	-6.15	34	0.03	4	-0.06	35	0.04	39
52	65116651	112.49	0.66	41	0.64	44	-0.30	43	8.03	38	-0.01	6	0.04	38	0.02	46
53	23319599	112.03	-0.58	47	0.67	51	17.02	50	-14.24	15	0.00	18	-0.05	15	-0.11	10
54	23319257	111.94	-1.25	28	1.14	58	16.69	57	-12.37	53	-0.17	57	0.14	54	0.10	59
55	23320571	110.89	0.55	13	-0.17	23	0.30	23	8.01	45	0.11	22	-0.03	21	0.08	53

（续）

序号	牛号	CBI	体型外貌评分		初生重		6 月龄体重		18 月龄体重		6～12 月龄日增重		13～18 月龄日增重		19～24 月龄日增重	
			EBV	r^2 (%)	EBV	r^2 (%)	EBV	r^2 (%)	EBV	r^2 (%)	EBV	r^2 (%)	EBV	r^2 (%)	EBV	r^2 (%)
56	37315102 *	110.74	0.45	34	0.30	34	-4.05	34	13.78	30	0.06	33	0.01	30	-0.07	37
57	23319403	109.27	0.23	12	-0.75	37	-3.22	36	14.54	33	0.06	35	-0.12	32	-0.07	35
58	23317437	106.97	-2.49	46	1.62	56	2.22	85	8.83	43	0.09	49	-0.05	44	-0.02	52
59	23320657	106.24	0.51	15	-0.40	28	-3.18	29	9.71	25	0.12	27	-0.11	24	-0.02	26
60	23320573	106.22	0.55	13	-0.17	23	-0.80	23	5.33	45	0.13	22	-0.03	21	0.12	53
61	37315101	105.81	-0.19	35	0.18	35	-8.13	34	18.20	30	0.11	34	0.02	31	-0.15	38
62	23317735	105.12	-2.18	45	-0.64	52	-3.76	52	20.54	47	0.08	52	-0.05	47	-0.11	54
63	23317607 *	104.48	-1.39	45	-0.21	52	-2.62	52	14.09	47	0.08	51	-0.12	47	-0.08	54
64	15217144	104.26	-0.26	41	-1.46	49	3.48	48	3.19	40	-0.09	9	0.12	41	0.13	45
65	23317857	101.04	-2.84	46	-1.55	51	-0.78	50	16.91	45	0.15	50	-0.12	45	0.02	53
66	23319913	100.65	0.99	21	3.21	57	2.28	55	-14.52	48	0.28	54	-0.27	49	-0.03	25
67	23320011	100.51	-0.12	1	-0.33	27	-1.09	30	3.40	46	0.02	21	0.13	46	0.25	53
68	23318601	100.44	-0.03	14	-1.38	54	-4.12	53	10.20	48	0.10	52	-0.16	48	0.10	55
69	23318501	100.26	0.99	56	0.57	56	0.97	56	-6.47	52	-0.18	54	0.13	52	0.24	59
70	23316061 *	98.60	1.08	46	3.51	50	-2.75	51	-9.77	45	0.03	50	-0.12	45	-0.14	53
71	23318535	98.09	0.17	1	0.67	27	-5.75	30	4.74	46	0.01	22	0.15	47	0.13	53
72	23320063	97.67	0.59	17	-1.36	54	-7.51	53	10.35	28	-0.02	52	-0.01	28	0.05	27
73	23319481	97.57	-0.05	18	0.64	57	-8.15	56	8.89	50	0.20	53	-0.03	51	0.06	31
74	23320625	96.77	-0.52	15	-0.59	54	-4.79	36	7.78	46	0.11	31	-0.11	23	-0.05	54
75	23319417	95.30	-0.25	2	0.16	45	-5.36	44	4.40	37	0.03	6	0.04	38	0.19	48
76	23316355	95.04	0.85	45	-1.37	51	-10.30	51	11.18	46	0.03	51	-0.04	46	-0.07	53
77	23319933	94.02	0.45	15	-0.42	28	-9.09	28	7.62	46	0.15	26	-0.08	24	0.10	54
78	23316121	93.72	1.62	45	-0.42	63	-9.21	80	2.99	48	0.02	52	-0.03	48	-0.07	54
79	23320527	93.01	0.27	14	-0.63	28	-6.53	29	3.97	25	0.13	27	-0.12	25	0.00	26
80	23317863 *	92.37	-2.21	47	-0.83	55	-4.80	55	10.79	49	0.07	54	-0.06	49	0.03	56
81	23317867 *	92.12	-2.09	43	-1.19	49	0.64	51	2.62	42	0.11	48	-0.12	42	-0.04	51
82	23314297	92.01	1.59	45	-0.57	51	-2.77	52	-8.00	45	0.01	51	-0.03	45	0.01	53
83	23319053	91.79	0.05	16	0.00	28	-7.12	29	3.06	47	0.12	27	-0.10	25	0.05	55
84	23319921	90.95	-0.14	48	-2.39	47	-3.87	46	3.80	9	0.00	1	-0.02	10	0.08	12
85	23320051	88.57	0.00	1	2.07	44	-11.26	43	1.57	37	0.00	1	-0.11	38	0.12	48

（续）

序号	牛号	CBI	体型外貌评分		初生重		6月龄体重		18月龄体重		6~12月龄日增重		13~18月龄日增重		19~24月龄日增重	
			EBV	r^2(%)	EBV	r^2(%)	EBV	r^2(%)	EBV	r^2(%)	EBV	r^2(%)	EBV	r^2(%)	EBV	r^2(%)
86	23316125	86.73	0.41	46	-0.22	50	-12.56	50	5.80	45	0.03	50	-0.04	46	-0.09	53
87	23319273	85.50	-0.28	42	1.12	46	-19.09	46	14.08	41	0.09	44	0.04	41	-0.11	50
88	23314314*	85.24	0.67	46	-1.24	51	-4.20	51	-6.95	46	0.03	51	-0.04	47	0.00	54
89	23319945	85.00	0.14	50	-0.07	86	-20.10	82	16.43	50	-0.03	13	0.06	51	0.11	59
90	23316169*	82.23	0.02	46	-0.52	50	-13.26	50	4.90	45	0.03	50	-0.04	46	-0.09	53
91	23320643	81.03	0.02	48	1.03	57	-3.57	56	-14.84	52	-0.01	1	-0.06	53	0.14	61
92	23317681*	79.80	-2.24	47	-1.74	52	0.86	51	-7.32	45	0.11	51	-0.25	46	0.07	54
93	23314602	79.41	0.04	48	-1.08	58	-8.87	60	-3.19	53	0.00	58	-0.05	53	0.03	61
94	23320663	79.29	0.82	32	2.84	63	-16.14	61	-4.66	56	0.26	59	-0.11	57	-0.02	61
95	23316161	78.90	0.93	46	2.57	50	-5.07	51	-21.77	45	0.01	50	-0.15	45	-0.11	53
96	23316164*	78.25	-0.41	45	-0.60	53	-11.82	53	0.83	48	0.04	53	-0.03	49	-0.07	55
97	23310390*	73.37	0.35	49	-0.66	92	-17.48	92	2.15	81	0.17	86	-0.13	78	-0.02	83
98	23317166	67.18	-1.82	45	-1.05	51	-8.58	65	-7.94	44	0.12	49	-0.19	44	0.00	53
99	23316197*	65.77	0.28	46	-0.25	52	-15.68	51	-8.44	46	0.04	51	-0.07	46	-0.07	54
100	23314838*	65.74	0.26	46	-2.28	50	-11.09	50	-10.51	44	-0.01	50	-0.07	45	-0.06	53
101	23314520	64.55	1.21	46	-0.90	48	-13.35	49	-15.18	43	0.04	49	-0.09	44	0.04	52
102	23319615	60.81	-0.46	48	1.29	50	-13.01	49	-18.01	43	0.04	49	0.19	44	0.13	52
103	23319853	60.20	-0.02	49	-2.99	53	-11.00	53	-13.01	47	-0.15	53	0.15	48	0.25	56
104	23320999	59.89	0.01	16	4.65	54	-22.34	53	-14.54	49	0.01	53	0.14	49	0.11	56
105	15508H10	56.98	0.35	4	1.89	39	-12.06	38	-27.68	33	0.00	6	-0.12	33	0.05	41
106	23316193*	53.15	-0.17	45	-1.06	51	-18.16	50	-12.73	45	0.02	50	-0.06	45	-0.07	53

注：＊表示该牛已经不在群，但有库存冻精。

4.13　其他品种牛

表4-13　其他品种牛估计育种值

序号	品种	牛号	CBI	体型外貌评分		初生重		6月龄体重		18月龄体重		6~12月龄日增重		13~18月龄日增重		19~24月龄日增重	
				EBV	r²(%)	EBV	r²(%)	EBV	r²(%)	EBV	r²(%)	EBV	r²(%)	EBV	r²(%)	EBV	r²(%)
1	比利时蓝牛	13217722	145.89	1.60	42	-0.25	41	-0.72	41	38.40	36	0.01	42	0.21	36	-0.15	45
2	比利时蓝牛	13217703	144.73	0.35	44	-0.80	43	19.52	43	12.44	38	-0.09	44	0.05	38	-0.03	47
3	比利时蓝牛	13217733	117.84	-0.56	43	1.38	41	7.35	41	4.24	36	-0.06	42	0.04	36	0.13	45
4	比利时蓝牛	13217701	116.71	0.35	44	-0.94	43	4.60	43	9.47	38	-0.01	44	0.04	38	0.06	47
5	比利时蓝牛	13217716	116.37	-0.10	43	0.19	42	4.31	41	8.60	36	-0.02	42	0.04	37	0.03	46
6	比利时蓝牛	13217710	113.45	-0.35	43	0.43	42	1.04	41	11.31	36	0.00	42	0.06	37	0.00	46
7	比利时蓝牛	13217706	110.24	-0.49	42	-0.15	41	6.26	40	4.51	35	0.01	41	0.00	36	-0.02	45
8	比利时蓝牛	13217752*	108.82	1.72	42	1.96	41	-3.32	40	1.95	36	0.01	42	0.02	36	-0.20	45
9	比利时蓝牛	13217750	107.75	0.07	42	1.24	41	-0.93	40	5.40	35	0.01	41	0.02	36	-0.22	45
10	比利时蓝牛	13217708	97.89	-0.09	42	-0.28	41	-4.55	40	6.01	35	0.01	41	0.04	36	0.00	45
11	比利时蓝牛	13217726	94.98	-0.45	42	-0.70	41	1.90	40	-4.20	36	0.00	42	-0.03	36	0.14	45
12	比利时蓝牛	13217737	93.65	-0.53	42	0.10	41	-0.97	40	-2.64	35	-0.02	41	0.00	36	0.05	45
13	比利时蓝牛	13217754*	92.70	1.15	48	-0.04	47	-3.18	46	-6.31	42	0.00	47	0.01	43	-0.18	50
14	比利时蓝牛	13217721	91.37	-0.57	43	-1.26	42	-2.96	41	1.74	36	0.02	42	0.01	36	0.05	46
15	比利时蓝牛	13217720	88.69	-0.09	45	0.11	44	0.52	43	-11.28	38	0.00	44	-0.06	39	0.10	48
16	比利时蓝牛	13217705	87.26	-0.55	42	-0.55	41	-2.99	40	-3.88	35	0.07	41	-0.06	36	0.00	45
17	比利时蓝牛	13217758	83.08	0.20	48	-0.32	47	-4.83	46	-8.41	42	0.00	47	-0.02	43	-0.15	50
18	比利时蓝牛	13217702	81.84	0.33	42	-0.82	41	-4.13	40	-9.93	35	0.03	42	-0.06	36	-0.04	45
19	比利时蓝牛	13217751	80.05	-0.09	48	0.10	47	-6.31	46	-8.85	42	0.00	47	-0.02	43	-0.16	50
20	比利时蓝牛	13217731	78.89	-0.08	45	-0.18	44	-1.03	43	-17.42	38	-0.01	44	-0.08	39	0.17	48
21	比利时蓝牛	13217730*	75.73	0.33	42	1.46	41	-2.75	41	-23.27	36	0.01	42	-0.12	37	0.16	45
22	比利时蓝牛	13217757	75.26	0.20	48	-0.18	47	-5.38	46	-15.23	42	0.02	47	-0.07	43	-0.12	50
23	比利时蓝牛	13217740	73.52	0.13	46	0.27	45	-6.20	44	-16.42	39	0.02	45	-0.08	40	0.02	48
24	比利时蓝牛	13217756	71.67	-0.09	48	0.24	47	-4.92	46	-19.17	42	0.01	47	-0.09	43	-0.08	50
25	比利时蓝牛	13217745	70.78	0.43	46	1.26	45	-5.92	44	-22.94	39	0.01	45	-0.11	40	-0.04	48
26	比利时蓝牛	13217749	70.63	1.08	48	0.67	47	-4.92	46	-25.70	42	0.00	47	-0.12	43	-0.03	50

（续）

序号	品种	牛号	CBI	体型外貌评分		初生重		6月龄体重		18月龄体重		6~12月龄日增重		13~18月龄日增重		19~24月龄日增重	
				EBV	r^2(%)	EBV	r^2(%)	EBV	r^2(%)	EBV	r^2(%)	EBV	r^2(%)	EBV	r^2(%)	EBV	r^2(%)
27	比利时蓝牛	13217743	68.82	-0.16	46	0.41	45	-5.18	44	-21.58	39	0.01	45	-0.11	40	-0.07	48
28	德国黄牛	41315230	131.29	1.46	41	0.10	41	-3.94	41	29.41	35	0.04	40	0.04	36	-0.02	45
29	德国黄牛	41315253	105.74	1.12	41	-0.33	41	-6.43	41	11.66	36	0.02	40	0.03	36	0.09	46
30	德国黄牛	41114412	100.00	0.00	1	0.00	1	0.00	1	0.00	1	0.00	1	0.00	1	0.00	1
31	短角牛	53111269*	135.24	-0.14	42	0.40	46	4.72	46	25.27	39	0.06	37	0.00	38	-0.07	46
32	短角牛	53117368*	127.33	-0.07	38	0.52	49	18.87	49	-4.38	40	-0.04	36	-0.02	39	-0.06	47
33	短角牛	53215166	123.77	-1.06	45	-0.11	54	22.74	54	-8.27	44	-0.23	44	-0.01	43	0.08	51
34	短角牛	53216177	122.74	-1.33	45	0.57	54	18.20	54	-2.88	44	-0.17	44	-0.01	43	0.01	51
35	短角牛	53215168	120.96	-0.81	42	0.61	50	16.22	50	-3.60	42	-0.03	42	-0.04	42	0.15	50
36	短角牛	53116361*	120.88	-0.18	41	1.03	49	5.91	49	8.67	39	-0.04	38	-0.05	39	0.10	47
37	短角牛	53116362*	120.10	-0.24	43	1.71	49	0.60	49	14.67	40	-0.10	39	0.05	40	0.00	47
38	短角牛	53216178	113.47	-0.52	40	-0.44	52	6.61	52	5.51	42	0.00	39	0.00	41	-0.01	49
39	短角牛	53113286*	111.92	-0.43	41	1.36	45	10.42	46	-6.48	39	0.05	36	-0.14	38	-0.11	46
40	短角牛	53216179	107.06	-1.08	42	-0.13	50	8.96	50	-2.64	42	-0.02	42	-0.01	42	0.03	50
41	短角牛	53214161	100.26	-0.54	40	-0.86	48	4.81	48	-2.94	38	-0.01	39	0.00	38	0.03	47
42	短角牛	53211122*	99.03	0.04	39	2.24	44	-13.56	44	14.28	36	0.08	38	0.07	36	0.25	45
43	短角牛	53214160	97.79	0.57	43	-0.51	52	-2.15	52	0.27	44	-0.12	41	0.11	43	-0.08	51
44	短角牛	53114311*	92.09	-1.07	44	1.03	52	3.29	53	-10.78	45	-0.08	39	-0.02	44	-0.01	51
45	短角牛	53215167	91.67	-0.74	42	-0.53	53	8.81	52	-17.14	40	-0.09	41	0.00	40	0.02	48
46	短角牛	53211123*	85.14	0.54	40	0.21	48	-8.17	48	-3.94	40	0.26	39	-0.15	39	0.33	47
47	短角牛	53114314*	84.30	0.27	42	-0.28	45	5.26	46	-23.12	39	-0.02	36	-0.11	38	0.03	46
48	短角牛	53215169	83.75	-0.77	41	-0.38	52	3.90	51	-17.26	42	-0.05	41	0.00	42	0.06	50
49	短角牛	53117367*	79.39	-1.74	40	-1.09	50	-1.47	50	-7.64	43	-0.03	38	0.10	43	-0.04	50
50	短角牛	53214162	75.59	-0.92	40	-1.26	48	-5.08	48	-8.43	38	-0.12	39	0.07	37	-0.17	46
51	海福特牛	15619208	100.60	0.14	23	0.00	1	0.00	1	0.00	1	0.00	1	0.00	1	0.00	1
52	海福特牛	15619308	99.40	-0.14	23	0.00	1	0.00	1	0.00	1	0.00	1	0.00	1	0.00	1
53	海福特牛	65321562	99.19	1	1.13	7	-2.27	7	0.00	1	-0.02	7	0.00	1	0.00	1
54	郏县红牛	41213078*	117.63	-0.30	44	1.07	44	5.35	44	6.84	39	0.00	1	0.02	39	0.01	48

（续）

序号	品种	牛号	CBI	体型外貌评分		初生重		6 月龄体重		18 月龄体重		6~12 月龄日增重		13~18 月龄日增重		19~24 月龄日增重	
				EBV	r^2(%)	EBV	r^2(%)	EBV	r^2(%)	EBV	r^2(%)	EBV	r^2(%)	EBV	r^2(%)	EBV	r^2(%)
55	郏县红牛	41214072*	112.33	-0.70	42	1.20	42	2.58	41	7.38	36	0.00	1	0.02	37	0.05	46
56	郏县红牛	41317003	103.47	1.18	50	-2.13	50	-5.51	47	12.27	44	0.08	44	0.09	44	0.08	51
57	金黄阿奎登	41107568	116.27	0.08	1	-0.48	27	3.54	29	10.64	42	0.05	13	0.13	42	0.22	49
58	辽育白牛	21116463	154.62	-0.04	6	0.00	2	13.01	43	31.25	37	0.14	39	0.08	38	0.05	47
59	辽育白牛	21115452*	138.13	0.41	42	0.00	1	0.28	42	33.61	37	0.03	2	0.08	38	0.01	46
60	辽育白牛	21117479*	136.99	-0.06	12	0.00	1	14.62	44	12.40	39	-0.06	35	0.10	40	-0.11	48
61	辽育白牛	21117487	114.88	0.08	12	0.00	5	14.91	46	-9.27	41	-0.10	37	0.02	41	-0.07	49
62	辽育白牛	21117485*	108.70	0.09	3	0.00	1	3.57	45	2.32	39	-0.07	36	0.04	40	-0.11	48
63	辽育白牛	21112410*	106.73	0.12	43	0.00	1	0.85	48	5.46	42	-0.03	11	0.01	43	-0.05	51
64	辽育白牛	21119433	102.56	0.24	18	0.00	1	7.30	48	-9.73	42	0.01	38	0.02	43	-0.16	51
65	辽育白牛	21109405*	101.99	0.12	47	0.00	1	-4.89	53	8.91	48	-0.04	7	0.13	49	-0.01	54
66	辽育白牛	21118412	101.77	-0.03	14	0.00	2	2.19	46	-1.59	41	-0.16	37	0.12	42	0.02	49
67	辽育白牛	21119425*	100.46	0.36	15	0.00	1	3.56	45	-6.44	39	-0.06	37	0.04	40	0.10	48
68	辽育白牛	21111436*	99.13	0.00	45	0.00	1	-9.43	49	13.65	42	-0.03	2	0.14	42	0.00	50
69	辽育白牛	21111431*	94.88	-0.61	41	0.00	1	-5.12	44	5.44	39	0.00	1	0.07	40	-0.05	46
70	辽育白牛	21111433*	90.28	-0.51	43	0.00	1	-8.21	49	5.46	41	-0.01	16	0.09	42	0.03	50
71	辽育白牛	21111435*	66.29	0.59	41	0.00	1	-7.24	47	-22.70	42	-0.04	10	-0.01	43	0.13	48
72	鲁西牛	37106100*	164.12	0.06	28	1.46	35	11.85	33	37.99	30	0.03	29	0.07	30	0.00	38
73	鲁西牛	37106518*	146.28	0.00	1	1.11	35	8.14	34	28.10	30	0.00	28	0.07	31	-0.02	39
74	鲁西牛	37109102*	132.68	0.13	1	-2.00	37	32.98	36	-15.69	32	-0.04	27	-0.14	33	-0.02	41
75	鲁西牛	37109103*	105.93	0.13	1	-1.15	37	31.28	36	-40.12	32	-0.17	27	-0.16	33	-0.01	41
76	鲁西牛	37110116*	44.82	-0.23	2	-0.32	38	-20.16	37	-19.00	32	0.02	34	-0.02	33	-0.09	41
77	鲁西牛	37110115*	35.51	-1.56	33	-1.95	38	-19.19	37	-20.11	32	0.02	33	-0.02	33	-0.09	41
78	鲁西牛	37108113*	6.58	-1.61	32	-1.71	36	-20.51	35	-45.52	31	-0.10	26	-0.03	31	0.00	40
79	南阳牛	41317051	153.22	1.61	52	1.28	58	6.72	56	30.11	51	-0.01	45	0.10	51	-0.04	35
80	南阳牛	41313187	112.91	-0.37	41	1.04	42	11.59	41	-6.78	36	-0.06	41	-0.11	36	0.04	45
81	南阳牛	41317012	109.48	2.37	50	0.90	55	-0.84	54	-1.21	48	-0.06	44	0.01	49	0.15	55
82	南阳牛	41315044	90.36	-1.41	44	0.08	50	0.50	48	-4.53	43	0.00	5	-0.15	43	-0.04	50

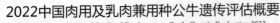

（续）

序号	品种	牛号	CBI	体型外貌评分		初生重		6月龄体重		18月龄体重		6~12月龄日增重		13~18月龄日增重		19~24月龄日增重	
				EBV	r²(%)	EBV	r²(%)	EBV	r²(%)	EBV	r²(%)	EBV	r²(%)	EBV	r²(%)	EBV	r²(%)
83	皮埃蒙特牛	41315251	128.74	-0.10	40	-0.27	17	5.14	17	20.03	15	0.07	16	-0.02	15	0.01	1
84	皮埃蒙特牛	41113702	112.73	0.29	39	2.10	42	-3.19	39	10.59	34	0.00	38	0.05	34	-0.04	42
85	皮埃蒙特牛	41116704	110.02	0.09	39	-0.89	40	15.00	39	-11.81	34	-0.18	38	-0.02	35	0.05	43
86	皮埃蒙特牛	41315254	97.29	0.29	40	-1.27	10	-5.29	11	7.53	9	0.04	10	-0.01	9	0.04	11
87	皮埃蒙特牛	62111063*	85.59	0.65	33	-2.34	35	-10.91	34	6.41	28	-0.10	32	0.07	29	0.04	35
88	皮埃蒙特牛	41117702	15.10	-0.50	38	-0.32	41	-29.98	40	-30.68	34	0.00	4	-0.04	35	-0.15	43
89	皮埃蒙特牛	41118704	10.05	-0.74	40	0.70	44	-29.44	44	-37.80	39	0.00	2	-0.11	39	0.00	46
90	秦川牛	61220001	113.81	0.00	1	-0.50	25	7.53	25	2.58	21	0.01	1	0.00	1	0.00	28
91	秦川牛	61220003	108.03	0.00	1	2.10	25	-0.34	25	2.94	21	0.02	22	-0.01	19	0.05	28
92	秦川牛	61220002	82.53	0.00	1	-1.28	28	-5.75	28	-4.42	24	-0.02	22	0.01	19	-0.05	31
93	蜀宣花牛	51116029	140.35	-0.22	33	0.53	33	15.55	33	13.45	29	0.00	1	0.12	29	-0.15	37
94	蜀宣花牛	51113173	130.97	1.51	36	2.74	36	8.65	35	3.21	31	0.00	1	0.00	32	0.02	40
95	蜀宣花牛	51116030	124.23	0.80	33	-0.68	33	14.77	33	-1.43	28	0.00	1	0.10	29	-0.12	37
96	蜀宣花牛	51116031	108.33	-2.72	33	-0.95	33	15.92	33	-3.77	29	0.00	1	0.03	29	-0.15	37
97	蜀宣花牛	51117032	69.56	-0.19	37	0.37	36	-19.41	36	1.16	31	0.00	1	-0.18	32	0.10	40
98	蜀宣花牛	51117033	33.63	-0.78	37	-1.17	36	-24.38	36	-18.82	31	0.00	1	-0.05	32	0.18	40
99	巫陵牛	43113093*	119.34	1.45	40	0.83	41	0.98	41	8.95	35	0.00	42	0.04	36	0.03	45
100	巫陵牛	43113089*	117.77	-0.04	40	-0.94	41	4.48	40	12.17	35	0.02	42	0.03	36	0.07	45
101	巫陵牛	43113087*	111.61	-0.91	40	-0.92	41	4.46	41	9.79	35	0.01	42	0.02	36	-0.04	45
102	巫陵牛	43113094*	111.22	0.81	40	-0.05	41	0.93	40	6.04	35	0.02	42	0.01	36	-0.03	45
103	巫陵牛	43113090*	110.97	1.18	40	0.82	41	2.34	41	0.13	35	0.00	42	-0.01	36	-0.01	45
104	巫陵牛	43113092*	110.14	0.50	40	-0.49	41	1.85	41	5.90	35	0.03	42	0.00	36	-0.03	45
105	巫陵牛	43113088*	108.02	-1.53	40	0.40	41	1.42	41	10.27	35	0.02	42	0.03	36	-0.02	45
106	巫陵牛	43112083*	104.13	1.09	37	-0.77	41	-0.41	40	2.13	35	-0.02	42	0.03	36	0.04	45
107	巫陵牛	43112084*	103.39	-0.55	37	-0.23	41	0.62	40	4.92	35	0.00	42	0.03	36	0.00	45
108	巫陵牛	43112085*	103.18	0.40	38	1.55	41	-0.17	40	-2.09	35	-0.01	42	0.00	36	-0.05	45
109	巫陵牛	43113086*	99.63	-1.35	40	-0.08	41	1.03	40	3.50	35	0.01	42	0.01	36	-0.05	45
110	巫陵牛	43112081*	95.89	0.24	37	-1.17	41	-1.86	40	0.94	35	-0.01	42	0.03	36	-0.01	45

（续）

序号	品种	牛号	CBI	体型外貌评分		初生重		6月龄体重		18月龄体重		6~12月龄日增重		13~18月龄日增重		19~24月龄日增重	
				EBV	r²(%)	EBV	r²(%)	EBV	r²(%)	EBV	r²(%)	EBV	r²(%)	EBV	r²(%)	EBV	r²(%)
111	巫陵牛	43113091*	94.49	-0.23	41	0.55	42	-2.50	41	-1.76	36	0.01	42	0.00	37	-0.06	46
112	巫陵牛	43112079*	94.23	-1.01	39	1.14	41	-0.95	41	-2.80	35	-0.01	42	0.00	36	-0.05	45
113	巫陵牛	43111078*	93.68	1.96	30	-0.01	41	-2.23	40	-10.04	35	-0.01	41	-0.03	36	0.03	45
114	巫陵牛	43112082*	93.67	0.00	38	-0.21	41	-3.64	40	0.16	35	-0.01	42	0.03	36	-0.09	45
115	巫陵牛	43112080*	92.45	-0.14	37	-0.24	41	-0.51	40	-5.14	35	-0.02	42	-0.01	36	0.01	45
116	巫陵牛	43111077*	70.19	-0.82	30	-0.01	41	-2.70	40	-20.52	35	-0.01	41	-0.09	36	0.18	45
117	巫陵牛	43111076*	64.13	-1.12	30	-0.43	41	-4.01	40	-22.02	35	-0.02	41	-0.09	36	0.07	45
118	夏南牛	41219903	182.47	5.43	43	-0.02	49	27.70	49	13.64	44	-0.20	46	0.16	44	0.05	21
119	夏南牛	41220628	147.63	5.10	43	-1.37	43	29.60	42	17.27	37	-0.01	39	-0.11	37	-0.08	47
120	夏南牛	41220721	138.71	4.64	43	-1.77	43	39.31	43	-37.78	37	-0.23	40	-0.10	38	0.00	47
121	夏南牛	41220402	134.13	4.85	43	-0.04	47	35.38	47	-41.00	41	-0.18	44	-0.18	42	-0.07	51
122	夏南牛	41219112	120.21	4.30	45	0.00	48	11.76	48	-15.77	43	0.01	45	-0.09	43	-0.13	51
123	夏南牛	41215101*	82.35	-0.43	43	-0.23	54	-17.00	53	11.80	48	0.10	52	0.10	49	0.01	55
124	夏南牛	41215211*	68.39	-1.75	43	0.13	46	-17.17	45	3.23	36	0.15	44	-0.01	37	0.06	47
125	夏南牛	41215319*	65.62	0.11	46	-1.32	65	-13.39	64	-8.87	59	0.16	62	-0.01	60	-0.09	63
126	夏南牛	41215919*	63.76	-0.55	43	-1.26	43	-24.79	42	9.30	36	0.16	40	0.05	37	0.07	47
127	延边牛	22314039	109.95	-0.56	29	-0.07	49	4.54	49	4.71	45	-0.01	1	-0.03	45	0.04	52
128	延边牛	22316118	136.80	0.56	30	0.25	51	13.24	50	11.31	46	0.01	2	-0.10	46	0.08	54
129	延边牛	22315047	116.19	0.15	34	1.15	52	5.84	50	2.84	45	-0.01	2	-0.08	45	0.10	52
130	延边牛	22316116	39.04	-0.25	28	-0.83	49	-4.99	52	-46.37	60	-0.02	2	-0.08	45	0.01	52
131	延边牛	22315042	-40.73	0.09	30	-0.36	46	-38.00	66	-72.77	67	-0.02	24	-0.09	58	-0.11	49
132	延黄牛	22314198	232.00	0.31	37	0.86	46	38.64	69	60.85	51	0.02	25	0.24	50	-0.02	15
133	延黄牛	22314145	162.38	0.31	37	1.17	46	14.08	45	32.69	49	-0.03	6	0.00	39	0.01	51
134	延黄牛	22316151	145.65	-0.22	27	-1.09	49	25.00	66	7.84	44	0.02	3	-0.10	44	0.10	51
135	延黄牛	22314169	141.98	-0.14	37	0.03	42	14.86	42	16.91	38	-0.04	3	-0.03	38	0.05	46
136	延黄牛	22315012	136.76	0.67	30	0.87	53	20.22	75	-1.33	49	-0.10	41	-0.05	49	-0.07	55
137	延黄牛	22317021	131.19	-0.09	1	-2.78	45	-3.20	44	41.12	39	0.02	1	0.22	39	0.02	15
138	延黄牛	22315113	126.38	-0.56	35	0.90	50	-5.78	70	33.52	58	-0.06	40	-0.03	53	0.16	48
139	延黄牛	22314163	100.38	-0.14	38	-0.48	49	-22.89	69	37.14	65	0.07	19	0.05	56	0.02	51

注：* 表示该牛已经不在群，但有库存冻精。

5 种公牛站代码信息

本评估结果中，"牛号"的前三位为其所在种公牛站代码。根据表5-1可查询到任一头种公牛所在种公牛站的联系方式。

表5-1 种公牛站代码信息

种公牛站代码	单位名称	联系人	手机号码
111	北京首农畜牧发展有限公司奶牛中心	王娴	13011535050
132	秦皇岛农瑞秦牛畜牧有限公司	周云松	13463399189
133	亚达艾格威畜牧有限公司	张强岭	15829700196
141	山西省畜禽育种有限公司	张鹏	13834681518
152	通辽京缘种牛繁育有限责任公司	侯景辉	15247505380
153	海拉尔农牧场管理局家畜繁育指导站	柴河	17747018766
154	赤峰赛奥牧业技术服务有限公司	王光磊	15504762388
155	内蒙古赛科星家禽种业与繁育生物技术研究院有限公司	丁瑞	15391181121
156	内蒙古中农兴安种牛科技有限公司	张强	18844682268
211	辽宁省牧经种牛繁育中心有限公司	唐学成	13940498293
212	大连金弘基种畜有限公司	朱海	15940990195
221	长春新牧科技有限公司	曹涌	13756931947
222	吉林省德信生物工程有限公司	赵旭东	15500285005
223	延边东兴种牛科技有限公司	吕卫东	13904436015
224	四平市兴牛牧业服务有限公司	荣海林	13904340979
233	龙江和牛生物科技有限公司	赵宪强	13359731197
361	江西省天添畜禽育种有限公司	谭德文	13970867658
371	山东省种公牛站有限责任公司	刘园峰	13954176772
373	山东奥克斯畜牧种业有限公司	王玲玲	18678659776
411	河南省鼎元种牛育种有限公司	高留涛	13838074522
412	许昌市夏昌种畜禽有限公司	马庆宇	13733701691
413	南阳昌盛牛业有限公司	王伟廉	13503877682
414	洛阳市洛瑞牧业有限公司	李恒帅	13653790799
421	武汉兴牧生物科技有限公司	郭妮妮	18986268529
431	湖南光大牧业科技有限公司	刘海林	13974903049
451	广西壮族自治区畜禽品种改良站	刘瑞鑫	13471183547
511	成都汇丰动物育种有限公司	王丽娟	15828337924
522	贵州惠众畜牧科技发展有限公司	周文章	15519680088

（续）

种公牛站代码	单位名称	联系人	手机号码
531	云南省种畜繁育推广中心	毛翔光	13888233030
532	大理白族自治州家畜繁育指导站	李家友	13618806491
612	西安市奶牛育种中心	曹平	13991337980
621	甘肃佳源畜牧生物科技有限责任公司	李刚	13993548303
651	新疆天山畜牧生物育种有限公司	李红艳	18999345205
653	新疆鼎新种业科技有限公司	崔文广	17737183625

6

参考文献

张勤，2007. 动物遗传育种的计算方法 ［M］. 北京：科学出版社.

张沅，2001. 家畜育种学 ［M］. 北京：中国农业出版社.

Gilmour A R, Gogel B J, Cullis B R, et al. , 2015. ASReml User Guide Release 4. 1 Structural Specification ［M］. Hemel Hempstead：VSN International Ltd，UK.

Mrode R A，2014. Linear models for the prediction of animal breeding values ［M］. 3rd ed. Edinburgh：CABI，UK.

7

肉用及乳肉兼用种公牛遗传评估分析

7.1 评估数据基本情况

2022 年肉用及乳肉兼用种公牛常规遗传评估所用数据包含 48 家种公牛站（39 家在营）和 42 家核心育种场登记上报的 7675 头种公牛和 46641 头核心群牛只数据，共覆盖 47 个肉用及兼用牛品种。此外，评估数据还包括西门塔尔牛和华西牛的 1081 头后裔，以及 5880 头澳大利亚和加拿大种公牛数据。评估性状包括体型外貌评分、初生重、6 月龄体重、18 月龄体重和 4% 乳脂率校正奶量（兼用牛）。基因组育种值评估群体规模 3920 头，选取产犊难易度、断奶重、育肥期日增重、胴体重、屠宰率共 5 个主要性状进行基因组评估，基因组估计育种值（GEBV）经标准化加权后，得到中国肉牛基因组选择指数（GCBI），共评估种公牛 973 头。

7.2 评估过程

评估数据处理流程如图 7-1 所示，数据处理过程整体分为 3 步，分别为表型数据整理，评估方案设计和评估结果对比分析及模型优化。

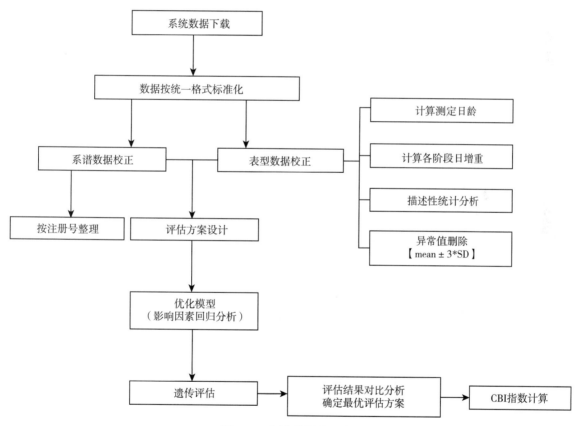

图 7-1 评估数据处理流程

7.3 评估结果总结分析

7.3.1 评估用原始数据与 2021 年一致性较强

2022 年评估原始数据与 2021 年一致性整体较高，初生重、6 月龄体重和 18 月龄体重评估数据相关系数分别为 0.91，0.95 和 0.96，均为高相关，说明两年评估表型数据具有较强一致性，从而保证评估的连续性。体型外貌评分数据两年表型相关系数为 0.7，原因是在进行表型数据校正时，对体型外貌评分异常数值进行了处理，并且未使用核心场场内自行评定的体型外貌评分数据（表 7-1）。

表 7-1 评估数据一致性比较

		2021 年评估表型数据				
		体型外貌评分	初生重	6 月龄体重	18 月龄体重	4%乳脂率校正奶量
2022 年评估表型数据	体型外貌评分	0.7				
	初生重		0.91			
	6 月龄体重			0.95		
	18 月龄体重				0.96	
	4%乳脂率校正奶量					0.96

7.3.2 评估结果整体稳定

2022 年评估结果与 2021 年一致性整体较高，CBI 和 TPI 指数秩相关系数分别为 0.88 和 0.98，评估结果排名稳定性较好。初生重、6 月龄体重、18 月龄体重和 4%乳脂率校正奶量评估结果秩相关系数分别为 0.78，0.91，0.86 和 0.83，两年评估结果排序较为一致。体型外貌评分结果秩相关系数仅为 0.61，主要是由于两年表型数据处理差异所致（表 7-2）。

表 7-2 评估结果一致性比较

		2021 年评估结果						
		CBI	TPI	体型外貌评分	初生重	6 月龄体重	18 月龄体重	4%乳脂率校正奶量
2022 年评估结果	CBI	0.88						
	TPI		0.98					
	体型外貌评分			0.61				
	初生重				0.78			
	6 月龄体重					0.91		
	18 月龄体重						0.86	
	4%乳脂率校正奶量							0.83

注：表中所列系数均为秩相关系数。

基因组评估结果一致性比较结果见表 7-3。GCBI 指数秩相关系数为 0.98 以上，说明两年基因组评估结果稳定性较高。产犊难易度、断奶重、育肥期日增重、胴体重和屠宰率育种值秩相关均在 0.97以上。

表7-3 评估结果一致性比较

		2021 年基因组育种值结果					
		GCBI	产犊难易度	断奶重	育肥期日增重	胴体重	屠宰率
2022 年基因组育种值结果	GCBI	0.98					
	产犊难易度		0.98				
	断奶重			0.98			
	育肥期日增重				0.97		
	胴体重					0.98	
	屠宰率						0.97

注：表中所列系数均为秩相关系数。

7.3.3　育种值估计准确性提升

体型外貌评分、初生重、6月龄体重和18月龄体重两年的育种值估计准确性结果如表7-4所示。随着数据量的增加，2022年各性状评估准确性较2021年均有提升。

表7-4 育种值估计准确性比较

年份	体型外貌评分	初生重	6月龄体重	18月龄体重	4%乳脂率校正奶量
2021	0.43 ±0.15	0.51 ±0.12	0.53 ±0.09	0.45 ±0.10	0.09 ±0.14
2022	0.46 ±0.13	0.53 ±0.10	0.53 ±0.10	0.46 ±0.10	0.09 ±0.13

7.3.4　西门塔尔牛排名前100名分析

西门塔尔牛CBI排名前100名种公牛的体型外貌评分、初生重、6月龄体重、18月龄体重、4%乳脂率校正奶量等性状育种值、CBI和TPI均值与发布牛只育种值均值对比，如表7-5所示。西门塔尔牛排名前100的CBI均值是发布牛只CBI均值的1.79倍，前100名的各项育种值均值远高于发布牛只的平均值；由于发布的华西牛仅有110头，因此前100名的CBI均值和发布牛只的平均值差异并不大。

表7-5 西门塔尔牛育种值均值比较

年份	体型外貌	初生重	6月龄体重	18月龄体重	4%乳脂率校正奶量	CBI	TPI
CBI前100名均值	0.36	1.46	32.68	41.72	157.43	203.50	143.13
发布牛平均值	−0.03	−0.01	3.17	7.85	17.01	113.43	104.12

7.4　下一步计划

　　一是持续优化常规遗传评估和基因组评估遗传参数。随着数据量增加，遗传参数会发生变化，现已开展不同遗传参数对评估结果影响的相关研究，提升遗传评估的稳定性及准确性。

　　二是不同遗传评估方法的研究。评估方法显著影响育种值估计准确性，后续将持续开展多性状和随机回归模型的遗传评估方法研究，基于贝叶斯分析和机器学习算法的基因组遗传评估新方法，进一步提升评估准确性。

　　三是积极开展数据核查工作。生产性能测定数据的真实准确是遗传评估的基础，直接影响评估结果的可靠性。要充分发挥遗传评估中心和全国肉牛遗传改良计划专家的作用，积极参与测定数据核查，从育种数据源头把控数据质量。